人可以凭借自己漂亮的容貌吸引人们的眼球，赢得极高的回头率，
真正能让人们为之倾倒的，却是女人那如诗般的美丽气质。

苏奕霏◎编著

# 女人受用一生的气质课

转时光的武器，提升非凡的魅力

质是女人的化妆师，在优雅的举手投足间，
就出永不褪色的魅力。

中国纺织出版社

## 内 容 提 要

天赋的容颜是一道容易消逝的风景，无情的岁月在夺走女人美丽容貌的同时，也会在那张曾经漂亮的脸上烙印下岁月的痕迹，而唯有能存留下来的正是生命中最本质的内容——气质！女人可以凭借自己漂亮的容貌吸引人们的眼球，赢得极高的回头率，但真正能让人们为之倾倒的，却是女人那蕴涵如诗的美丽气质！本书是一部女性气质修炼宝典，教会女人由内而外提升气质，让每一个女人都得到气质精灵的宠爱，都有机会展现自己独特的气质。


**图书在版编目（CIP）数据**

女人受用一生的气质课 / 苏奕霏编著. -- 北京：中国纺织出版社，2016.8（2024.1重印）
ISBN 978-7-5180-2324-0

Ⅰ.①女… Ⅱ.①苏… Ⅲ.①女性—修养—通俗读物 Ⅳ.①B825-49

中国版本图书馆CIP数据核字（2016）第023803号

责任编辑：闫　星　　特约编辑：相梦莹　　责任印制：储志伟

中国纺织出版社出版发行
地址：北京市朝阳区百子湾东里 A407 号楼　邮政编码：100124
销售电话：010—67004422　传真：010—87155801
http：//www.c-textilep.com
E-mail：faxing@c-textilep.com
中国纺织出版社天猫旗舰店
官方微博http：//weibo.com/2119887771
北京兰星球彩色印刷有限公司　　各地新华书店经销
2016年12月第1版　2024年1月第5次印刷
开本：710×1000　1/16　印张：19.5
字数：240千字　定价：49.80元

# 前言

自古以来，美丽的女人总是受到人们更多的青睐。从小到大，无论是求学还是求职，无论是生活还是事业，漂亮的女人似乎都更加具有优势。所以女人无一例外地将美丽作为自己的终生事业，孜孜以求。

然而，随着时代的发展、社会的进步，人们对女人的美丽又提出了新的要求、赋予了新的内容。现代女性的美，不仅仅体现在秀丽姣好的容貌、婀娜多姿的身材上，更多地体现在气质、素养、内涵之中。

一个没有气质的女人外表再漂亮，也如同一朵没有生命的绢花，没有香气、没有活力，毫无魅力可言；而一个女人，一旦拥有了气质，便会变得高贵、优雅、性感、妩媚，由内而外散发出一种迷人的魅力、一种令人无可抗拒的吸引力。因此，有人说气质是女人的经典品牌。

气质高雅的女人一举一动、一言一行，如磁石一般吸引着人们，不仅仅是男人，就连女人也为她们着迷、为她们陶醉。气质女人自信但不高傲、内敛而不内向、温柔却又不失坚强，从容淡定、无懈可击。她们活力四射地面对每一天、温和谦逊地面对每一个人，她们用智慧撑起半边天，用爱心感动世界，用善良美好的情操呵护着每一个她爱的、也爱着她的人。

再美丽的容貌也难敌岁月的侵蚀、时光的飞逝。但是，女人的气质却不会随着岁月的消逝、时光的流转而黯然淡去，相反，它如同一坛窖藏的美酒，时间越久，就越能散发出迷人的醇香。所以，保持魅力的方法不是一味地追求外在不老的容颜，这在任何时代都不过是一个神话而已，而是要脚踏实地修炼内心、提升素质，做一个内外兼修的气质美人。

气质女人的美不是用言语能描绘的，它不是单纯的妩媚，也不是浅薄的妖艳，而是内心积淀的、灵魂深处蕴藏的、无时无刻不在散发的、渗透在骨子里的美丽与魅力。这种美丽与魅力是每一个女人都渴望得到的，无论是在家相夫教子的“贤内助”，还是在外求职拼搏的“杜拉拉”。然而，并不是每个女人都知道该怎样做才能拥有这种美丽与魅力的。于是，编著者便编写了本书，希望能够帮助渴望美丽的女性朋友们全力将自己成功打造成为一个内外兼修的气质美女。

这是一本具有现实意义的“实战指导”书。书中的每一个观点、每一个事例都是经过交流总结、精挑细选的，都能引人深思、发人深省，使女人在阅读的同时多一分思索、多一分感悟。

最后，祝每一个阅读本书的女人都能将自己塑造成内外兼修的气质美女，收获快乐、收获幸福、收获生活、收获事业！

编著者

2015年6月

# 目录

## 上篇　锻造女人内在气质的风景线

## 下篇　修炼女人外在气质的闪光点

# 上篇

# 锻造女人内在气质的风景线

# 第1章 气质美女，那一道迷人的风景线

岁月无情、红颜易老，对于女人来说，这世上最无奈的莫过于时光的流逝。无论你曾经是多么的青春迷人、风华绝代，都抵不过匆匆而逝催人老的无情岁月。但是聪明的女人自有绝招——她们在飞逝而去的岁月里修炼气质，使自己成为一个内外兼修的气质美女：或沉静大方、或雍容华贵、或豪放大气、或幽默明朗……艳丽的容颜无法伴随女人的一生，但是拥有高雅、自信的气质却可以使你永远成为人群中最令人瞩目的焦点。

## 气质，女人永恒的妆容



说起三毛，或许没有人会说她是一个容颜漂亮的女人，但却没有人不承认她是一个美丽的女子。她的美丽源自于她内心的纯真善良、她对艺术的追求与鉴赏、她对爱情的忠贞与纯洁，而这一切，都构成了她独特而又充满魅力的气质，令人迷恋、令人陶醉。

三毛对世上的一切人和物似乎都充满了热情与爱心，看到被汗水浸湿、如同从水中捞出来似的两个拉车人，她会默默地站在一边，感动于他们的本分与善良；对于一双希腊式的凉鞋，她也会充满了感情，因为它曾陪伴她走过无数的路、去过无数的城市。对于这一个心地善良的女子，谁不会真心地喜欢呢?

三毛不追求物质上的享受，她甘心守着沙漠中贫瘠的生活，却能从这贫瘠乏味的生活中体会出世界的丰富、人性的内涵，并用她那纤细的、敏感的笔触细细地描绘出来，她能将沙漠中那陋室描绘成行宫，能将海角的枯石描绘成万象。这样一个拥有丰富内心与感受的女子，又怎能不令人充满了新奇与感动呢?

三毛对荷西那份至死不渝的爱情更是令无数的人感动。当荷西因潜水意外丧生时，三毛痛苦地说："他等了我6年，爱恋了我12年，诀别时没有跟我说一声再见。我所有的感情都随荷西而去。"他们两个人的爱情童话令世间多少充满物质欲望的爱情羞愧得无地自容。

三毛，这样一个不施粉黛、从不刻意装扮自己的女子虽然早已离开这个喧嚣的尘世，但是她潇洒、清新的气质依然令这个世界铭记着她，令无数的人缅怀着她。对于女人来说，无论平凡的芸芸众生还是众人瞩目的影视明星，拥有与众不同的独特气质才是战胜时间最强的法宝。

女人们与其将时间花费在穿着打扮、整形美容之上，不如多花一点儿心思修炼气质，做一个内外兼修的美丽女子。容颜终将老去，但你若拥有高贵的气质、优雅的举止，那么无论什么年纪，你都是人群中那颗最璀璨耀眼的明珠。

## 气质，女人征服人心的杀手锏

拥有漂亮的脸蛋、标准的身材、嫩滑的肌肤自然是每个女人梦寐以求的，但除了个别幸运儿是上帝精雕细琢的作品之外，大多数的女人只是上帝手中拿鞭子随便一甩，落入凡间的"泥点"。既然容貌天生注定、难以改变，那为何不从改变自身气质做起，做一个气质美女呢?气质出众的女人或许不能让人在第一眼见到她时便惊艳于她无双的容貌，却可以如涓涓细流一般浸润人的心田，令人终生难以忘却。

无数的事实早已证明，气质比脸蛋更加重要。与其让手术刀在自己的脸上割割划划、用脂粉在自己的脸上涂涂抹抹，不如早一点培养自身的气质。用培养气质来使自己变美的女子，比用服装和化妆品来美化自己的女子，要具备更高一层的精神境界。而正是这一层精神境界令人心动、令人折服，因此气质也就成为其战无不胜的“杀手锏”。

没有哪个女人不渴望自己成为人见人爱的美女，假如你没有绝色的姿容，那就培养自己出众的气质吧。相对于易老的容颜来说，优雅高贵的气质才是你征服众生、吸引众人的真正法宝。

## 气质，使你的美丽无与伦比

古往今来，诗人、作家、音乐家用无数的诗篇、辞章和乐曲来讴歌女人的美丽，然而在真正的美丽面前，一切的语言都显得那样苍白无力——没有什么能够形容一个具有磁石般气质魅力的女人。女人一旦有了气质，再平凡的五官也会生动起来，再庸常的身段也会变得动人。气质之于女人，就如同天使有了翅膀，那样超凡灵动、那样引人注目，令人们在欣赏之余，不由自主地生出几分仰慕。

气质不是哪些女人特殊的权利，而是世间所有的女人都可以拥有的。正如著名化妆品品牌羽西的创始人靳羽西所说：“气质与修养不是名人的专利，它是属于每一个人的。气质与修养也不是和金钱权势联系在一起，无论你是何种职业、何种年龄，哪怕你是这个社会中最普通的一员，你也可以有你独特的气质与修养。”

云轩如约来到杨家相亲。杨家的女儿婷的确是个很漂亮的女孩，面容姣好、身材出众，但是云轩和她交谈了片刻，心中便微微有些失望。婷的话题无外乎是一些明星的八卦星闻，否则便是旁敲侧击地问他年收入、住的什么房子、开的什么车子之类。云轩感觉有些乏味，便借口要看书，来到了书房。

书房里，一个年纪与婷差不多大的女孩正在辅导婷的弟弟做功课，看见云轩，便站起来很有礼貌地点头问好。云轩一下子对这个温文尔雅的女孩有了好感，当他在一旁看见那女孩细致而又耐心地辅导孩子功课时，这份好感又加深了几分。等孩子做完功课出去玩耍时，云轩很自然地同女孩聊了起来。这才知道原来这女孩名叫婉，是婷的同班同学，因为家境贫寒，便来婷家做家教以补贴家用。在与云轩的交谈中，婉始终保持着不卑不亢的态度，温和而又文雅。婉的知识面很广，无论云轩说到什么话题，她都有自己独到的见解，云轩和她相谈甚欢。分手时，云轩问她要了电话号码，他心中明白：这个虽然相貌平平，但气质、才华都出众的女孩才是他心仪的对象。

女人的气质是由内而外散发出来的一种魅力，这种魅力令人无可抵挡、无法抗拒的。正如云轩舍弃了漂亮的婷，转而追求婉一样，婉身上所散发出来的温和、沉静的气质深深吸引了云轩。在云轩的眼里，相貌平平的婉才是最美丽、最迷人的女孩。

所以，若女人没有倾国倾城的容貌，大可不必哀怨叹息，更无需自卑自怜，只要你修炼内心、培养气质，一样可以成为众人瞩目的美女。气质所赋予你的美丽是任何出身、权势与金钱都无法比拟的。

## 气质高雅的女人，享受精致的生活

房子不一定大，但陈设一定很讲究；装修不一定豪华，但住起来一定让人舒适；穿着不一定很名贵，但看起来一定令人赏心悦目；时间不一定很宽裕，但一定会留出些许给自己，听听音乐、品品咖啡……这就是精致女人的精致生活。

精致的生活成就气质高雅的女人。因为追求精致，所以生活便注重品位；因为注重品位，所以心灵便随之提升。一个追求生活品质的女人，一定如同呵护精美瓷器一般爱护着自己的生活与生活中的人。追求精致生活的女人是睿智的女人，她懂得如何去发现生活中的美，更懂得如何用这种美来装点自己的生活，令生活更加美好。

雅馨出生在上海一个普通工人家庭，虽然家境一般，但是她从小就非常注重生活的品质。父母因病去世后，雅馨独自一人住在不到二十平方米的小房子里，但是她每天都将屋子收拾得清爽整洁，还用自己喜爱的装饰品将房间装扮得温馨可人：白色的蕾丝窗帘一尘不染；苏格兰风味的格子布铺在小小的餐桌上，上面还摆放着盛开的鲜花，这鲜花大多是周末她自己到郊外去采摘的，无需花费一分钱；屋里除了冰箱、洗衣机等必要的生活电器外，最引人注目的是那套豪华音响——这是她唯一的奢侈品，因为有了它，小屋里一年四季都飘荡着优雅的音乐，令人陶醉；小小的衣橱里衣服并不多，也不名贵，但是却一件件都是雅馨精挑细选淘来的，每一件都能恰到好处地穿出她的风采与神韵。每天，当雅馨化着优雅的淡妆、穿着得体的服装去公司上班时，都能引来路人频频地回头。

精致的生活赋予了雅馨高雅的气质，而这高雅的气质又吸引了众多的追求者。雅馨从容不迫地享受着自己的精致生活，并听从自己的内心，挑选了一个在品位与心灵上都与自己有着默契的男人，过着令人艳羡的生活，并不奢侈，却足够完美。

可见，精致生活的本质与金钱并无关系，即便一贫如洗，只要不放弃对生活品位的追求，就一定能够拥有。追求精致生活的女人绝不会仅仅停留在表象，用风花雪月、附庸风雅来装饰自己的生活，而是追求内心的恬静、博雅的情怀和宁静的意境。精致生活最注重的是心灵的精致与高雅，是精神世界的精致与高雅，只有达到了这种境界的女人，才能达到生活外在表象与心灵内在涵养的和谐统一，才可能真正拥有精致的生活与高雅的气质。

## 美丽，每个人都有自己的定义

关于美丽，不同的人有着不同的见解：有的人迷恋如玫瑰般热情似火的女人；有的人欣赏如芝兰般优雅恬淡的女人；还有的人爱慕如牡丹般雍容华贵的女人……这就是不同的人对于女人美丽的不同理解。怪不得世人常以花比作女人：千姿百态、姹紫嫣红，各有各的魅力，各有各的风采。她们以不同的姿态，诠释着人间万千的风情，装点着世间别样的美丽。

徐志摩曾经说过："没有女人，哪有生活；没有生活，到哪里寻找诗、寻找美？我生来就爱美，美在哪里？在自然。自然中最美的是什么？是女人！女人是上帝最得意的作品。我不是神仙，对女人，我的爱慕有着情欲的成分，这个我承认，但更重要的是，那美丽女人的身上，寄托着我的理想。"

为了追求他的"理想"，徐志摩抛弃了他的结发妻子——张幼仪，陷入与另外两个女人的爱情纠葛之中：一个是才貌双全的林徽因，一个是娇美如花的陆小曼。不会外语、没有工作的张幼仪强忍悲痛，一个人在德国生下了儿子，然后在不幸中振作起来，考入裴斯塔洛齐学院，专攻幼儿教育。后来回国又创办了云裳公司，之后又主政上海女子储蓄银行，都获得了成功。更为可贵的是，在徐志摩死后，她依然精心地服侍徐志摩的双亲，直至他们终老，并一个人将儿子培养成才。为了让后人更多地理解徐志摩、了解他的著作，张幼仪还策划出版了《徐志摩全集》。

这个遭丈夫抛弃的女人或许是不幸的，或许她才情不如林徽因，漂亮不及陆小曼，但是她的坚韧、她的自强、她的宽容，不正是女性身上最美丽的闪光点吗？

不敢说徐志摩是"丢了凤凰去追鸡"，但是作为一个自诩风流的诗人，他却没看到结发妻子身上那耀眼的人性之光辉与美丽，实在是一种遗憾。作为女人，环肥燕瘦也好，沉鱼落雁也好，都各有各自的美丽，但唯有一点是相同的：若是没有内心的美，外表的美再夺目，也终究难以长久。譬如陆小曼，她虽被称为旷世美人，但因为她的风流与奢靡，最后竟落得凄凉的晚年：她死后，灵堂上只有一副挽联，而她与徐志摩合葬的愿望也未能实现，她的骨灰经过20多年的漂泊后，最终被孤零零地安放在苏州东山之上。

女人的美丽不一而足：才情出众是一种美丽，容颜美艳是一种美丽，天真清纯也是一种美丽。但外在的美是变动的、易逝的，它容易被人发现，也容易被人遗忘；只有内心的美才能带给人们长久的、深刻的、强烈的感受。

## 提升气质，掌握自己的命运

自古以来，美丽的女人都是众人瞩目的焦点，是旁人艳羡的对象。尤其在这个被称为“眼球时代”的社会，迷人的脸蛋、婀娜多姿的身材更是可以为你带来不少的方便。但并非每个女人都是上帝的宠儿，因此那些不漂亮的女人往往因为自己的长相、身材而终日愁容满面，最终在自卑的心理暗示下变得更加黯淡失色。

其实“漂亮”与“美丽”并不完全是同一概念，漂亮的脸蛋与完美的身材大都是天生的，不可强求，但美丽的气质却可以后天培养。当漂亮的女人为自己的漂亮而庆幸时，不漂亮的女人也可以为自己的不漂亮而额手称庆：因为不漂亮，所以你有了更多的时间与精力来投资自己，丰富自己的内心、提高自身的涵养、修炼内外的气质，终有一天，你会发现，即便你没有漂亮的外貌，但经过提升后的气质也能令你散发出耀眼的光彩，从而掌握自己的命运。

钟离春是战国时期齐国最出名的“丑女”。据史书记载：她头颅硕大，头发只有数根，额头、双眼下凹，上下比例失调，肚皮又长又大，鼻孔朝天，脖子上的喉结比男人的还要大，皮肤像乌碳一样漆黑，到40岁还没有嫁出去。但就是这样一个丑女，后来竟然被齐宣王立为王后，这究竟是何缘故呢？

原来钟离春虽然相貌丑陋，却饱读诗书、知识渊博。当别的女人忙于涂脂抹粉、讨好男人时，她却在博览群书、分析时事。她文武兼修，虽然相貌丑陋，但是为人却相当有自信，而这自信就来自于她的博学多才。看到齐国政治腐败、国事昏暗，钟离春心怀天下，冒死觐见齐宣王，当面陈述齐国危难，并劝诫齐宣王励精图治，拯救齐国于危难之中。齐宣王完全被钟离春的气势所折服，更惊叹于她的见识与才华，于是当即采纳了她的建议，并将她纳入后宫，封为王后。

在女子完全靠美貌生存的古代，相貌奇丑的钟离春竟然可以成为一国之后，实在令人惊叹。现代社会，虽然美貌也的确可以给女人带来某些便利，但这都是暂时的，因为没有谁能青春不老、容颜不凋，因此从长远来看，与其想方设法留住美貌，不如多用心思提升气质，通过丰盈自己的内心来弥补外在的缺憾。虽然有人说，漂亮的女人更容易取得成功，但投资智慧与能力，做一个气质美女，也一样能够掌握自己的命运，获得最终的成功。

## 气质魅力，女人游刃职场的“通行证”

有人说，美貌是女人职场上畅行无阻的“通行证”，但容貌的吸引只是暂时的，职场之上，更需要的是智慧与才能。青春与美貌会像匆匆的过客一般遽然离去，只有智慧与才能会在岁月的沉淀中散发出夺目的光彩，成就你不凡的气质魅力。而女人一旦拥有了气质，才真正拥有了游刃职场的“通行证”。

小睿从小就知道自己长得不漂亮，所以在别人忙于梳妆打扮、忙于和男生约会时，她将更多的时间与精力放在了学习上。读完名牌大学，她又赴德国留学，研究生毕业后回国，到一家世界500强企业应聘。

面试官一见小睿就流露出了难以掩饰的失望神情。小睿明白自己的容貌无法令他满意，但是她并没有被面试官的神情所吓倒，而是侃侃而谈，从自己的经历谈到公司的产品，从自己对所应聘的职位的理解谈到对公司的前景与发展的看法，其流利的表达、独到的见解以及自信、从容的神态深深地打动了面试官。面试官当即决定录用她。

在接下来的工作中，小睿也多次遇到这样的情形：客户先是失望于她的外貌，但是通过接触，无一不被她的博学多才与自信从容所打动，被她的气质魅力所折服。一年下来，小睿接下的订单是其他两个年轻美貌的业务员的总和，于是小睿理所当然地被提拔为业务主管。

美貌是职场女性一个得天独厚的优势条件，所以漂亮的女人善于将这种优势发挥得淋漓尽致。然而，美貌并不是女性最大的优势，只有博学多才的智慧女性身上所散发出来的独特气质，才能受到他人的仰慕与尊敬。这种气质来源于渊博的知识、超凡的智慧、正确的自我认识与评价以及宠辱不惊的从容与淡定，这种气质所散发出来的魅力如同磁石一般吸引着同事、上司、客户以及每一个与之相处的人。这种气质不会随着时间的流逝而退化，更不会随着容颜的老去而消失，它是一种精神境界与心灵深处的吸引，是永恒的诱惑，让人无法不沉醉其中。

埃及艳后曾经用美貌征服过凯撒，但是当屋大维成为霸主时，她却放弃了抵抗，选择了自杀，因为已经五十多岁的她再也没有信心用美貌去征服男人了。可见，美貌的吸引力是暂时的，虽然它可以带给你一时的荣耀，但无法带给你一世的成功。只有在岁月中不断修炼自己的内涵、提升自己的气质，才能始终保持你的魅力，让你的美丽历久弥新。

## 书香，为气质女人添光彩

书，不仅是人类精神的财富，也是女人最有效的“美容圣品”。爱读书的女人或许貌不惊人，但是因为书香的熏染，举手投足、谈吐仪态都透着优雅从容，待人接物落落大方、为人处世宽容练达。爱读书的女人智慧、通达、明理、多思，书带给她不凡的谈吐、不俗的见地，无论走到哪里，都似一道不事张扬的风景，令她的气质更加优雅，令她的美丽更有内涵。

高尔基曾经说过：“学问可以改变气质。”的确，气质是一个人性格、学识与教养的综合体现，它既有先天的因素，又与后天的培养密不可分。而读书是培养女人气质的最佳途径，当灵魂徜徉于纯净的文字中时，女人不仅学得了知识，更净化了心灵。

小颜进入大学之后，看到身边的女同学一个个有了护花使者，而自己却始终没有男生追，心里不由得非常失落。她知道自己其貌不扬、身材不佳，这正是没有男生喜欢她的原因，却不知道该如何改变。

系里有一位女教授，六十多岁了，却被同学们称为“最美的女人”：她满头银发，却风采迷人；她身材微微发福，却仪态万方；她穿着朴素，却气质高贵；她轻言细语，却字字珠玑。小颜从心底羡慕这位女教授，于是便向她请教如何才能获得出众的气质、保持美丽。女教授笑了笑，回答了两个字：读书！

是啊！“腹有诗书气自华”，这个从小到大被教导的道理，自己怎么就忘了呢？于是小颜静下心来，不再烦恼于没有男生追求自己，而是将自己沉浸在书的海洋之中。她不仅读自己专业的书，还读各种名著及史学作品。渐渐地，小颜好像变了一个人似的，她的谈吐优雅而睿智，她的举止从容而淡定，每一个与她接触的人都被她博学的才识和优雅的气质所折服。后来，一位文学系的高才生给小颜写来了一封情书：“你虽然没有艳丽的容颜，但我却爱你不凡的气质与美好的心灵。”

著名作家毕淑敏在《读书使人优美》一文中这样写道：“好书对于女人，是家乡的一方绿色水土，离了它，你自然也能活，但与书隔绝的日子，心无家园。半生过下来，女人就会变得语言空虚、眼神恍惚、心胸狭窄、见识短浅了。”在书香的熏染下，女人可以生成由内而外的独特气质，这种气质是任何岁月也遮盖不住、掩饰不去的美丽。北宋诗人黄庭坚也说：“人不读书，则尘俗生其间，照镜则面目可憎，对人则语言无味。”看来，读书不仅能为女人增添气质，更是使女人永葆美丽的法宝！

# 第2章 温柔性感，揭开女人气质的神秘面纱

温柔与性感，这两种看似截然不同的特质却能在气质女人的身上得到完美地统一。它们是女性特有的气质，正如这个世界因为有了女人才更加美丽一样，女人也因为拥有了温柔和性感而更加迷人。

## 气质女人要学会修炼温柔

马克思曾经说过："温柔是女人最宝贵的品质。"的确，虽然随着时代的发展，女性身上更多的优秀品质被人们所称颂，如聪明干练、独立坚强、自信勇敢等，但是女性的温柔，却是自古以来都被公认的好女人的必备品质之一。

然而，温柔不是与生俱来的，女人的温柔源于女性自身性格的修炼和素质的培养。修养好、素质高的女性无须刻意地假装温柔，也能从言谈举止、一言一行中流露出发自内心的温柔。这是一种从骨子里流露出来的气质，是无法伪装，也无法掩饰的。它是气质女人天性的自然流露，更是内心真情的自然抒发。它如同涓涓细流，滋润着周围每个人的心田，带给人们爱的温暖。

英国女王伊丽莎白有一次因为小事和丈夫起了冲突，丈夫很生气，将自己锁在卧室里。到了就寝的时间，伊丽莎白女王一推卧室的门，发现门被锁上了，于是她便大声地敲门。丈夫在里面问："是谁？"伊丽莎白高

傲地回答："英国女王！"

门里面丝毫没有动静，伊丽莎白再次敲门，丈夫又问："谁？"

"伊丽莎白！"女王大声回答，但是门依然没有开。

伊丽莎白似乎意识到了什么，她第三次敲门，但这次声音变得很轻，也很温柔。丈夫第三次问："谁在敲门？"

"亲爱的，是你的妻子伊丽莎白。"女王温柔地回答。

门开了，丈夫含笑站在门口。

即便尊贵如女王，唯一能打动男人心的不是权势、不是金钱，也不是美貌，而是女人的温柔。怪不得有人说，这世界最难抗拒的就是女性的似水柔情和温柔体贴。那么女人怎样才能拥有似水的柔情呢？

首先，女人要有平和的心态，不计较、不刁难，善于设身处地为他人着想。心态平和了，语气自然也就会变得舒缓，举止自然就会柔和，说话做事自然就通达明理。

其次，女人要有细致的性情。多一分细致、多一分耐心，就多一分理解、多一分宽容。细微之处的关心与体贴最能体现女人的温柔，也最能打动他人的心。试想一下，一个风风火火、粗声粗气的女人怎么可能拥有令人心动的温柔呢？

最后，女人要有深厚的内涵。女人的温柔，不是矫揉造作的嗲声嗲气，也不是刻意伪装的虚情假意，而是骨子里的真情流露。只有有内涵、有修养的女人，才会拥有善良、宽容、理解和大度，才会拥有关爱他人的能力。

## 只有善良的女人，才能由内而外地温柔

"人之初，性本善。"善良是每一个好女人身上最令人值得称道的美好品质之一。女人不是因为美丽才可爱，而是因为可爱而美丽；可爱的女人是善良的女人，善良的女人最美丽。

善良的女人是大度的、宽容的、无私的，正是因为她有着善良的天性、纯洁的心灵，所以才能事事、处处为他人着想，才能由内而外地生出温柔和体贴。

对于孩子来说，拥有一个善良的母亲是幸运的。因为她有足够的耐心教导孩子怎样做人、怎样成才，她有足够的心胸去包容孩子的顽劣，陪着孩子慢慢长大。善良的女人是慈爱的母亲，全身上下都散发着慈母的光辉。

对于男人来说，拥有一个善良的妻子是幸福的。因为在外打拼的男人背负着太多的责任和重担，看似坚强的他们其实内心十分脆弱，而善良的女人是他们最好的港湾。善良的女人不会唠叨、不会指责，她只会在你疲累的时候为你送上温柔与体贴，拂去你心中的烦闷与忧愁，带给你灵魂上的慰藉与安宁。

对于社会来说，拥有一群善良的女人是可喜的。因为有了她们，世界变得祥和，充满了人与人之间的温情。善良的女人为世界送上关爱、宽容和理解，她们大海一般的心胸接纳着每一个人，令世界变得更加美好。

一个男人借了乡亲们的钱去办厂，但是厂子破产了，乡亲们的钱还不上，于是男人便趁着天黑一个人悄悄地走了，留下了自己的妻儿。

天亮了，女人被一阵嘈杂声吵醒，原来自家门口早已被讨债的乡亲们围得水泄不通。女人没钱，于是大伙把家里的家具、电器、锅碗瓢盆，甚至大米和白菜都一扫而空。正当大家准备离开时，只听得女人一声大喝："站住！"大家停了下来，看着她，不知道这个被丈夫抛弃的女人要做什么。女人先将被踢翻的桌子和板凳都摆正，然后将碗一个一个地摆在桌子上，再倒满水。之后，她诚恳地望着大家，说："今天你们来到我家，就是我的客人。我丈夫欠你们的钱，我今后会慢慢还。让你们白跑一趟，真是过意不去，我没有什么可招待的，只能请你们喝一碗水。"她的语气中没有一丝怨恨与不满，大家都被她的宽容与善良感动了，纷纷放下手中的东西，默默地离开了。

后来，女人带着孩子和欠债的账本到城里去打工，每赚到一笔钱，她都精打细算，尽量节约，然后寄回村里还债。有人说她太傻，她却说："我们是夫妻，他的事就是我的事，我有义务替他还债。"逃到外地的丈夫得知后，万分感动，终于鼓起勇气回到了家乡。他先获得了乡亲们的谅解，然后再通过打拼办厂，最终不但还清了所有的债务，还带着乡亲们一同致富，而女人也获得了她应得的幸福。

女人的善良令人感动，她的善良消除了人们心中的顾虑，也为自己赢得了幸福。善良，如同一瓢引水，会引出来无穷尽的甘霖，滋润自己，也润泽他人。

所以，女人，请记住这样一句话：假如你没有出众的美貌，就让自己拥有善良。做一个善良的女人，温柔才能从心底由内而外地生出，幸福自然就唾手可得。



## 以柔克刚，女人制胜的法宝

有人说：男人靠武力征服世界，而女人则靠温柔征服男人。的确如此，在女人似水的柔情面前，没有几个男人会不为之心动，没有几个男人能够抗拒。温柔是老天赐予女人的一件法宝，聪明的女人善于利用这件法宝征服男人、征服世界。

女人天生具有柔弱的外表，然而古人云：“天下莫柔弱于水，而攻坚强者莫之能胜，以其无以易之。弱之胜强，柔之胜刚，天下莫不知，莫能行。”无论在家庭生活、社会之上，还是职场之中，女人都会遇到各种各样的矛盾与纷争，咄咄逼人、以硬碰硬，反而会使矛盾激化、纷争加剧，最后落得个两败俱伤。与其这样，不如充分发挥女人温柔的本性，用温和的话语化解对方的怨气，用善解人意的行为消除双方的矛盾，这才是真正有智慧的女人。



老武是一名工人，性情刚烈、脾气暴躁，然而令人奇怪的是，他和王阿姨结婚30年了，大伙从没听见过他们吵架。有一次在餐桌上，大家询问王阿姨“驭夫”的秘诀，王阿姨温柔地笑着说：“我哪有什么秘诀？只不过是不和他吵罢了。”而老武却笑着说：“她是水，我是石头。水滴石穿，日子久了，我这块顽石也就被她驯化了。”

众人恍然大悟，原来王阿姨的“绝招”不过就是“温柔”二字。老武脾气不好，发火的时候，王阿姨从不和他针尖对麦芒地辩论，更不硬碰硬地与他争吵，而总是等到他心情平复下来，再温柔地与他谈心。每当这时，老武因为愧疚，往往就更容易接纳妻子的意见。“所以，”老武笑着说，“其实最后都是她胜利的多。”

即便是发火，王阿姨也懂得如何将不满尽量表达得温和。有时候老武实在把她惹急了，王阿姨便会故意装出一副凶狠的样子：“看我晚上让你睡地板！”虽然板着脸，但是话语却是温柔的。遇到这种情况，老武往往做出缴械投降的样子，赶紧承认错误，“战争”自然也就烟消云散，家中又充满了其乐融融的氛围。

王阿姨可谓是将女人的温柔用到了极致，哪怕是发火，那一句“看我晚上让你睡地板”也充满了娇俏和温柔，脾气再暴烈的男人想必也会融化在这温柔之中吧。

自从出生的那一刻起，造物主就赋予了男人阳刚之力，同时也赋予了女人阴柔之美。柔可克刚，这是世间颠扑不破的真理，也符合世界万物变化的规律。既然如此，女人就要学会恰如其分地运用自己的“温柔”法宝，用你的温柔将一切矛盾与困难化于无形，迎刃而解。

## 聪明的女人懂得适时示弱

电影《我的野蛮女友》的热播，令许多女人开始模仿其强悍的作风：不再是小鸟依人的娇柔，而是颐指气使的霸道；不再是善解人意的体贴，而是无理取闹的刁蛮。或许在刁蛮、任性中，女人学会了逼迫男人让步，获得了快乐与满足，但是同时也因为自己的自私而离爱情与幸福越来越远。

其实，做女人何须强悍？女人的强悍，或许会令男人惧怕——河东狮吼般地发怒、狂风暴雨般地斥骂，甚至罚跪、上演家庭暴力……这样的女人或许能把男人治得服服帖帖，但是无论在自己丈夫的心里，还是外人的眼中，只会自毁形象，全无半点女性温柔的魅力；而且这样调教出来的男人也会失去男人应有的阳刚之气，走到哪里都会被人嘲笑，作为女人，又怎会有幸福可言呢?

海燕是公认的女强人，从工厂下岗后，她从摆地摊做起，经过十多年的打拼，她在市区最繁华的地段开了三家高档服装店，年收入过百万元。

有了钱，海燕的心境就渐渐不同了。原来老实本分的丈夫大刘在她的眼里渐渐变得窝囊无用，海燕怎么看都觉得不顺眼。而大刘为了孩子，为了维持家庭的完整，容忍着海燕日渐嚣张的气焰。海燕不但不感激，反而从心里越发看不起丈夫。

这天，海燕从店里回来，一到家，发现丈夫正和多年未见的老同学在喝酒，心里便有几分不快。大刘和同学正聊得开心，忘记给海燕盛饭了，海燕便大声嚷嚷："我在外面饿了一天，你倒好，还有闲情喝酒！快给我盛饭！"大刘忍气吞声地盛了饭，海燕吃了一口便吐出来："这么多沙子，你想硌死我呀？"老同学发现苗头不对，放下酒杯，找了个借口便告辞了。

大刘送完老同学回来，海燕又大声命令道："给我倒杯水。"大刘倒了水，海燕刚喝一口，便将杯子摔在地上："你想烫死我呀？"大刘积压多时的怒气突然爆发了出来："怕烫就自己倒呀！"海燕一听便从沙发上蹦了起来，撸起袖子和大刘大干一场。大刘忍无可忍，最后一转身出了家门。

几天后，海燕和大刘离婚了。海燕一开始并不在意，认为凭自己的财富，随便什么样的男人都能找到。然而事情却并不像她所想的那样，很多人一听说她是个强悍的女人，便连连摇头。海燕先后处了几个男友，也都因为无法忍受她的霸道与蛮横而最终以分手告终。

多年过去了，海燕依然是单身一人。有一次，她在街上遇到了前夫大刘，一个相貌平庸、但是眼中溢满温柔的女人正小鸟依人般地靠在大刘的身边，两人幸福而亲昵的神情深深触动了海燕。海燕望着他们远去的背影，心中突然明白了什么。

海燕的故事实在令人感慨：一个女人，无论你有多么聪明能干，都不能丢了温柔善良的本色，这是维持家庭幸福的基本要素之一。有时候，温柔比强悍更能令他人信服，无论作为一个妻子、母亲还是女上司，温柔才是女人攻无不克、战无不胜的法宝。柔弱是女人与生俱来的一种气质，聪明的女人更要懂得适时示弱。

## 性感，是一种无法模仿的气质

如果说女人的美丽还能用词语来形容的话，那女人的性感就真的是一种说不清、道不明的意韵了。一直以来，人们对于女人的性感存在着理解上的误区，习惯性地、单纯地从女人的外在身材方面来评价。诚然，一个有着艳丽的面庞、丰满的胸部、柔媚的腰肢、修长的双腿的女人是性感的；但性感的定义绝不是这么简单，它不仅与女人的外在有关，更与女人的内在有着紧密的联系。

一个女人的性感，假如只是外表的诱惑，假如只和性有关，那么这种性感就是庸俗而低级的，是会随着岁月的流逝而消失殆尽的；而假如一个女人的性感是骨子里的魅惑，是有深厚底蕴和张力的特质，那么这种性感就是风情，是脱俗而高雅的，会随着岁月的历练而更加迷人。

提起性感女神，人们大多会不约而同地想起那个曾经令无数男人疯狂、令无数女人痴迷的美国著名影星——玛丽莲·梦露。人们都被她塑造的那个“胸大无脑”的金发女郎所迷惑，认为生活中的玛丽莲·梦露也是这样的形象。其实这是完全错误的。

玛丽莲·梦露除了胸部比较丰满，其他部位其实并不完美：她身高只有1.61米，这在以高挑性感而出名的美国女郎中，算是非常矮的了；她的身体也有些微胖，腿也比较短。但是梦露是一个非常聪明的女人，她非常注意掩饰自己的这些缺陷，而将自己引人注目的一面竭力地展现出来：她那愉快的表情和爽朗的笑声极富感染力，她那舒展自如、毫不做作的举止洋溢着热情与活力，这一切都使她充满了令人能难以抗拒的迷人魅力。

一位摄影记者曾经看到过梦露所读的一本《人体解剖学》，上面记满了笔记。她正是通过研究人体的骨骼构造，才掌握了人体自然和谐的运动，才知道怎样通过这些运动将自己的性感发挥得淋漓尽致。

性感如玛丽莲·梦露这样的女人，也要通过学习才能将自己的性感发挥到极致，可见，女人的性感绝不是单凭先天的身体条件就能那样简单的获得。女人，与其搔首弄姿模仿别人的性感，不如修身养性，修炼自己的内心。性感是需要内涵的，当女人把更多的精力放在培养自身的内涵上时，由于内心的丰盈而散发出来的性感才是别具滋味的，性感也就带上了女人独有的韵味，体现出一种他人无法模仿的气质。唯有如此，性感才会令人倾倒，不仅是男人，还有女人。

## 爱惜美背，为你的性感加分

美丽，是女人终生追求的事业。所以，无论何时，女人都不要忘记使自己变得更加美丽的使命。但是女人对美的追求，绝大部分仅限于如何令脸蛋变得更加精致，或想方设法让自己的身材变得更加凹凸有致，但唯独忘记了一个同样重要的部位——背部。

有一位诗人，曾经这样描述一个女人的后背："是一个新鲜的似乎是专为夏天生长的后背/她骑行在我的前面/在我眼里/所有年轻的后背都没有她年轻/所有温柔的后背都没有她温柔/黑发闪着光披在白衫子上/恰如一地大雪上无数条小溪流淌……"而有一位画家，则终身将笔触停留在女人那"月过枝头，丝丝不挂"的背部，因为他不愿面对四目相对时的窘迫与无奈，而更愿意享受背影给他带来的深远的意境与无尽的想象。

周刊第一次见到小娟，是在夜大的课堂上。那时，小娟坐在他的斜前方，周刊一抬头看黑板，就必须先看到小娟的后背。他记得，当时，他的心就悄悄动了一下。在他的视线第一次落到小娟的后背上时，小娟的背很直，双肩很平，整个人显得神清气爽。当她低头做笔记的时候，披肩的长发轻轻从肩头垂下，如同岸边拂水的垂柳，恬静而又美好；当她单手托腮，凝神听课的时候，她那细致而又修长的后颈，如同线条流畅的瓶颈，令人无限遐思。

周刊几乎有些痴迷了，一下课，他就故意跑到前面，看了小娟的脸。虽然小娟的五官有些平淡，令他不禁有一丝失望，但是每到上课，他的视线就会不由自主地落在小娟的背上。小娟的背实在是太美了，就像一首美妙的诗，又似一幅抽象的画，让他怎么也看不够。夏天到了，小娟穿上吊带装，那露出来的一段白皙，就像一款素白的软缎手帕，让他的心事在上面自由地驰骋。

最后，长相俊美的周刊娶了相貌平平的小娟，旁人多少有些吃惊，但当周刊轻抚着小娟那线条流畅、紧实光滑的后背时，他知道这就是他最爱的女人。

女人的后背不仅能给人以美的享受，还能流露出许多女人内心的信息：优雅还是邋遢，温顺还是倔强、坚强还是脆弱，自信还是自卑，等等。当男人看到拥有完美的背部线条的女性时，常常会不由自主地涌起一阵冲动，渴望抚摸她那性感而又光滑的后背。

有人说：“女人的背部是性感之丘。”近些年来，吊带衫、露背装大行其道，目的就是为了让女人的美背更多地流露出性感的魅惑。所以，女人在宠爱你的脸庞、胸部、腰肢和美腿的同时，不要忘记呵护爱惜你的美背，让你的性感与优雅在你优美而高贵的后背上尽情流淌。



## 温柔与性感，最完美的结合

说起性感，人们的脑海中或许立刻就会出现这样的画面：一个穿着比基尼或者半透明内衣的女人，有着丰乳肥臀、媚眼红唇，柔媚的腰肢、修长的大腿，摆出一副撩人的姿态。其实这只是让人一瞥之下能迅速燃起冲动的性欲，而并非女人真正的性感。女人真正的性感是一种风情，是那种柔媚到骨子里的不可言喻的魅惑，而温柔则正是将女人的这种魅惑发挥到极致的催化剂。

东方女性的性感不同于西方女性那热辣喷火的野性之美，而在于“犹抱琵琶半遮面”的神秘韵味。有的时候，女人的温柔与羞涩比赤裸裸的挑逗与勾引更能刺激男人丰富的想象力，激发其强烈的征服感，令他们着魔入迷、欲罢不能。温柔是可爱女人的气质情致，柔声细语、轻颦浅笑中流露出女人的千般娇媚、万种风情。女人的温柔姿态实在有着道不尽的性感，令男人如痴如醉。

纲手是日本著名动画片《火影忍者》中唯一一个美女忍者。她那精致的五官、丰满高耸的胸部令人一见之下难以忘记，但她那霸气强悍的出拳、虎虎生威的招数却常常令人忘记她是个女性。然而，火爆凶猛的纲手却也有她温柔多情的时候。在失去两个自己最爱的男人后，她回忆起往事时的清泪涟涟，独坐灯下时的彷徨孤寂，都让这个在战场上巾帼不让须眉的女人有了小女子的柔弱和温情，让人不由生出想揽她入怀的爱怜与冲动。

最令人们印象深刻的还有一个镜头：纲手正走在路上，不料一路狂奔而来的小女孩木叶丸正好“砰”地撞在纲手的胸脯上。满脸怒火的木叶丸在纲手的怀中瞬间安静了下来，她撒娇似的赖在纲手的胸脯上，一脸陶醉。这个画面温暖而又感人，被众多“火影”迷们评为最令人感动的镜头之一。那一刻的纲手是温柔而宁静的，她那丰满的胸脯散发着温暖而迷人的气息，令人情不自禁地想靠上去，汲取那份温暖和宁静。这与那些搔首弄姿的女人绝不相同，纲手那发自心底的善良与温柔令她的性感无比美丽动人。

一个女人是否性感，假如单靠男人来评价，有时难免有失偏颇；但假如在男人和女人的眼里，她都是性感的，那么这个女人就拥有难以言喻的魅力。纲手就是这样的一个女性。虽然她拥有艳丽的五官和高耸的胸部，但是战场上的强悍常常令人忘记她的性别，更别提感受她的性感了；但当她表现出温柔、娇弱的时候，她那无与伦比的性感便在瞬间爆发出来，令人沉醉。可见，在东方女性的身上，温柔和性感可以达到最完美和谐的统一，而这种统一则会散发出无论令男人还是女人都难以抗拒的致命魅力。

# 第3章 坚韧勇敢，优雅气质来自强大的内心

坚韧，是一种优秀的心理素质，它能使女人笑对生活中的坎坷与挫折，在变幻莫测的命运之前气定神闲。坚忍的意志来自强大的内心，因为有了坚韧，柔弱如蒲草的女人无论遭遇怎样的逆境与磨难，都能保持优雅的风度与气质。

## 激励，使女人有勇气展翅翱翔

人的一生，不可能一帆风顺。身为女人，似乎注定要遭遇更多的磨难与困境，所以才有人感叹："做人难，做女人更难。"的确，性别的歧视、社会的偏见、家庭与事业的矛盾，令柔弱的女人时时生活在挣扎与纠结之中。该怎么办？就此收起翱翔的翅膀，从此躲在男人的庇护之下，做一棵盘树的藤萝吗？不！女人应该拥有自己的精彩人生，而不要将希望寄托在男人或者儿女的身上。所以，女人应该要学会自我激励，并通过学习来激发内心坚强的毅力、培养自身坚韧的性格，做一只展翅的雄鹰，自由翱翔在生活的蓝天。

自古以来，外表柔弱、内心坚韧的女子比比皆是：从小命运多舛的简·爱，在遭遇到种种不公平的待遇之后，依然坚守着自己的信念与理想，最终收获了爱情、主宰了自己的命运；出身青楼的董竹君先是凭着自己的机智跳出火坑，之后因为反抗丈夫的封建家长制思想而与其离婚。

离婚后她一个人带着四个女儿艰难生活，最后靠白手起家，创办了鼎鼎有名的旧上海锦江饭店；《乱世佳人》中的斯嘉丽面对爱人的离去、被战火焚烧的家园，却依然坚定地相信“明天又是新的一天”……历史的长河留下了多少激励人心的动人故事，女人，当你觉得生活的重担令你无法承受时，不如静下心来，翻一翻史书、读一读文学，你会重拾勇气、重获信心，重新迎接生活的挑战！

英子考了三年大学，都名落孙山。老师劝她不要再复读了，她问母亲：“我是不是天生愚笨，不适合读书？”母亲擦去她的眼泪，安慰她说：“一块地，假如不适合种麦子，就试着种豆子；假如不适合种豆子，就试着种玉米；假如连玉米也不适合种的话，或许它就适合种瓜果。一块地，总会找到适合它的种子，也总会有收成的。何必非要走考大学一条路呢？你可以尝试别的活法。”

听了母亲的话，英子到城里的服装厂打工，但没多久就被辞退了，原因是裁剪衣服的速度太慢。母亲对英子说：“每个人的手脚都有快慢，你一直在读书，又没经过专业训练，怎能和人家一样快？村里缺少小学老师，你不如就留下来教书吧。”于是英子做了村里小学的语文老师。但由于不知道怎样教孩子们写作文，到了期末时，被校长很客气地请下了台。英子哭着说：“我真笨，连小学生都教不好！”母亲连连摆手说：“你作文都获得过市里的大奖，怎么能说你没有水平？只不过有的人能将肚子里的东西倒出来，有的人倒不出来罢了。既然这样，你不如去应聘聋哑学校的教师吧。”

英子做了聋哑学校的辅导员，用手语和孩子们交流，不善言辞的英子感到了从未有过的轻松与快乐。她热爱自己的工作，凭借自己的努力，多年后英子成为这所聋哑学校的校长。后来她又在全国创办了几家残障学校，还开起了残障人用品连锁店，不仅成为全国有名的残障教育专家，还有了数千万的身家。

英子能取得如此的成就，完全在于母亲从不放弃的鼓励。母亲那关于“一块地”的言论是那么简单、朴实，却又充满了激励人心的力量。女人在身处逆境时，更需要这样有力量的激励，支持自己有勇气面对困难、坚持不懈。所以身陷困境时要善于向身边的人寻求慰藉与鼓励，假如身边的人无法给你慰藉与鼓励，那就从书籍中去寻找激励与勇气，学会自己变得坚强。

## 追求梦想，女人要活出自己的精彩

女人的气质来源于内心，一个自强自立、有着坚定的信念与目标的女人，因为自信而散发出迷人的光芒。她清楚地明白自己需要的是什么：假如是一粒草籽，她就决定做一株不向命运低头的小草，而绝不羡慕云杉的高耸入云；假如是一只麻雀，她就决定做一只快乐飞翔的小鸟，而绝不嫉妒翱翔天际的雄鹰。

气质女人是掌控自己命运的舵手，她将命运之舟驶向她想要去的地方——决定航线的是她，发号施令的也是她。或许自己挑选的道路崎岖难行，但她绝不随波逐流。也许这一路是孤独的、是寂寞的，但她却坚守着自己的理想与目标，最终笑到最后的是她，笑得最美的也一定是她。

生活是自己的，随波逐流或许比循着自己开辟的道路前进要容易得多，但甘于平淡、缺乏生活激情的女人永远也做不了生活的强者，演绎不出生活的精彩。这是一个崇尚自由的社会，也是一个彰显个性的时代，作为女人，要勇敢地追求自己的梦想，要有信心与勇气挑战理想，哪怕是一株小草、一只小鸟，也照样活得有滋有味，充满激情与活力。



## 幸福，要靠自己去争取

在世人的眼中，女人一向是生活的弱者，手中的幸福往往是靠他人的恩赐所得：家庭的幸福，要靠男人的赐予；晚年的幸福，要依赖儿女的孝顺；就连事业的成功，也离不开他人的扶持。其实坐等幸福有时只能落得个望洋兴叹的下场，尤其在这个讲究速度与效率的年代，女人更要学会积极一点、主动一点。因为幸福从来都是掌握在自己的手中，这个世界不会因为你的沉默而给你更多的眷顾，相反，因为退缩和懦弱，你反而会失去原本属于你的东西。

在金庸所塑造的众多女性角色中，赵敏绝对是一个令人印象深刻的角色。这个个性鲜明、敢爱敢恨的女子从不坐等幸福的降临，而是积极主动地争取爱人，最后得到了她想要的幸福。

自从认定张无忌就是她想要的人后，无论之后面临多少的阻挠与困难，赵敏都毫不动摇，哪怕是兄妹反目、父女成仇，赵敏都坚定地追求自己的幸福。相比之下，张无忌反而摇摆不定、犹豫不决：周芷若的体贴、小昭的温柔、殷离的两小无猜，都令他举棋不定、难下决断。而此时，赵敏则表现出了为爱做主、舍我其谁的霸气与坚持："管它什么元人汉人，我才不在乎呢！你是汉人，我也是汉人，你是蒙古人，我也是蒙古人。你心中想的尽是什么军国大事，什么兴亡盛衰、权势威名，无忌哥哥，我心中想的，可就只有你一个。你是好人也罢，坏人也罢，对我都完全一样。"

这一番表白可谓惊天动地、感人肺腑。终于赵敏用自己的主动与坚持争取到了幸福——张无忌愿意为她画一辈子的眉！

可见，相比默默承受、逆来顺受的女人，命运女神更愿意垂青于勇敢、自主的女性。无论是爱情、生活、事业，一切都要靠自己去争取、去创造，才能更快、更顺利地到达幸福的彼岸。有一句话说得好：蠢人四处寻找幸福，智者在身边播种幸福。幸福就像种子，只有你亲手播种，并时时记得为它浇水、施肥，才能开出艳丽的花朵、结出丰硕的果实。

坐等幸福的女人往往是消极的、被动的、悲观的，对于这样的女人，幸福不但不会主动前来敲门，反而现有的幸福也会悄悄溜走；相反，主动争取幸福的女人是积极的、主动的、乐观的，这样的女人，早早就将幸福握在了手心。所以女人要记住：真正的幸福不是靠别人的恩赐，而是要靠自己的不懈努力才能获取。

## 优秀的女人自己主宰命运

翻开报纸、杂志，常常会看到一些令人唏嘘不已的情感故事，情节大多都相似——现代版的陈世美与秦香莲的故事依然在这个时代不停地重演。对于这些充满着哀怨的女人们，人们“哀其不幸”，但更“怒其不争”：何必要做一根藤，依附在男人的身上？青春和美貌固然是资本，但也是贬值最快的资本，女人应该学会自立、自强，掌握自己的命运，而不是将所有的希望和幸福都寄托在男人的身上。

在现代社会，女人如果将命运寄托外部环境、依靠外人、无疑是身为女人的悲哀；梦想贵人相助来改变命运的想法更无异于痴人说梦。优秀的女人明白掌握命运的力量来自于自身，只有努力挖掘自身的价值和潜力，不断完善自身的能力与智慧，才能做生活的强者，主宰自己的命运。

2000年6月，在国内模特界已小有名气的吕燕突然决定到国外发展。当时几乎周围所有的人都反对，因为面对一个一无所知的世界，失败的可能性太大了。但是吕燕心想，巴黎是世界时装之都，在那里，自己说不定能得到更多的机会。于是她力排众议，孤身一人来到了巴黎。

所有的一切都是陌生的，陌生的国家、陌生的城市、陌生的人群、陌生的语言……但是这一切都没让吕燕打退堂鼓，相反，她鼓励自己要尽快适应新的生活。于是，到达巴黎的第一天，她就自己拿着一张时刻表、一张地铁线路图和自己的影集，到各个报刊与巴黎最著名的记者见面，推荐自己。当时，吕燕一个法文单词都不会说，但是她勇敢地拿着一本《快译通》就开始了她在巴黎的闯荡生涯。吕燕走遍了巴黎的大街小巷，参加了大大小小的面试，为自己寻找机会。

凭着这股勇往直前的精神，吕燕很快引起了巴黎时装界的注意。终于，命运女神眷顾了她：她获得了参加著名时装品牌发布会的表演。不久，吕燕在巴黎时尚圈内名声大振，成为红极一时的国际名模。

吕燕通过自己的努力改写了命运，她是一个勇敢的女人，更是一个智慧的女人。只有勇敢和智慧的女人才懂得做自己命运的主人，并通过坚持不懈的奋斗实现自己的梦想。

其实，根本没有所谓的命运女神，如果说有，那也只是自己。一个人的命运是要用一生的时间来完成的，把自己的命运交由他人主宰的女人是最愚蠢也是最可悲的。命运是人生的方向盘，你想让它驶向你所期望的目标，就一定要自己掌控！

## 女人内心有着超乎想象的力量

世人常将女人比喻成月亮，而男人则是天上的太阳，月亮因为太阳才有了光辉。然而，翻开历史长卷，无数的事实告诉我们：女人的内心，往往拥有超乎想象的坚强与力量，有时候，这力量甚至超越了男人。

女人的坚强和力量来自女人的内心，尤其是在面临苦难与困境时，女人所表现出来的淡定与坚强会使无数男人自惭形秽。在中国首位诺贝尔文学奖得主莫言的作品中，很多都是以女性为主角的，她们在磨难与灾难来临的那一刻表现出的淡定、从容、勇于担当的勇气和不折不挠的坚韧都令人动容，令人永生难忘。谁说女人的名字叫“弱者”？

1141年，康纳德国王的军队包围了巴伐利亚公爵活尔失的温斯堡。这次围攻长达数月，公爵最后走投无路，只得宣布投降。活尔失与军官们都做好了赴死的准备，但是温斯堡的女人们却没有做好放弃的打算。经过谈判，康纳德国王同意了放女人们一条生路：保证堡内所有女人的安全，并允许她们带走用双手能够拿走的所有珍贵的东西。

投降的那一天到来了，温斯堡的女人们依次走了出来，她们的腰弯得几乎垂到了地上。但是令堡外的人们吃惊的是，她们手中抱着的并不是金银财宝，而是她们的男人。男人强壮沉重的身躯令女人们不堪重负，但是没有一个女人愿意将自己的男人丢下——她们要带走自己的男人，以免他们遭受胜利之师的报复。

这一幕深深地感动了康纳德国王以及他的军队。凝视着这些伟大而坚强的女性，康纳德国王毅然决定与活尔失公爵签订停战协议、维持和平。自那以后，温斯堡改名为韦博图山，在德语中意思为“女人的坚贞”。

这是一个令人感动的故事，感动的原因来自女人内心的坚贞与柔韧，而感动的力量则来自女人那博大而深厚的爱。在四川雅安地震中，儿子上厕所被砸，埋在预制板内，母亲竟然徒手一人将重达一百多斤的预制板挪开，救出了儿子。这位母亲瞬间爆发出的力量令人震惊，而爱也正是这股力量的源泉。或许在和平或安全时期，女人表现出更多的是小鸟依人般的柔弱，但当命运发生逆转之时，女人强大的内心就会喷薄而出，爆发出令人不可思议的强大力量。

## 灾难来临，是哭还是笑

生活永远不会一帆风顺，一路走来，总会遭遇无数的荆棘与坎坷。当灾难来临时，是哭着被打败，还是笑着战胜它？聪明的女人当然会作出正确的选择。

一种生活，两种态度，而这两种截然不同的态度也造就了女人截然不同的命运。哭着被打败的女人从此失去自信、失去生命的乐趣，心中充满了自卑和对自己的不信任，她的性格必然也会变得唯唯诺诺，从此屈服于命运的淫威，过着平庸甚至卑微的生活；而笑着战胜苦难的女人则会凭着自己的勇敢与坚韧，挑战生活的每一天。她们如同涅槃的凤凰，在经历血与火的洗礼之后，告别苦难，迎来光明的重生。

1998年7月，在美国纽约第四届世界友好运动会上，17岁的中国体操队运动员桑兰在跳马时，不慎摔下，头部着地，颈椎神经严重受损，从此瘫痪了。

曾经桑兰是世界上翻跟头翻得最好的女孩，曾获得过全国跳马冠军，她的梦想是冲击奥运会冠军。但是短短的几秒钟时间，改变了这个女孩的一生。当一开始知道自己可能一辈子也站不起来时，桑兰也曾经痛不欲生，认为整个世界都毁灭了。但是后来，桑兰不断告诉自己：既然事实已经无法改变，就要坚强面对。她坦然接受了命运的挑战，努力使自己成为一名永远微笑的“阳光天使”。她坚信，只要坚持、不放弃，就一定能够迎来生命的曙光、美好的未来。

如今的桑兰已经在轮椅上度过了十几年的时光，在坚持康复训练的同时，桑兰还在北京大学修读了大学新闻传播专业，并且在“星空卫视”主持了《桑兰2008》体育节目。这个坚强的女孩如一缕阳光照进了无数人的生活，成为激励他们的偶像，带给人们无限的动力。

有人说：快乐只是生命的驿站，而痛苦才是生命的航程。即便如此，女人也要勇敢地用肩膀扛起生活的责任，不要因为担子过重而被压垮。女人的外表可以柔弱，但内心一定要柔韧。在灾难来临时，微笑着面对、勇敢地跨越，才能迎来胜利的曙光。

生活不相信眼泪，生活也不同情弱者。有时你即便哭干了泪、伤透了心，也无法解决问题，只能换来别人的轻视与唾弃。相反，面对命运的“坎坷”，假如你能坚强地面对、勇敢地挑战，就一定能够打败它，因为这世上的恶人都是欺软怕硬的“纸老虎”，灾难也不例外。

## 永远相信幸福就在不远处等着你

很多时候，女人的不幸不在于没有梦想，而在于没有坚持梦想的毅力与勇气。幸福是一朵花，要经过坚持不懈地浇灌与呵护才能绽放。而很多女人在一时的失败与挫折面前丢弃了勇气、放弃了梦想，最终使得幸福与自己擦肩而过。

一切意志的较量莫过于坚持的较量，意志坚定、内心强韧的女人绝不会因为一时的逆境而放弃追求幸福的权利。生活就像一场马拉松赛跑，谁能坚持熬过体能的极限，谁就能获得最后的胜利。既然有人说“女人追求的极致是幸福”，那么就让坚持的灵魂扣住你的心弦，让一切的挫折与失败在你强大的内心面前不堪一击，相信你终究会获得幸福，梦想就在不远处等着你！

英国女孩夏洛蒂从小就梦想成为一名伟大的作家，但是疼爱她的父亲对她说：“写作这条路太艰难了，你还不如安心教书。”夏洛蒂不放弃，她给当时的桂冠诗人罗伯特·骚塞写信，请教写作的技巧。罗伯特回信说：“文学这条路有很大的风险，你那习惯性的遐想会造成你思绪的混乱，因此这个职业对你并不合适。”

但是夏洛蒂并未就此罢休，她相信自己的才华，并坚持在写作的道路上走下去。30岁时，她用了近一年的时间，写成了一部长篇小说《教师》，和妹妹艾米丽·安妮的《呼啸山庄》《艾格尼丝·格雷》一同寄往出版社。但是出版商接受了她妹妹的两部小说，而夏洛蒂的《教师》却被退回了。

这时，几乎所有的人都认定夏洛蒂没有写作的才能，但是夏洛蒂依然没有退缩，她开始埋头写另一部长篇小说。当出版商看到这部小说时，不由得惊喜万分，通宵审读。这部小说出版后，引起了英国乃至整个世界文坛的轰动，这就是历经百年依然被称为经典的小说《简·爱》。

后来，夏洛蒂还写了许多脍炙人口的佳作，如《雪莉》《维洛特》等，而夏洛蒂本人也被称为世界文坛最杰出的作家之一。

假如没有夏洛蒂的坚持，世界文坛就会少一朵奇葩，人们也不可能欣赏到这些佳篇巨作。夏洛特的坚持成就了她的人生，实现了她的价值。

在人生的道路上，上帝不会因为你是女人而对你格外地偏爱，相反，女人或许会面临更多的挫折与苦难。但这一切都会因为你的坚持、你的勇敢、你的坚强而烟消云散。“干得好不如嫁得好”的思想早已过时了，女人要自立，更要自强。只有自强、自立才能赢得他人的尊重，才能获得极大的成就感与满足感。丢掉什么都可以，唯有信念不可丢。心中有梦，脚下有路，只要选准方向，女人就要勇往直前，要永远相信幸福就在不远处等着你！

# 第4章　仪态万方，言谈举止透出女人的魅力与风情

无论在什么场合，最引人注目的通常不是那些长得漂亮的女人，而是那些举止言行优雅得体、懂礼仪有教养的女人。她们的一举一动都流露出无限的魅力与风情，显示出女人天生的柔媚与高贵。所以，女人不仅要注重脸蛋的保养，更要注重整体素质的培养。一个举止优雅、仪态万方的女人永远都会魅力无穷。

## 安静，同样能够使你成为“主角”

女人喜欢说话，尤其在人多的场合，犹如一群叽叽喳喳的麻雀，生怕别人不注意自己，更怕别人将自己比了下去。其实，有时候嗓门大除了引起别人的反感之外，没有一点儿好处。相反，保持安静、淡定的女人反而会成为喧闹中的一道风景，令人视线不忍移开。

这是一个喧嚣的世界，安静的女人犹如一朵盛开的莲花，让人眼前一亮，不由惊异于她从容的气度和大气的风范。安静的女人有一种恬淡的韵味，令人不由自主地想靠近，感受她那一份安宁与静谧。安静的女人不张扬、不招摇，更不会哗众取宠，但是她就像一颗掩不住光华的珍珠，在人群中散发着淡淡的光泽。

阿静人如其名，不论在哪里，都是一副安安静静、文文雅雅的模样，从不与人相争，更不与人辩论。母亲曾经以为阿静这样的脾气性格走上社

会后会吃亏，然而事实证明，她想错了。

阿静有很多朋友，每一个朋友都将她当作知心人，有了心事向她诉说，有了委屈向她倾诉。阿静有时只是静静地听着，不发一言，其实有时候人们需要的并不是安慰，而是一对倾听的耳朵。

阿静的人缘很好，因为她的心如同她的人一样沉静，没有钩心斗角的心机，也没有家长里短的流言，沉稳平和、安分守已。

阿静姿容寻常，却嫁给了一个身家颇丰的成功商人。丈夫说，他身边曾经围满了莺莺燕燕，但那些女人都是冲着他的家产。当他在嘈杂喧闹的人群中发现了素衣布服、一脸沉静的阿静时，心底那柔软的神经瞬间就颤动了——他知道那就是他今生要寻找的女人。

如今，阿静依然过着安安静静的生活，但是却从来不缺乏幸福。

是的，安静的女人儒雅大方、优雅从容，虽不强势，但一样是生活的强者、命运的主角，这样的女人又怎会缺乏幸福?

作家刘心武在第三次观看了卢浮宫的《蒙娜丽莎》之后，突然对这个有着神秘微笑的女人有了新的感受："那就是蒙娜丽莎的表情并不一定要概括为微笑，那其实是神圣的沉静。在具有张力与定力的静气里，默默承载人生的跌宕起伏、悲欢聚散、惊险惊喜……无论人生遭遇到什么，不管是预料之中还是情理之外，沉静永远是必备的心理宝藏。"

所以女人，请学着做那一朵人群中安静的睡莲吧，即便不言不语、不声不响，也能让人感受到你心底散发出来的清香，让人不免沉醉、不由痴迷。

## 轻盈的步态，让你像天使一样美丽

最能体现女人姿态之美的应该是女人走路的姿势。翻开古书，那些形容女子美好的走路仪态的形容词数不尽数：娉娉婷婷、婀娜多姿，步生莲花、摇曳生姿，弱柳扶风、款款而行，款步姗姗、舞态生风……每一个词都充满了无限美好的意境，令人不由生出无限向往。

的确，优雅的女人无论何时都十分注意自己的步态，那如莲花般轻轻摇曳的步履，轻盈而又曼妙，无论走到哪里，都是一道靓丽的风景线。“迟迟春日弄轻柔，知是凌波缥缈身；腰肢轻摆，莲步挪移，曲线曼妙。”在古人的笔下，步态轻盈、仪态万方的女人就如同一首诗、一幅画，美到极致。

高跟鞋被誉为最伟大的女性用品发明之一，这一点也不言过其实。女人一旦穿上高跟鞋，胸部就会自然挺立，小腹收紧、臀部紧翘，显示出前凸后翘的曲线之美，充满了女人味。高跟鞋不但可以改变女人的外在体形，还可以增强女人的自信。穿上高跟鞋的女人，走起路来高贵、性感、迷人，那腰肢轻摆时的摇曳生姿，那步伐轻迈时的顾盼自如，都令一个即便姿色平常的女子也在瞬间拥有了自信与魅力。

当年的性感女神玛丽莲·梦露曾经感叹地说：“虽然我不知道是谁最先发明了高跟鞋，但所有的女人都应该感谢它。高跟鞋给我的事业带来了奇妙的帮助。”正是因为穿上了著名设计师弗莱格默设计的金属细跟高跟鞋，玛丽莲·梦露的性感和魅力喷薄而出，无可阻挡，因而一夜之间成为无数男人的梦中情人。

现代女人或许不敢奢求拥有梦露那样火辣的身材，但是完全可以借助高跟鞋令自己的步态更加轻盈，姿态更加迷人。高跟鞋增加的绝不是女人外在的高度，而是因为自信而散发的耀眼光芒。

女人行走时的美在于步伐的轻盈、仪态的端正。走路时要抬头挺胸，目光要平视，不要犹疑不定，否则再美的步子也显示不出女人自信、端庄的姿态。女人的腰肢天生柔软，迷人的步态多半因为腰肢的自然摆动而令人心旷神怡。所以，在走路时，女人的上半身要尽量保持摆动的幅度不过大，但是腰肢要随着步伐的节奏而有韵律地、自然地摆动。当然，过于有意地摇摆腰身会令人产生扭捏作态的感觉，不但美态尽失，还会令人反感。

总之，女人的坐立行走都是众人注目的焦点，步态轻盈的女人就像一道行走着的风景线，牢牢地吸引着人们的目光。

## 轻声细语，让你更具魅力

有些女人生来就是急性子，因为性子急，所以脾气就大；脾气大，自然嗓门也就高。心平气和时，说话就粗声大气；一遇急事或者脾气一上来，单调更是陡然升高八度，不是震得房顶“嗡嗡”作响，就是尖锐得好似要将人的耳膜刺破。对于这样的女人，人们送了四个字形容再贴切不过——“河东狮吼”。

女人一旦被称为“河东狮”“母老虎”，再美丽的女人也会失去女性的吸引力，更别说拥有女人的芊芊神韵了。其实“有理不在声高”，不是嗓门越大，别人就越会听你的。有时候，简单粗暴的说话方式不但不能令对方心悦诚服，反而会适得其反，引起对方的反感，自然也就不利于问题的解决。

周末，孩子到姥姥家去了，好不容易有了二人世界，可老公却一直赖在电脑上玩游戏。小蓉想跟老公亲热一下，却又不好意思说出口，再加上老公一直沉迷于游戏，于是火气就越憋越大。终于等到忍无可忍的地步，小蓉一把拔下电脑插头，大声骂道：“你不玩电脑会死啊？”老公正玩到紧要关头，一听这话，也不由得火冒三丈，毫不客气地反击：“你神经病呀？”两人扑上去扭打在一起，一个好好的周末就这样泡汤了。

小柔家里的情况也基本一致，但是性情温柔的小柔却没有像小蓉一样对老公大喊大叫，而是轻轻地走到老公背后，柔声地说：“老公，游戏打多了，腰会痛的。不如到沙发上躺躺，和我说说话。”老公心领神会，立刻关了电脑，两人度过了一个浪漫的周末。

俗话说：“良言一句三冬暖，恶语伤人六月寒。”小蓉与小柔不同的说话态度直接导致了老公不同的反应，得到了不同的结局，可见，女人温柔的话语是最具杀伤力的武器。

大声说话有时并不一定能使别人凝神倾听，相反，轻声细语才能令别人愉悦地倾听、愉快地接受。事实证明，无论男女老少，都容易被温柔甜美的声音所吸引。在社交场合，即便一个女人的外表并不出色，但是假如她拥有优美动听的嗓音，就会立即让她的语言充满感染力，而她整个人也会充满吸引他人的女性魅力。所以，女人说话千万不要急躁，不要扯开嗓门大喊大叫，这不仅会使你风度尽失，也会让你无法达到与他人顺利交流、沟通的目的。



## 微笑，打开人心灵的金钥匙

蒙娜丽莎能打动全世界人的心，就是在于她那神秘的、充满魅力的微笑。微笑的女人最美，无论她是否具有精致的五官、美丽的容颜，微笑就如夜幕中的星星，瞬间令她整个人充满了亲和力，令人不由自主地想靠近她、亲近她。

无论是陌生人初次见面，还是亲朋好友之间交往，微笑都是女人最动人的谈吐。即便不发一言，人们也能从你真诚的微笑中感受到你心灵的美好与善良。这样的女人有谁会忍心不善待？这样的女人，又有谁会不真心地喜欢呢？英国诗人雪莱说："微笑，实在是仁爱的象征、快乐的源泉、亲近别人的媒介。有了微笑，人类的感情就沟通了。"可见，微笑不仅是最能感染人的表情，也是打开人们心灵的金钥匙。

希尔顿饭店不仅在美国众所周知，也是世界最著名的连锁饭店之一。饭店的创始人唐纳·希尔顿认为，是微笑带给了希尔顿饭店繁荣。



多年前的一天，当希尔顿因为心情不好而将自己独自一人关在办公室里时，一位老妇人前来拜访他。希尔顿很不耐烦地抬起头，这时，他看见了一张挂满真诚微笑的脸。这张笑脸充满了令人不可抗拒的力量，希尔顿拒绝的话再也说不出口。于是希尔顿请她坐下，两人进行了交谈。

在交谈中，老妇人的脸上始终洋溢着真诚的微笑，这微笑如阳光驱散了希尔顿心头的阴霾，希尔顿惊异地发现，原来微笑竟有这么大的魔力。从此以后，希尔顿就将"今天你微笑了吗？"作为饭店服务的宗旨。当他在世界各地的饭店巡视时，他询问员工最多的就是这句话。

20世纪30年代初的美国经济大萧条时期，全国的饭店有80%倒闭，但是希尔顿依然坚持员工用微笑将阳光送到每一位客户的心里。事实证明，希尔顿是英明的，大萧条过后，饭店不仅率先恢复了繁荣，还创造了新的巨大的经济效益。

老妇人的微笑成就了一个成功的企业，所以说微笑的魅力是谁都无法抗拒的，尤其是一个面带微笑、满脸真诚的女人。

其实微笑不但给他人带去欢乐和美的感受，也能营造女人自己愉悦的心情。喜欢微笑的女人既有温柔的一面，必定也有坚强的一面、善良的一面。因为坚强，所以她们很少抱怨生活的挫折与磨难；因为善良，她们总是用微笑关爱身边的每一个人。而正是因为温柔、善良与坚强，所以微笑的女人时刻充满了快乐，也时刻享受着他人的关爱，这样的女人怎能不幸福？

## 优美的站姿，使你尽显美好

“你站在桥上看风景，看风景的人在楼上看你。明月装饰了你的窗子，你装饰了别人的梦。”

读到卞之琳的这段文字，每个人的眼前似乎都浮现出一幅“娟娟静女、娉婷而立”的画面，那样美好，那样充满了诗情画意，令人心驰神往。是啊，一个女子美好的形象，完全从她那优美、高雅的站姿中体现了出来，这时的人们，早已不再计较她的脸是否长得好看，她的五官是否精致漂亮。她在桥上一立，便成为人们回忆中永不褪色的风景。

一个女人，若想保持自身形象的美好，就一定要注意自己的站姿。自古以来，人们对于淑女的基本要求是“站有站相、坐有坐相”，而“站如松、坐如钟”则是对站姿的具体要求。那么怎样才能让自己站成一棵挺拔端庄的青松，充分显示出女人优美的体态呢？有人将其要点归纳为三点：“一竖、两横、三点”。

一竖，就是要求女人在站立时，要尽量挺直身体，挺胸收腹，从侧面看就像一个阿拉伯数字“1”；两横，即要求女人的肩膀要保持平衡，不能一高一低，更不能驼背弯腰；三点，就是要求女人要将身体的重心放在靠后的那条腿上，而靠前的腿只是轻轻点地而已，看上去就像字母“T”，这也是模特的站姿要求，所以人们称为“模特T”。

金戈第一次见到王萍时，是在酒店的大堂。当时，王萍不过是酒店的一名普通工作人员而已。但是当金戈路过那一排列队迎宾的女孩时，王萍那端庄典雅的站姿不由令他多看了几眼。

吃完饭，金戈主动找到王萍，出示了自己的名片，然后开门见山地说：“我是一个形象工作室的负责人，请问您有做专业模特的兴趣吗？”

“我？”王萍诧异地问，“我除了个子高点外，长得又不好看，我能行吗？”

“你一定可以。”金戈肯定地说，“你知道，模特靠气质取胜，而不是五官。刚刚我看见你的站姿，一下子就被你那端庄典雅的站姿、自信大方的气质所吸引了。相信我的眼光，你一定会成为一个出色的模特。”

果然，经过专业训练，王萍真的成了一个小有名气的时尚模特。

王萍是幸运的，而她的幸运则来自她大方、自然、挺拔、端庄的站立姿势。站立是人们生活交往中的一种基本姿势，女人要知道怎样用优美典雅的站姿来体现自身的美丽与风韵，衬托出美好的气质与风度，留给别人难以磨灭的良好印象。所以，女人在站立时，一定要注意身体各个部位的协调与平衡，要尽量表现出女性轻盈、妩媚、典雅的芊芊神韵。唯有如此，你才能站立成一幅优美的的风景画。





## 广闻博识，更能赢得别人的另眼相看

有人将外表漂亮但腹内空空的女人比喻为“绣花枕头”，话虽难听，但是再形象贴切不过。一个女人，无论在生活中还是事业上，一旦被贴上了这个标签，就很难获得成功。因为人际交往凭的不是容貌的美丽，而是内心的丰富。一个外表美丽但是头脑空空的女人就像一杯淡而无味的白开水，再怎么品，也品不出丰富的内涵、特别的滋味；而一个虽然相貌平凡，却广闻博识的女人就如同一杯咖啡，香气绕人、余味无穷。

有的女人虽然能凭借姣好的容貌瞬间吸引他人的注意，但是在长期的交往中，因为知识的狭隘、见解的浅薄，却往往令他人发出“言语乏味、面目可憎”的感叹。相反，即便一个女人在初次见面时不能凭借漂亮的外貌引起他人的注意，但是因为其见多识广、妙语连珠，也能牢牢地吸引他人的注意，成为人群中的焦点。

说起巴西新闻界的玛丽利·加布里埃拉，在巴西几乎是无人不知、无人不晓。她容貌并不出众，但是因为其敏捷的思维、渊博的知识和不俗的谈吐而成为新闻界的风云人物。

玛丽利是一个敢于行动、乐于挑战的女人，年轻时，她曾经学习过医学、心理学、绘画、电影创作。19岁那年，她拿到了新闻专业的进修结业证，然后便毛遂自荐，找到巴西环球新闻网的董事长马里奥，请求做一位新闻主持人。一开始，马里奥对这位貌不出众的“灰姑娘”根本不屑一顾，但是玛丽利的坚持和执着最后还是打动了他，于是他同意玛丽利到电视台做一名实习记者。

事实证明他的决定是正确的。这个容貌并不美丽、嗓音也不动听的女人竟然成为电视台的当家花旦。她主持的节目，都是听众最多、收视率最高的。而她成功的关键就在于她的见多识广、知识渊博。

如今，玛丽利已是新闻界的成功人物，但是她一天也没有放松过自身素养的提高。每天清晨起床后，她的工作就是读书、看报，下午4点进入电视摄影棚，晚上9点才回家。她很少去逛商店、看电影，她说：“我要把更多、更好、更丰富的电视节目献给我热心的观众。”

玛丽利虽然貌不出众，但是她渊博的学识成就了她的人生和事业。现代社会，花瓶似的女人正日渐失去市场，人们更注重心灵与灵魂的交流。试想，面对一个瞪着美丽却空洞的双眼却不知你在讲些什么的女人，你是否还会有倾诉的欲望、交流的冲动呢？

优雅的谈吐来自丰富的学识、广博的见闻，所以女人要学会用知识来充实自己的大脑，用学问来丰富自己的内心，这比任何昂贵的时装和化妆品都能令你保持长久的、迷人的魅力。

## 羞涩，是一种令人怦然心动的美

徐志摩的一首诗，道尽了东方女子最美的神韵：“最是那一低头的温柔，像一朵水莲花不胜凉风的娇羞。”羞涩，是东方女性最令人怦然心动的美，那欲说还休的意韵、那似近还远的风情、那撩人心弦的神秘，都在女人羞涩的一霎得到完美的体现。

老舍先生曾经说过：“一个女子的脸红胜过一大段对白。”还有诗云：“姑娘，你那娇羞的脸使我动心，那两片绯红的云显示了你的纯真。”可见，在世人的眼里，羞涩是女人独特的魅力，是令人无法抗拒的美。它是一道醉人的风景线，伴随着甜蜜的心慌、小鹿般的心跳以及脸上荡漾的红晕，令人感到无比的爱怜与心动。

羞涩是女性独有的美，它是一种含蓄的美丽、一种蕴藉的柔情。一个懂得羞涩的女子，不但拥有令人心动的美丽，更拥有令人敬仰的品德：因为“羞涩是大自然的某种秘密，用来抑制放纵的欲望。它顺其自然地召唤，但永远同善、德和谐一致”（康德）。羞涩闪耀着女性谦卑的光芒，折射出女人内心的道德与审美，反映出女人纯真善良的性格，所以是一种纯朴的美，更是一种高尚的美。

台湾女作家罗兰以一本《罗兰小语》风靡全世界，带给人们心灵上的感动与震撼。但就是这样一位蜚声海内外的著名女作家，却是一位十分羞涩之人。

罗兰86岁那年，有记者采访她，在谈及年龄时，罗兰的脸上竟然泛起了少女般扭捏的红晕。她轻声地对记者说：“你可千万别提及我的年龄哦！”当摄影师要为她拍照时，她赶紧起身，先来到镜前照镜，然后细心地将衣服整好，并羞涩地微笑着问旁边的人：“这衬衣领子是翻在外面好还是塞进去好呢？”得到他人的回答后，罗兰绽出少女般甜美的微笑，这才开始拍照。

在整个采访过程中，罗兰始终都面带微笑，偶尔嘴里含一颗小话梅，态度从容而淡定。她的声音不疾不徐，柔和而又美好，尤其是她那脸上偶尔流露出来的少女般的羞涩打动了在场每一个人的心，也令无数看过这段电视采访的人印象深刻。

羞涩是人类最天然、最纯真的感情，然而在西方开放式思想的冲击下，越来越多的女人将羞涩视为“小家子气”和扭捏作态，而追崇所谓的“大胆”“自由”和“奔放”。女性的娇羞与矜持完全被抛在了脑后，这不能不说是一种遗憾。

## 优美的舞姿，让气质女人锦上添花

据史学家考证，舞蹈是人类很早产生的艺术之一。远在语言出现之前，人们就用舞蹈的形式来表达情感、传递信息、进行思想交流。现在，舞蹈依然具有这种功能。在社交场合中，人们经常通过跳舞来消除陌生感、拉近彼此的距离，因此一个有着优美舞姿、随着音乐缓缓起舞的女人一定是人们注目的焦点，也是人群中最闪亮的明星。难怪有人将舞蹈中的女人称为“天上的云雀”，这是一个多么恰当的比喻！你看那跳舞的女人柔软的腰肢、舒展的双臂、轻盈的步伐、甜美的笑容，可不正像一只在云端飞舞的精灵吗？

奥黛丽·赫本是好莱坞著名影星，也是人们公认的世界上非常有气质的女人之一。她以姣好的容貌与高贵的气质，成为无数男人的梦中情人，也是无数女人追捧的对象。

那么奥黛丽·赫本的高贵气质从何而来呢？原来这与她从小学习芭蕾舞有着密不可分的关系。9岁时，赫本就被母亲送到了安恒音乐学院学习芭蕾舞。当纳粹军队占领安恒后，赫本一家被没收了全部财产，赫本和母亲过着一贫如洗的生活。在那段艰难的战争岁月中，赫本经常靠郁金香球茎和由烘草做成的“绿色面包”来充饥，要是连这些都没有，就靠大量喝水来填饱肚子。长期的营养不良令赫本身材消瘦，但是即便在那样困难的岁月里，赫本都没有放弃她所热爱的芭蕾舞。因为没有钱买芭蕾舞鞋，赫本只得穿着木制的舞鞋进行练习，鞋子将她的脚磨出了血，她也没有停下来。

长年的芭蕾舞练习赋予了赫本出类拔萃的高贵气质，赫本凭着她出众的气质击败了无数应征者，成为音乐剧《高跟纽扣鞋》的合唱团员。1951年，赫本在英国电影《天堂笑语》中出演配角，正式走上了从影之路。

但是真正改变赫本命运的是她在法国拍摄电影《前进蒙特卡罗》时邂逅了法国著名女作家高莱特夫人。高莱特夫人一见到赫本，就被她那高贵的气质所深深吸引，坚信她便是自己作品《金粉世界》中独一无二的女主角。这次偶遇开启了赫本的好莱坞机缘，最后成为全球闻名的电影明星！

作为女人，拥有天生的美貌固然是一件幸事，但提升自己的气质也可以令你成为命运的宠儿，就像奥黛丽·赫本一样，她用高贵、出众的气质打动了高莱特夫人，也打动了亿万影迷的心。可见，舞蹈是改变自身形象、提升气质的良方之一。

舞蹈不仅可以赋予你柔美的曲线、匀称的身材，还可以培养你优雅的举止、自信的气质、开朗的性格。无论你的容貌多么不出众，只要你学过舞蹈，站在人群中你就有一种鹤立鸡群的气质。或许有的女人会叹息：“我早就过了学习舞蹈的年龄了。”不错，也许你没有机会从小学习舞蹈，但没有人要你成为一名舞蹈家。只要有一颗活跃的心，任何时候开始跳舞都为时不晚。

# 第5章 浪漫情调，女人永不褪色的魅惑气质

女人的浪漫是一种情怀，一种能让爱情更加甜蜜、婚姻更加牢固、生活更加多彩的人生智慧。浪漫的女人是聪慧的女人，更是可爱的女人。女人的浪漫激发了男人的柔情，点燃了生活的激情。浪漫情调，是女人永不褪色的魅惑气质。

## 浪漫的女人，更容易得到爱情的青睐

女人天生爱浪漫，浪漫的女人最可爱。因此，在恋爱时，浪漫的女人最容易打动男人的心，也更容易得到爱情的青睐。

浪漫的女人是营造气氛的高手：一支蜡烛，可以将一顿普通的晚餐变成浪漫的烛光晚宴；一束野花，可以将家徒四壁的陋室装扮成芬芳四溢的温暖小窝；一句充满爱意的问候，可以令男人单身在外的孤独化解为柔情蜜意的想念。这样一个充满着似水柔情的女人，怎能不让男人生出拥她入怀的渴望？

浪漫的女人是品味生活的高手：她们的心灵与双眼如同初生婴儿般纯净，她们看待世界上的一切都是美好的——天，永远是蓝的；风，永远是轻的；爱情，永远是甜蜜的；即使是夕阳西下，在她们的眼里，也是无限美好的一道风景。这样一个充满着孩子般快乐的女人，又怎能不让人从心底生出一份怜惜和疼爱？

浪漫的女人还是一个远离物欲的女人：她们不渴望名贵的服装、奢华的首饰，送她一朵鲜花，她就会送你整个春天般明媚的笑容。她绝不会做坐在宝马车里哭泣的女人，而宁愿坐在男友简陋的自行车后笑，让男友带她去看海，和她手拉手在沙滩上奔跑。得到这样一个超凡脱俗的女人，是男人一辈子的幸福。

前段时间，网上有一段非常流行的自拍微电影——《根秀与培宗》。这部电影仅长3分48秒，但它所讲述的爱情故事，却感动了亿万网民。这部微电影完全是由真人真事拍摄，27岁的丁根秀与26岁的柯培宗恋爱了8年，但是柯培宗却被查出患有白血病。在肆虐的病魔面前，这对不离不弃的情侣用他们独有的浪漫谱写了一段感人肺腑的爱情佳话。电影中有这样一个片段：细雨霏霏的清晨，根秀出门前稍作打扮，将自己的形象用手机拍下后传给病房里的培宗，问："今天下雨了，我穿成这样好看吗？"培宗回复说："你一如既往地漂亮。"

这个片段充满了浪漫的情调，但是这浪漫却是如此温馨而感人。很多人看了这个片子之后泪如雨下，感动于丁根秀那份浪漫的情怀、细腻的情感以及他们那不离不弃的爱情。在众人的资助下，柯培宗已经成功击败了病魔，正在康复阶段。

为了给柯培宗治病，丁根秀已经花光了身上的钱，但是在出门前，她依然不忘给病房里的柯培宗一个小小的惊喜，这份浪漫流露出这个小女子的高贵和纯洁，令人折服。这样一个女子理应收获爱情的甜蜜、生活的幸福。

可见，浪漫绝不仅仅是俘获爱情的一种手段或伎俩，而是出自内心的真爱与真情。浪漫的女人至情至性，那一份美丽与外在的条件无关，而是由内而外散发出来的一种气质、一种魅力。

## 维系婚姻的浪漫不仅仅是男人的事

每个女人都喜欢浪漫的情调，婚前与心爱的男子花前月下、海誓山盟，女人的心中常常因爱而满足，因浪漫而甜蜜。但是步入婚姻之后，这种诗情画意的浪漫却很快被琐碎的柴米油盐所取代了，在日复一日的平淡生活中，日子渐渐堆积起一层又一层的油渍。于是，便产生了不满、口角与抱怨。婚姻如同秋风中摇曳的枯叶，只剩下了形式，没有了鲜活的内容。

其实，浪漫不仅仅是男人的事，维持爱情的新鲜感与生命力也是女人肩上不可推卸的责任。男人也喜欢浪漫，只不过他们生来对浪漫有些迟钝或者有些懒惰，没有女人那样敏感而细腻的心思，没有女人那般丰富而敏锐的感受。所以，若想要令爱情与婚姻时常充满浪漫的情调，女人就有责任、有义务充当一个爱情调剂师，用浪漫为婚姻注入新鲜血液，令爱情永葆青春与活力。

柳青结婚前，有人就告诫过她：婚姻是爱情的坟墓。但是结婚十几年了，柳青用自己的浪漫打破了这个爱情的魔咒。

刚结婚时，两人因为没钱买房，便租了一间平房，开始了婚姻生活。墙上有裂缝，柳青便买来巨幅油画挂上，一时间，小屋产生了人在画中游的浪漫气氛。窗户很小，而且是木质的，柳青便买来蕾丝窗帘，微风吹来，白色的窗帘轻拂，令人产生如梦如幻的浪漫感觉。那时朋友给他们的小屋起了一个雅致的名字：浪漫斋。

后来，有了钱，买了大房子，但柳青依然保持着浪漫的情怀。老公每天上班前，柳青常会偷偷放一张纸条在他的口袋里，内容无非是“老公，我想你”“我爱你”“晚上早点回家”等，却能让老公时常感受到一份惊喜、一份甜蜜。每逢周末，柳青便会把孩子送回娘家，无论多忙，总要腾出空来，跟老公一起享受二人世界：一起爬爬山、听听音乐，或者开一瓶红酒，两人对酌一番，其乐融融，充满了甜蜜与幸福。

就这样，柳青用自己浪漫的情怀和缜密的心思牢牢拴住了老公的心，也拴住了爱情的甜蜜、婚姻的幸福。

浪漫，并不完全是影视作品中的虚构，也不是有钱有闲人的特权，只要用心经营，平淡的婚姻生活一样可以充满情调。女人不要坐等浪漫，更不要埋怨自己的老公不浪漫。你才是生活的主人，你才有权利决定你的婚姻究竟是爱情的坟墓还是真爱的继续。

多用一点心思，多花一点时间，主动创造浪漫，时时给对方以惊喜和感动，这才是智慧女人对婚姻与生活的经营之道。

## 浪漫情调，给你带来“性”福生活

夫妻做久了，难免会对千篇一律的性生活产生厌倦心理，这是一个十分危险的信号。性生活对于维持夫妻感情、保障婚姻完整有着不可估量的作用。无论对于男人还是女人来说，一旦性生活出现了问题，感情生活也会不可避免地出现问题，从而影响家庭的完整、婚姻的幸福。此时，女人就要勇敢地挺身而出，用自己的浪漫天性来令男人重新“性”致盎然，为性生活重新注入激情与活力。

夫妻间的性生活绝不仅仅是一种男女间的原始欲望，更重要的是情感交流与审美情趣。而男人马虎的天性、容易冲动的性欲以及缺乏幻想的设计能力，都使男人在性生活中容易落入简单、重复、枯燥的俗套，即便有了冲动，也是“急功近利”、敷衍了事。久而久之，性生活就失去了本来的魅力与吸引力。而女人那充满幻想的浪漫情怀，则可以很好地解决这一问题。铺满碎花的新床单、散发着袅袅清香的熏香炉、柔情缠绵的轻音乐、性感迷人的睡衣，都可以是女人用来营造浪漫、激发男人“性趣”的灵丹妙药。

白灵虽然已经四十多岁了，但是皮肤依然细嫩有光泽，腰肢柔软有弹性，一举一动都充满了成熟女人的魅惑。对于她的驻颜之道，白灵从不隐晦：那就是美满和谐的性生活。

好友不解地问：“老夫老妻了，彼此之间早就没有吸引力了，你到底用了什么方法令男人一直迷恋你的身体呢？”

白灵笑着说：“浪漫。”

的确，白灵是一个浪漫情调十足的女人，谈恋爱的时候是这样，结了婚之后依然如此。尤其是在性生活方面，她总是想方设法“推陈出新”，时不时地创造一点小花招、制造一些小惊喜。例如，她会在老公出差回来的那一天，准备一池漂着玫瑰花瓣的热水，和老公来一个“鸳鸯浴”，不仅洗去老公一身的尘土，还激发出老公无限的热力；在性生活开始前，白灵总会准备好灯光、鲜花和音乐，穿上性感的睡衣，有时是热情如火的辣妹，有时是温柔迷人的淑女，每一次都令老公意乱情迷，充满了新鲜感……

浪漫的女人会用心，所以令男人永远充满了新鲜感与神秘感，浪漫的女人在享受鱼水之欢的乐趣时，也收获了生活的幸福。性是夫妻之间最美好的身体交流，是最纯洁的心灵沟通，女人多用一些心思，就可以营造令男人触景生情的浪漫环境，这对提高性生活的质量、增进夫妻间的感情是十分重要的。

## 学会在平常的日子里自己制造浪漫

提起浪漫和情趣，人们的脑海中或许立刻会浮现这样的画面：玫瑰、钻戒、马尔代夫金黄的沙滩、蔚蓝的海水……最近甚至有人花每小时两万元的代价租用直升机向女人求婚。这些浪漫令无数女人羡慕的同时，也不由惊呼：浪漫的代价太高，不是普通人能消费得起的。其实，这是一种误解，浪漫与风月有关，与情怀有关，唯独与金钱无干系。

不要以为浪漫是有钱人的特权，更不要将没有时间作为拒绝浪漫的借口。居家过日子，不可避免会有矛盾、烦恼、工作的压力和生活的琐碎，但只要有爱，只要用心，一样可以在平淡的日子里制造惊喜，在琐碎的生活中营造浪漫。婚姻，不是爱情的坟墓；贫穷，更不是与浪漫绝缘的理由。浪漫总是跟随心中有爱的人，无论男女，都可以用一颗朴实的心去制造浪漫，同时也感受浪漫所带来的情调。

阿岚因为觉得老公不够浪漫，今年又忘记给她买生日礼物，于是赌气一个人跑到江南的某个小镇住了下来，一方面散散心；另一方面思考一下自己的婚姻该何去何从。

晚饭后，阿岚从住的旅馆出来，一个人慢步到一座小石桥边。突然，她看见一个男人正背着一个女人往桥上跑，阿岚立刻上去好心地问："是生病了吗？要不要帮忙？"男人连连摇头，憋足了劲一口气跑到了桥上，然后将女人放下，一屁股瘫坐在地上，气喘吁吁。女人一落地，立刻拍着手笑道："哈哈，这才第11年呢！明年你可怎么办呀？"

看着阿岚诧异的眼神，女人笑着解释说："这是我们的约定。我和他在这座桥上认识、相爱。后来结婚了，儿子有病，每年要花很多的治疗费，所以他没钱给我买礼物。于是我们约定，每年我过生日的那天，他就背着我在这石桥上走一趟。今年是第11年，要是我们到了70岁，看我怎么累垮他那把老骨头！"

说着，女人扶起了坐在地上的男人，两人亲昵地手挽着手，渐渐走远了。泪水模糊了阿岚的双眼，她决定立刻就回去，在这之前，要先给因为自己的失踪而几乎要急疯了的老公打个电话，告诉他："我爱你！"

一对贫穷男女的浪漫，令人从心底生出感动，或许它比不上玫瑰的芬芳、钻石的璀璨，也比不上马尔代夫之旅的奢华，但是却一样美丽、令人动容。我们都是凡夫俗子，过着平凡的生活，享受平凡的爱情。但是平凡却不平淡，简单的生活一样可以制造浪漫、营造情趣。春天的萝卜肚肺煲，夏天的绿豆百合汤，秋天的雪梨银耳汤，冬天的红枣莲子羹，浪漫因为有了烟火气息而显得更加真实；生活，也因为有了爱情做调料而更加有滋有味。

## 犹抱琵琶半遮面的性感

谈到女人的性感，人们总会或多或少地想到"裸露"两字，甚至有的人认为女人露得越多就越性感。事实证明，这是一种完全错误的观点。

利兹大学的专家们做过一个实验，他们利用设备对舞厅中女人的衣着与受男性跳舞邀请的次数之间的关系进行分析，最后得出一个数据：身体暴露40%部位的女性最受欢迎，她们被男人邀请跳舞的次数是衣着保守女人的两倍，而过于暴露的女人同样也得不到男性更多的青睐。照相研究的负责人心理学家柯林·亨得利博士说过："暴露超过40%传递出的信号将会从吸引变为轻浮和不忠。"

无数男人的观点也证实了这一说法：他们认为，一丝不挂的女人是会给他们的视觉造成冲击，但是半遮半掩、若隐若现的女人胴体则更能激发他们的性欲与占有欲，这就是女人"犹抱琵琶半遮面"的性感风情。

菲菲是个性感的女人，但是她从来不在老公的面前脱光衣服，因为她认为，保持神秘才是两性吸引能够持久不衰的秘诀。

星期天，两人在家时，菲菲喜欢穿着老公的T恤在房间里走来走去，而下身则只穿一条短裤。修长的大腿裸露出来，而挺拔的胸部则在宽大的T恤中若隐若现，露得恰到好处，遮得也恰如其分。菲菲这样的打扮最能让老公血脉贲张，常常会从后面突然抱住她，两人尽享鱼水之欢。

当越来越暴露的穿着成为时尚时，女人更应该把握"露"的尺度。"露"就要露得漂亮、露得高雅，这样才能为女人的性感加分。而一不小心，当"露"过了尺度，"露"就会变成轻浮、变成恶俗。就像八卦新闻中说，记者拍到了小甜甜布兰妮不穿底裤坐车，人们更多的不是赞扬，而是指责。难不成当女人回到原始社会、不着寸缕才是性感吗？很显然，这样的观点是没有人会同意的。

菲菲的话一点也不错：男女之间一定要保留一点神秘，才能长久地相互吸引，而女人半遮半掩的性感、欲拒还迎的诱惑，才是令男人无法抗拒的。

## 在浪漫中一起慢慢变老

女人爱浪漫的天性胜过男人，于是在枯燥乏味的婚姻生活中，率先失去平衡的也往往是女人。有些女人虽然不会像男人那样出去拈花惹草，但是心中对婚姻却早已生出了百般怨恨、千般不满：婚前那个浪漫的男人到哪里去了？那些山盟海誓、甜言蜜语的誓言如今为何再也听不到？难道这就是婚姻？这就是生活？

其实，女人不必怨恨，恋爱时的浪漫，是阳春白雪，是风花雪月；而婚姻中的浪漫，是柴米油盐，是相濡以沫。生活，不可能天天充满了玫瑰、红酒、烛光晚餐、海水沙滩，平凡的生活更多的是“你买菜来我做饭、你拖地来我擦窗”。梦幻的浪漫总是脱离实际的，而在相爱中一起慢慢变老才是这世上最浪漫的事。

小佩才结婚三年，就对婚姻充满了失望。因为实在忍受不了如一潭死水般的婚姻生活，小佩向老公提出了离婚。

那一天，老公整晚都在抽烟，憔悴的双眼布满了血丝。小佩有些于心不忍，于是便对老公说：“我问你一个问题，假如你能立刻回答我，我就不提离婚。”老公同意了，于是小佩问，“悬崖上有一朵花，假如我想让你摘下来送给我，但是却有可能会付出生命的代价，你愿意吗？”老公沉默了很久，然后说：“明天回答你。”小佩的心凉透了，她下定决心，明天一早就搬出去。

第二天早上，当小佩醒来时，老公已经不在了，桌上放着一封信，是老公写的：

“小佩，我亲爱的妻子：

虽然你很失望、很生气，但是我还是要回答：我不会为你去摘悬崖上的花。因为我要留着我的手，修理你只会用来打字却将程序弄得一团糟的电脑；我要留着我的双脚，在你忘记带钥匙的时候，跑回来替你开门；我要留着眼睛，把酷爱旅游却常常迷路的你带回家；我要留着嘴巴，陪不善与人打交道的你说说话、聊聊天。最主要的是，我要留着我的生命，陪你一起慢慢变老，为你拔去让你烦恼的白发、牵着你的手在沙滩漫步。假如你对这些理由感到满意的话，就打开门，有你爱吃的豆浆、油条，还有爱你的老公！”

泪水模糊了小佩的双眼，她打开门，扑进了老公的怀中。

“我能想到最浪漫的事/就是和你一起慢慢变老/一路上收藏点点滴滴

的欢笑/留到以后坐着摇椅慢慢聊/我能想到最浪漫的事/就是和你一起慢慢变老/直到我们老得哪儿也去不了/你还依然把我当成手心里的宝。”这首歌唱出了多少男人的心声，也让多少追求梦幻般不切实际的浪漫女人幡然醒悟：其实浪漫不必刻意追求，更无需有意营造，心中满怀爱意，与心爱的人携手共度人生，直到白发苍苍、牙齿松动，依然此情不渝，这就是世间最浪漫的爱情，最浪漫的人生！

# 第6章　阳光积极，良好的心态是女人气质的源泉

每个女人的一生，都会遇到这样那样的逆境。在逆境中，乐观的女人永远都自信而漂亮，看待事情总是积极的一面，凡事都往好处想，时常保持着好心情，灿烂笑容常会挂在脸上，神采永远飞扬……而悲观的女人一遇到逆境就会愁眉不展，因为沮丧而看不到希望，她们的心境孤独而凄凉，自卑而落没……郁郁寡欢的她们怎么可能活出自信和幸福？你更愿意做哪一种女人？当然是前者。的确，只要你努力对待每件事情，对生活认真一点，只要你认真对待每一天，乐观一点，坚强一点，不管你的人生怎么样，它都是精彩的。

## 始终保持积极阳光的心态

生活中，我们经常听到周围的人说“点头微笑，低头数钞票”“和气生财”“家和万事兴”之类的经验真谛，这些都充分说明了一个道理：因果联系，只有时时保持一种积极的人生态度才有获得成功的希望。同样，作为新时代的女人，我们也只有始终保持积极阳光的心态，才能获得幸福的人生。因为任何人的一生，都需要用心来描绘，无论自己处于多么严酷的境遇之中，心中都不应为悲观的思想所萦绕，应该让自己的心灵变得通达乐观。罗根·史密斯说过这样一段话：“人生应该有两个目标。第一，得到自己所想的东西；第二，充分享受它。只有智者才能做到第二步。”

任何一个女人，在生活中都有可能遇到一些不顺心的事，也有可能遇到重大挫折。而积极是生活的一味良药，伤心的时候乐观一点儿，孤独的时候去寻找快乐，热情而积极地拥抱生活，幸福就会像天使一般无声地降临到你的身边。那么，作为女人，我们该如何做才能始终保持积极阳光的心态呢?

1. 有点阿Q精神

人生在世，首先要学会心理调节，这是人生成败的关键。一个人若是在取与舍等人生哲理方面迷惑不解，那就必须得借助自己的理智去发现、去解决。如稍微有一些阿Q精神，可以让我们更好地满足于自我安慰的需要。相反，如果一个人的心态调整不好，那么乐观的人生也会远离你。

2. 相信自己能得到幸福

相信自己能够成功，往往自己就能成功，这是人的心理在起作用。同样，一个女人要想获得幸福也是如此。一个女人总想着幸福，就会幸福；总想着不幸，就会不幸。人们常说的心想事成，就是这个道理。

传说，有个勤奋好学的女裁缝，一天去给法官缝补法袍，她不但缝补得很认真仔细，还对法官穿的法袍进行了改装。有人问她其中的原因，她解释说：“我要让这件袍子经久耐用，直到我自己作为法官穿上这件袍子。”后来这位裁缝果真心想事成，成为一名法官，穿上了那件她亲手缝补的袍子。

人的心灵有两个主要部分，就是意识和潜意识。当意识做决定时，潜意识则做好所有的准备。换句话说，意识决定了“做什么”，而潜意识便将“如何做”整理出来。意识就好像冰山浮出水平线上的一角，而潜意识就是埋藏在水平线下面很大很深的部分。

所以说，一个人期望的多，获得的也多；期望的少，获得的也少。作为女人，如果她有一种乐观积极的心态，不管自己的人生有多大的挫折，自始至终都保持一种平和的心态，她就会拥有幸福的生活。

# 自我安慰，学会心理调节

生活中，我们谁也无法预料下一秒会发生什么，正所谓世事无常。而女人是情绪化的动物，她们的心情会随着遇到的事情而发生变化，但无论遇到什么事，你都要懂得心理调节。在困难、痛苦面前，我们要冷静地思考一下，让心情平静下来，和自己的心灵对话，告诉自己“没什么大不了的”，那么，你就能重新起航。有人说，态度决定一切，这话是很有道理的，不同的心态看问题的眼光、角度都是不相同的，因此在事情产生的结果上也是不同的。

不得不承认的是，现代社会，女人们承担的实在是太多了，她们不但需要应付职场的压力，还要照顾家庭，处理各种人际关系，为此，女人们总是烦恼不断。其实，谁没有烦恼呢？只要生活在这世上，就有烦恼。痛苦或是快乐，取决于你的内心。人不是战胜痛苦的强者，便是向痛苦屈服的弱者。再重的担子，笑着也是挑，哭着也是挑。再不顺的生活，微笑着撑过去了，就是胜利。

那么，作为女人，该如何学会自我安慰，调节心理呢？

1. 转移注意力

当你遇到挫折感到苦闷、烦恼、情绪处于低潮时，就暂时抛开眼前的麻烦不要再去想，将注意力转移到你较感兴趣的活动或事情中去。如果你把注意力放在与别人友善和好的事物上，并常常告诫自己，误解、敌视毕竟是次要的，并把愉快、向上的事串联起来，由一件想到另一件，你就可以逐步排遣自怨自弃或怨天尤人的情绪。

2. 自觉地改换环境

当你心情苦恼、情绪低落时，可以想法给自己换个新的环境，如外出散步、旅游参观、调换居住地点等。这样通过新的环境，冲淡、缓解消极的心理情绪。

3. 自我控制

人不仅要有感情，还要有理智。如果失去理智，感情也就成了脱缰的野马。在陷入消极情绪而难以自拔时，应有意识地用理智去控制情绪，这有以下几种方式：

①自我暗示。采取这种方法，可以抑制不良情绪的产生。例如，你可以告诉自己，我是最棒的，沉住气，别紧张，胜利一定是属于自己的。这样就能增强自信心，情绪就会平复，就能遏制冲动，避免不良情绪造成不良后果。

②自我激励。这是用理智控制不良情绪的又一好方法。恰当运用自我激励，可以给人精神动力。当一个人在困难面前或身处逆境时，自我激励能使你从困难和逆境造成的不良情绪中振作起来。

③心理换位。这也是消除不良情绪的有效方法。所谓心理换位，就是与他人互换位置角色，即俗话所说的将心比心，站在对方的角度思考、分析问题。通过心理换位，来体会别人的情绪和思想，这有利于消除和防止不良情绪。

总之，一切的和谐与平衡，成功与幸福，都是由乐观向上的心理产生的。女人保持乐观豁达的心境不仅可以获得爱情，在事业上也会有不小的收获，因为这个社会对谁都是公平的。生活中所有的问题都是一个有解的方程式，所以学会自我安慰，什么事情都往好的方面想是解决事情最好最快的途径。





## 坦然接受那些无法改变的事

人生在世，发生不如意的事情十有八九。在人们眼中，承受挫折是男性的“专长”，女人是生活的享受者，其实，这样的女人，一生注定平淡无为，相反，一个女人的生命将会因为挫折而精彩。因此，作为一个女人，我们也必须要具备一定的承受挫折的能力，在既定事实面前，与其终日惴惴不安，还不如坦然接受，当然这需要我们历练一份坦荡的心境，只有这样，我们才能以豁达的胸怀来面对生活中的酸甜苦辣，让原本平淡乏味的生活焕发出迷人的色彩。

然而，在面对困难和失利时，我们总是听到一些女人不停地抱怨，不断地自责。这样一来，不但不会有什么结果，反而将自己的心境弄得越来越糟。这种对已经发生的无可弥补的事情不断抱怨和后悔的人，注定会活在迷离混沌的状态中，看不见前面明朗的人生。

在遇到困难时，可能你会怀疑自己的能力：我能成功渡过难关吗？当然能，但前提是你不要被面前所谓的“失败”吓到，或者怨天尤人，而应该先冷静下来，找到解决问题的切入口，才能反败为胜。

具体来说，你需要做到以下几点：

首先，你要接受事实，承认失败。

哲学家叔本华曾说过：“逆来顺受是人生的必修课程。”我们每个人都要明白，当事情已发生时，我们只有接受。“事必如此，别无选择”，但这并非容易的事情。你需要经常提醒自己。

其次，先停下，然后再重新开始。

我们时常钻进牛角尖而不知自拔，因而找不到新的解决方法。

曾经在一个记者招待会上，记者问艾森豪威尔总统：“为什么你的周末度假那么长呢？”艾森豪威尔的回答是：“我不相信，一个人无论是经营一家公司或是管理美国政府，他坐在办公室里就是认真负责。我们都应该避免琐事的干扰，把有限的精力用在基本决策上。只有这样才会作出更好的判断。”

每个女人都应该记住艾森豪威尔总统的话，当你遇到重大的难题时，不要马上放弃，先放下手边的工作换换气氛，当你回来重新面对原有的难题时，答案便会不请自来了。

最后，把握要点。

遇到问题，你应该先冷静下来，想想是不是曾经有其他人遭遇过类似的问题，最后成功地克服了？问题的关键在哪里？只有找到问题的关键，才能解决好问题。俗话说：“打蛇要打在七寸上”，“七寸”就是蛇的致命处。我们遇到问题时，也要握住问题的“七寸”，才能把问题完美解决。

无论命运给予我们什么，我们都要给予生活以微笑，用理解的心态面对，勇敢地接受挫折给予我们的挑战。因为心态不仅体现一个人的智慧，更决定了一个人的生活、命运和价值的取向，心态是我们成功的关键，生活中每一个成功者无不是心态的主人。而一个人，只有学会承受失败，坦然接受那些无法改变的事，才能节省下精力去为成功创造条件。

## 生活有压力，女人需要自己调节

社会经济的快速发展，让在工作、婚姻中扮演各种不同角色的现代女性承受着前所未有的压力。据报道：现代女性不漂亮不行，只有一张脸好看也不行，要有气质有学识有能力，最好在养活自己之外，还有财力上的富余，在父母家承欢膝下尽孝，在老公面前恰到好处地撒娇，在公婆处扮传统贤媳讨巧，还不可以耽误养儿育女，慈母严母一身两任；下完厨房出厅堂，走出家门又是一片天，在职场上投入打拼，力争做个成功女性……于是，女人们总是叫嚷着压力大，生活、事业、家庭的压力无处不在，可是造成这些压力的元凶却是女人自己。女人，请将自己堆积在肩上的压力卸下来，享受一段生活的轻盈，感受一下心灵的淡然，然后将压力永远地放在自己的脚下。

因此，如何让自己的心灵更纯净，释放压力就显得尤为重要，那么，我们该如何驱赶压力的阴霾呢？

1. 不要故意给自己加压

不少女人对社会、对家庭、对自己都有不同程度的不满，她们中有些人喜欢在压力中生活，在压力中挑战难题，这样便有一种惬意的满足感。但不是每次都有好运气，压力多了会压得自己喘不过气来。久而久之，就会祸及自己的身心健康。

2. 学会宣泄

作为女人，如果心理压力过大，可以采取以下两种方式宣泄：

①倾诉。当你心中积满苦闷、烦恼、抑郁等不良情绪无法疏散时，可以向父母、同事、知心朋友尽情倾诉，发发牢骚，吐吐委屈。这样使消极情绪发泄出来后，精神就会放松，心中的不平之事也会渐渐消除。

②哭泣。心理学家认为，哭能缓解压力。心理学家曾给一些成年人测验血压，然后按正常血压和高血压编成二组，分别询问他们是否哭泣过，结果87%的血压正常的人都说他们偶尔有过哭泣，而那些高血压者却大多数回答说从不流泪。由此看来，让情感抒发出来要比深深埋在心里有益得多。

3. 忙里偷闲，放松心情

女人一定要抛却事事追求完美的心态。当你意识到自己要放松，但无论如何都很难做到、浑身紧张的时候，就应该学着忙里偷闲，放松心情，给自己制造一个放松的空间。例如，你可以在疲劳的时候向孩子撒撒娇，告诉他你今天不想当妈妈了，想当孩子，向他提出要这要那的要求；即使是老夫老妻也要时刻让他知道你是女人，你需要他的呵护；在男人面前适当地弱示，表示你需要人关心，让他们产生自信，心生怜惜之情；叫上好友去洗个桑拿，边洗边聊也很享受。

终于，女人做回了自己，找到了那颗沉稳、宁静而又透明的心，虽然要面对很多的挑战，虽然必须在事业、家庭之间小心翼翼地“走钢丝”，但她们依旧自信、从容，在追求事业的同时也拥抱着生活，在完善自我形象的同时，更有着高生活品质的追求。



## 赶走抑郁，做个快乐的女人



曾有人问，什么样的女人最美？有人说，性感的女人最美；有人说，文雅的女人最美。答案不一，但无论如何，一个女人只要内心快乐，她就会脸上挂满微笑，她就是最美的。每个女人都希望获得快乐，然而，在人生旅途上，没有谁会一帆风顺，生活中的女人同样如此，但无论如何你都不要抑郁，遇到困难和问题时一定要倾诉出来，只有这样，你才能重获力量，闯过难关。

很多数据和事实一再说明了这样一个令人感到遗憾和痛心的现象：有

心理障碍并想不开的人，大多数都是从来没有寻求过心理帮助的人。那些选择自杀的女艺人，就是因为她们有过多的心理压力而又不选择向朋友们倾诉。因此，生活中的每个女人都不要忽视抑郁这一问题。

如果你有如下几大主要症状：大部分时间感到沮丧或忧愁；缺乏活力，总是感到累；对以前喜欢做的事情缺乏兴趣；体重急剧增加或急剧下降；睡眠方式发生巨大改变（不能入睡、长睡不醒或很早起床），有犯罪感或无用感；无法解释的疼痛（甚至身体上没有任何毛病）；悲观或漠然（对现在和将来的任何事情都毫不关心）；有死亡或自杀的想法。那么，此时，你一定要引起重视，这表明你抑郁了。抑郁会严重困扰你的生活和工作，给家庭和社会带来沉重的负担，严重的还会导致抑郁症。它会赶走你的积极情绪，使你对周围的人丧失了爱。而能否敞开心扉是抑郁症患者能否摆脱抑郁的关键。而抑郁症患者为什么很难做到这一点？因为他们有某种心灵上的顾忌，他们不愿意承认自己有抑郁症，更别说去积极主动地配合医生治疗了。

我们发现，很多抑郁者在患病后，会选择偷偷吃药而不会公开病情，就是因为他们对抑郁症的认识不足，将它误认为神经衰弱、精神分裂，怕别人会对他们报以冷眼或歧视或背后传播流言蜚语，所以他们大多选择默默承受，而不敢坦露自己的苦闷。

只有了解抑郁，才能更有效地远离抑郁。越早去面对心理创伤，就会越早走出心理创伤的阴影。而摆脱抑郁，最重要的是与别人交流，敞开自己的心扉，才能找到病因，对症下药。因此，生活中的女人们，如果你抑郁了，不妨这样做：

1. 向信任的朋友倾诉

只有信任的朋友，他们才会为你保密，真心地帮你解开心结。

2. 确认你倾诉的朋友内心足够坚强

你需要寻求帮助的朋友必须是那些内心坚强的人，如果他比你更容易产生抑郁情绪，那么，你只会为他带来困扰。

3. 必要时候应该寻求心理医生的帮助

如果你觉得你的朋友并没有帮助你脱离内心的煎熬，那么，你应该说服自己，让心理医生来为你解惑答疑。

当然，即使心情抑郁了，你也不必担心，抑郁并不等同于精神分裂。你只要告诉自己，我的情绪感冒了，我的情绪现在正在发烧，还会打喷嚏，现在很痛苦，但只要吃点药就会好的。



## 告别恐惧，做个勇敢的女人

女性一度被认为是弱者，是男性保护的对象，这也就导致了中国几千年来男尊女卑的社会状况，究其原因，是与女性对自身的定位有关系。生活中，一些女人固然渴望成功，但却害怕磨难，也经不起成功路上的磨难。其实，生活犹如一艘航海巨轮，在冰川和暗礁的威胁中闯荡。人的一生绝不可能会一帆风顺，只有经过磨炼和挫折的人才能“焕然一新”；人生如婴儿学走路，只有不怕摔倒，在经历过几次跌倒再爬起的过程后才会“脱胎换骨”，才能真正感受到生活的乐趣和意义。“在挫折中成长，在拼搏中享受生活！”也许是你人生历程的一道特殊风景。

因此，勇敢的女人们，人生路上，无论遇到什么，都不要恐惧。“要战胜别人，首先须战胜自己”，这是智者的座右铭。实际上，你的敌人不是挫折，不是失败，而是你自己，是你内心的恐惧。如果你认为你会失败，那你就已经失败了，说自己不行的人，爱给自己说丧气话，遇到困难和挫折，总是为自己寻找退却的借口，殊不知，这些话正是自己打败自己的最强有力的武器。人们恐惧的表现之一通常是躲避，而试图逃避只会使得这种恐惧加倍。任何人只要去做他所恐惧的事，并持续地做下去，直到获得成功，他便能克服恐惧。既然困难不能凭空消失，那就勇敢去克服吧！

要摆脱恐惧心理，女人们，你可以从以下几个方面着手：

1. 告诉自己“我能行”

生活中，许多女人常常说“我不行”。而之所以她们会有这样的想法，通常来说都是因为她们给自己设限。要摆脱这种恐惧，你必须要在内心反复暗示自己："我能行。"

2. 多做一些曾经不敢做的事

做曾经不敢做的事，本身就是个克服恐惧的过程。如果你退缩、不敢尝试，那么，下次你还是不敢，你永远都做不成。只要你下定决心、勇于尝试，那么，这就证明你已经进步了。在不远的将来，即便你遇到很多困难，但你的勇气一定会帮你获得成功。

总之，你需要记住的是，在困难面前，逃避是无济于事的，只有正面迎击，困难才会解决。有时候，你会发现，那些所谓的困难与麻烦只不过是你的恐惧心理在作怪。每个人的勇气都不是天生的，没有谁是一生下来就是充满自信的。只有勇于尝试，你才能真正拥有非凡的勇气。

## 怀着良好的心态给生活一个微笑

生活给予我们挫折，我们要给予生活以微笑，用良好的心态面对，勇敢地接受挫折给予我们的挑战。良好的心态对于我们的成功具有决定性的作用，不管我们做什么，我们首先应该学会保持良好的心态。

要经常保持这种良好的心态说起来容易，但要做起来还是有一定困难的，下面是有助于保持良好心态的几种方法。

1. 要学会自信

自信是成功的前提，也是快乐的秘诀。唯有自信，才能在困难与挫折面前保持乐观，从而想办法战胜困难与挫折。俗话说得好："尺有所短，寸有所长。"每个女人也都有自己的无限潜能。人不能光盯着自己的缺点、短处和现在，而要学会欣赏自己，多看自己的优点、长处和未来。我们自己首先要做一个自信的女人，一定要学会赏识自己，悦纳自己，勉励自己。

2. 要学会调节

生活是千变万化的，悲欢离合，生老病死，天灾人祸，喜怒哀乐，都在所难免。一次被拒绝的失望，一场伙伴的误会，一句过激的话语，都会影响我们的心情。生活中不顺心的事总是很多，这就需要我们学会调节自己的心态。怎样调节呢？最简单有效的做法就是用积极的暗示替代消极的暗示。当你想说“我完了”的时候，要马上替换成“不，我还有希望”；当你想说“我不能原谅他”的时候，要很快替换成“原谅他吧，我也有错呀”，等等。

3. 要学会宽容，培养自己宽广的胸怀

一个女人心胸狭窄，只关注自己，就容易生气，闷闷不乐，斤斤计较。而当你胸怀宽广时，你就会容纳别人，宽容别人，欣赏别人，自己的心境也就能保持乐观，所谓“退一步海阔天空”“仁者无敌”。让我们善待每个朋友吧，深切地理解每个人，相信自己，也相信别人，这样我们就能保持良好的心态。

说到底，决定人心态的是人的理想、人生观、世界观。一个大气的女人要具有远大的目标，正确的人生观；要胸怀宽广，执着进取，挑战自我，不屈服于命运，坚信自己，积极地思考。这样我们一定能保持良好的心态，即使生活给予我们挫折，我们也会怀着理解的心态给它一个微笑！

## 过去固然悲伤，明天依然美丽

人生苦短，有喜就有悲，正如天气有晴有阴一样，阳光不会一直照耀着我们；正如旅途一样，生命之旅也不会一帆风顺，总会有羁绊出现。那些羁绊、那些不如意，难免会使我们悲伤，但如果我们行走在人生的路上，把悲伤都逐个装进行囊，那么，恐怕我们的路会越走越艰难，步子也会越来越沉重。而只有放下悲伤，让内心装满快乐，才能轻松上路。

同样，生活中的女人们，无论过去你曾经遇到过什么磨难，你都要学会自我调节，这样在未来荆棘密布的人生道路上，无论命运把你抛向什么险恶的境地，你都能做到积极、快乐地生活！为此，你需要做到：

1. 相信自己能做到

日本作家中岛薰曾说："认为自己做不到，只是一种错觉。"悲伤是一种消极的情绪，它会让你产生挫败感，你会认为自己什么都做不到，而实际上，很多时候，正当你绝望时，希望就在前方等着你。因此，只要你放下悲伤，以积极的心态去面对生活的挑战时，你的生命才会有无限的可能。

2. 展望未来

使你感到悲伤的，一般都是过去的失败，过去难以磨灭的痛苦记忆。你也深知，只有放下悲伤才能快乐，但在你的内心始终难以从过去的悲伤中跳出来，那么，你不妨从反面思考一下，过去的已经过去，一味地沉溺在过去的悲伤中，不是也无济于事吗？既然如此，那么，忘记过去的悲伤与失败吧，给自己一个全新的开始，我们便会从未来的朝阳里看见另一次成功的契机。记住，无论你在人生的哪个时刻，被命运甩进黑暗，都不要悲观、丧气，这时候，你体内沉睡的潜能最容易被激发出来。放下痛苦才能赢得幸福，放下烦恼才能赢得欢乐！

曾经有人说，快乐的人总会给自己创造快乐，悲伤的人也总让自己变得悲伤。我们每个人都有自己的快乐，只是需要你去找到它。而无论你在生活中遇到什么，你都要保持乐观，抛却那些伤心的往事，抛却那些失败后的懊恼吧，因为只有放下悲伤，才能重新起航。

正被悲伤情绪笼罩的女人们，当你拉开悲伤的黑幕，你会发现一轮火红的太阳正冲着你微笑。请用一秒钟忘记烦恼，用一分钟想想阳光，用一小时大声歌唱，然后，用微笑去谱写人生最美的乐章。

## 自信，气质女人的处世法宝

自信是一种顽强的精神力量，能帮助女人在面对困难时不气馁、不放弃，坦然应对、从容解决。自信的女人有一种由内而外散发的魅力，这魅力如同一层魅力的光环，使原本平庸无奇的女人变得神采奕奕、明艳动人。自信的女人嘴角常挂着笑容、双目流动光彩、举止干练利落，这使得她即便没有出众的容貌，也能在人群中脱颖而出。

有一个红发卡的故事：

一个从小被称为“丑小鸭”的女孩因为自卑，经常把自己一个人锁在屋子里，不肯出去见人。造成她自卑的原因，不仅是她平庸的五官、矮小的身材，还有因贫困的家境而买不起漂亮的衣服、华丽的饰品。但是有一天，她在路上捡到了一只漂亮的红发卡。她把红发卡攥在手心，一路跑回家，戴在头上，在镜子面前左顾右盼，觉得自己从来没有这么美过。这只红发卡给了她从未有过的自信，她把自己从上到下整理了一番，昂着头走出了家门。

一路上，每个见到她的人都会不由自主地被她脸上的笑容所吸引，很多不认识她的人都大声地说：“看！多美的女孩呀！”见到认识的人，女孩第一次主动停下来和他们交谈，她的声音是那样轻快、那样柔美，人人都在夸赞她，女孩心里快活极了。到了学校，女孩生平第一次鼓起勇气，登上了竞选班长的演讲台，虽然因为没有充分的准备而告失败，但同学和老师们都惊异地夸她“像变了一个人，充满着活力与自信”。

这一天是在快乐中度过的，女孩将所有的功劳都归结于头上那只漂亮的红发卡。但是当她回到家时，却发现那只红发卡静静地躺在书桌下的地板上。原来她根本就没戴那只红发卡出门！

既然没戴红发卡，那么究竟是什么改变了这个女孩，令她从上到下散发出这样迷人的光彩呢？答案当然是——自信！正是因为有了自信，这个原本被人称作“丑小鸭”的女孩才有了迷人的风采、惊人的魄力，才能脱胎换骨、令人刮目相看。

水因怀珠而美，山因蕴玉而辉，女人则因自信而美丽非凡、充满魅力。自信的女人在生活中从容大度、舒卷自如；自信的女人在工作中得心应手、游刃有余；自信的女人在与人交往时不卑不亢、有礼有节。这样的女人怎能不让人心生爱慕？这样的女人又有什么理由不成功呢？

# 第7章　伶俐才情，让女人的气质历久“迷”香

有人说，上帝造人的时候，就特意让女人更有文艺细胞。的确，在每个女人的身体里，都住着一个追求文艺的灵魂，她们或爱琴、或爱棋、或爱书、或爱画，但对于女人来说，在现实生活的压力下，她们不可能把所有精力放到艺术爱好的追求中，但即便如此，依然可以在生活之余拾起那些昔日的文艺梦，成为那个充满文艺气息和灵性的女子。

## 懂点文艺，做有灵性的女人

人生短短几十载，女人更是容颜易老，但高雅气质却可以永存，高雅的气质透露出来的是女人的灵性，那么，女人的灵性从何而来？一个真正美丽的女人，必然有着独特的文艺气息，无论生活再忙碌，她们也会用文艺来丰富自己的心灵，因此，她们的生活绝不是枯燥无味的。她们总能散发出与众不同的气质。聆听过古典音乐的耳朵，欣赏过世界美术作品的眼睛，吟诵过唐诗的嘴巴，看过时尚杂志培养的品位，所表现出来的优雅和高贵，是任何化妆品也修饰不出来的。

有人说，如果女人太普通，她们的命运就像胶卷，属于她们自己可以做主的部分很少，而一个以文艺为爱好的女人，便会在举手投足间流露出不俗的气质。有灵性的女人善于思考，有自己独特的人生见解和处世智慧。灵性是一种气质，是高修养的体现，是一种由内而溢于外的自然之

美。这种气质跟天生丽质融合在一起，便形成了一种至高无上的美。

生活中，任何一个女人都可以从以下几个方面培养自己的艺术修养：

1. 舞蹈

也许在你小的时候，曾在头脑中幻想过这样的场景：在一片空旷的场地上，音乐声缓缓奏起，你穿着一双舞鞋，在音乐声中尽情地舒展自己的身体，尽情地表达自己的心情。舞蹈是很多女人曾经的梦，舞蹈也能让女人更优美，会跳舞的女人就像一个仙子，翩翩起舞的那一刻，她会散发出无穷的魅力。除此之外，舞蹈还能给我们的生活带来许多快乐。舞蹈要求动作优美，富有表情和节奏感，一般与音乐和光相结合，给人以强烈而直观的美的感受，也可以培养女人对体形美的认识。

2. 绘画

有人曾形容女性：女人如花，千娇百媚！花有百媚千红，女子则有风情万种。花与女人，有着很深的渊源，女人爱花，怜花，有花的地方定有女人。但有一种女子，她们能将花的美态永远记录下来，她们就是爱好绘画艺术的女人。无论外在世界如何变化，她们总是能找到让自己沉浸的方法；她们不羡慕那些身着时装的女人，一身粗布上总是沾满了各种颜料，但她们似乎具有某种魔力，经过她们点缀的空白纸张立即栩栩如生；当周围的一些女人感叹内心空虚、容颜易老之时，她们却因为审美、绘画技巧的提高而欣喜若狂……她们爱艺术，尤其爱绘画，因为她们觉得，画纸上的一切才是永不过时的美丽。

3. 摄影

有人说过这样一句精辟的话：摄影家的能力是把日常生活中稍纵即逝的平凡事物转化为不朽的视觉图像。我们可以说，任何一个热爱摄影的女人都是生活的艺术家，都热爱生活，都有一双捕捉生活中美的眼睛，为此，她们眼中的世界是完全不一样的。

当然，除了以上几个方面外，我们可以进行学习的还有很多方面。在竞争激烈、节奏加快的现代社会里，为了生计事业而奔波，很多女人都忙于追求名利和物质，却忽略了自己的内心，而当一个人独处时，你可曾想过是否错过生命中更重要的东西？

# 饱读诗书的女人更具吸引力

人的灵魂不能浅薄、庸俗、无聊，它永远在追求最高尚的东西。使之高尚的重要渠道就是读书。书是人类进步的阶梯，是人类智慧的殿堂。

相信很多男人都陶醉过这样的画面：在安静的图书馆里，长发披肩、一身素衣的女子行走于高大的书架之间。她知识广博，有说不完的丰富话题，天文地理、科技人文，信手拈来，绝不会令你感到琐碎无聊。“女子无才便是德”的时代早已成为历史，如今才女的冰雪聪明、玲珑剔透无不令人折服。女人不仅从书中获得了知识、素养，还从那厚重的书香气中萃取到了属于自己的女人味。

饱读诗书的女人最大的爱好就是买书、读书，她们喜欢扎于书店之中。当她们站在那些浓妆艳抹的女人之中时，显得格外不同，格外地引人注目：那是她们的气质、是她们的修养、是她们身上流溢出来的书卷味，使她们显得与众不同。她们不会让自己的青春白白地流逝，更不会虚度青春的年华。她们拥有一种永恒之美，这种永恒之美，是来自内心的一种“神韵”之美，是充实的内心世界所表现出来的。

一个女人的真正魅力，主要在于特有的气质。这种气质对同性和异性都有吸引力，这是一种内在的人格魅力。而这种人格魅力的获得，与女人的学识有着极为密切的关系，读书是一项精神功课，对人有潜移默化的感染作用。这种特殊的气质，就是由连绵不断的阅读潜移默化养成的。有的女人自知相貌平平，便发奋读书。她读的书越多，知识就越渊博，人就变得越来越自信，越来越有气质。这种学识从她的一举一动中都尽显无疑。

而在现实生活中，有些女人只注重穿着打扮，并不怎么注意自己的气质是否给人以美感。诚然，美丽的容貌、时髦的服饰、精心的打扮，都能给人以美感，但是这种外表的美总是肤浅而短暂的，如同天上的流星，转瞬即逝。如果你是有心人，则会发现，气质给人的美感是不受年龄、服饰和打扮局限的。

罗曼·罗兰如是劝导女人：多读些书吧，读些好书，知识是唯一的美容佳品，书是女人气质的时装。“腹有诗书气自华”，作为女人，不能流连于自己的外表，更不能把美貌作为自己的终极目标，这只是一种肤浅的美，真正的美是永恒的，只有书籍才有如此巨大的力量。无聊的时候翻开书，引人入胜、曲折离奇的故事会消除你内心的孤独与落寞感；迷茫的时候翻开书，大师们会为你解读人生，诠释生命，告诉你生存的意义何在，人生的价值何在，为你指引前进的方向，照亮你前行的方向。总之，和书籍生活在一起，你将更有魅力。

## 拥有自己的爱好，心灵永不孤独

我们每个人都有自己的爱好，它让我们的业余生活变得丰富多彩，让我们孤单时的心灵不再孤寂。然而，我们发现生活中一些女人总是忙于家庭琐事和工作，身心俱疲的她们一旦闲下来反而觉得无所适从，这是为什么呢？因为她们搁置了曾经填充内心的爱好。一个真正美丽的女人，无论是20岁纯情的少女，还是30岁美丽的少妇，抑或是40岁风韵犹存的女人，都有自己的情趣与爱好，这是她们珍贵的权利，爱好塑造又装扮了女人，使女人张扬的光芒和起落的尘埃走向极致。

例如：学习过音乐艺术的女人，很注重对自己家庭环境节奏性的把控。说话的语调柔美，声调抑扬顿挫，富有磁性；语言逻辑严格，条理性很强，使周围的人容易接受，心里感觉也比较舒服。尤其外出办事的时候优势更为明显：你看这女孩，说出话来就是叫人爱听，话说得叫人心里痛快，不像有些人好话没好说，一张嘴就跟打架似的。

在生活中，我们发现，爱好不同的女人给我们不同的感觉，有些如一壶清茶让你品味那淡泊中的甘甜，有些如冬天里高天上的红日让你感受那缕缕温暖，有些犹如一首古老的曲子让你领略那抑扬中的美感，有些如一幅国画让你欣赏那唯美的朦胧，有些如一本浓情的小说让你不忍释卷，还有一些犹如一坛陈年老酒让你浅酌个中的醇厚。岁月的红尘锁不住她们的妩媚，她们不需浓妆艳抹，也不需奇装异服或新潮的发型和发嗲的声音，但只需把沉淀的阅历和日月赋予的灵性展现，就会给你一种美的感觉。那是一种踏实的质感，是举手投足间令你经久不忘的一种风情。而这些女人的魅力，都来自于她们的爱好，这令她们与众不同。

可见，一个有自己爱好的女人，自然在举手投足间流露出不俗的气质。当然，每个女人的爱好不尽相同，但只要你有爱好，你的生活就会增添不少色彩。

总之，兴趣与爱好给女人带来高雅和品位，让女人们学会用自己的眼睛发现身边的美并用心去感受它，虽然你不会成为贴着标签的艺术家，但对于艺术，你会多了一分感悟。

## 时时充电，丰富自己的内心

当今社会，创新已经成为企业、社会、国家发展的永恒的主题，每一个角落都需要知识、需要创新、需要正确决策、需要科学管理。“活到老，学到老”这句话对于现代社会的女性，尤其是奔波在家庭和事业之间的女性来说，有着更深一层的意义。

身处职场，作为白领丽人，如果没有过硬的本领，在人们眼里就难免留下靠脸蛋混饭吃的印象。如果脸蛋再靠不住，职场的位置可就“风雨飘摇”了。不管是拿出业余时间去深造，还是在工作中不断学习，作为职场女性，我们都应该为自己量身打造一个充电计划，并最终拥有纵横职场的能力。

同样，家庭生活也需要充电。很多女人会抱怨儿女不和自己交流，其实你反省一下就不难发现，孩子的思想领域、兴趣爱好你了解吗？夫妻间的交流也是如此，他看足球，你没兴趣就当看帅哥，这样两个人才能有更多的话题。

作为女人，充电是让自己历久“迷”香的最佳方法，具体来说，我们需要做到：

1. 找好充电的切入点

作为一名工作多年的职业女性，不一定要像职场新人一样，为了多多益善的证书而付出过多的精力。你要做的，就是找好充电的切入点：一是职业所需极其实用的东西，二是本职工作能力的培养。

2. 充电敬业两不误

找到一份工作不容易，能“站住脚”更难，如果因为继续深造耽误了目前的工作，与敬业精神就不符，那么就不会有相应的业绩；没有业绩，怎么保证以后能找到更好的职位呢？所以说，充电和敬业不该有任何冲突，充电是为了更好地敬业。

3. 发现身边值得学习的东西

深造不一定要脱离现在的工作，更没必要脱产走回学校。因为年龄、经济等条件不允许，我们不可能再走回纯粹的学生时代。随用随学，做个有心人，留心身边的人和事，学会随时发现生活中的亮点，并注意总结别人的成功经验，拿来为自己所用，这是生活和工作中能让自己进步得最快的一招。

跟上时代，并让自己生活有趣、谈话有料的上上之策，就是给自己充电。一个想要越变越好的女人，谁不希望能够拓宽知识领域，并从中获得启示。知识不仅是力量，还是一面镜子，它可以照见自己的优缺点，让我们不仅拥有自知之明，还能具有先见之明。终生学习，是每一个女人应当给予自身的功课，这样才有助于塑造一个心智丰富且具有良好世界观的气质女人。

## 在音乐声中追求心灵的安宁

音乐作为人类文化的一部分，对于人类文明进步以及人类的身心健康一直有着非常重要的影响。科学家认为，当人处在优美悦耳的音乐环境之中，可以改善神经系统、心血管系统、内分泌系统和消化系统的功能，促使人体分泌一种有利于身体健康的活性物质，该物质可以调节体内血管的流量和神经传导。

现代社会中的女人们，每天都必须面对繁重的工作压力和生活压力，难免会有情绪低落或者内心烦躁不安的时候，那怎样才能让女人们拥有一颗安宁的心呢？我们发现，那些爱音乐的女人总是生活得恬淡、舒适，总是能将自己置身于静谧的世界中。

在医学上有个著名的音乐疗法，所谓音乐疗法，指的是通过生理和心理两个方面的途径来治疗疾病。一方面，音乐声波的频率和声压会引起人生理上的反应；另一方面，音乐声波的频率和声压会引起人心理上的反应。听音乐时，音乐能够启动大脑的情感中枢，这一大脑区域与人体在受到食物、性以及麻药甚至毒品刺激下变得异常活跃的区域完全一致。这一发现具有非常重要的意义，因为音乐不会像药品那样直接对大脑产生作用，所以这种间接作用就显得更为神奇。

音乐疗法是一种令人感到愉快的自然疗法，它能提高人们大脑皮层的兴奋性，可以改善人们的情绪，激发人们的感情，振奋人们的精神。同时，它还有助于消除因心理、社会因素所造成的紧张、焦虑、忧郁、恐怖等不良心理状态，提高应对能力。

音乐治疗在以下几个方面的疗效最显著：

有助于释放情绪，提高自我表达能力；减压、排忧解困；改善身体和情绪功能，提高情商；改善人际关系的能力及处世技巧；减少不恰当行为及增强自制；改善学习兴趣，提高身体灵活性；增加专注力与定力；强化个性气质，加快自我成长，提升自我价值，确定人生方向。

不良情绪影响人的身体健康。对于那些对人体伤害比较大的情绪，如绝望、悲怆，也可以通过音乐来调适，以使情绪能转变或移用到正常的激励机制上，如让自杀者重新燃起生的希望，让悲痛转化为自我前进的力量等。这就是音乐的妙用，通过发泄、引导或安慰来疏导人的不良情绪。

好音乐可以使我们的生命增值。生活中处处充满好听的音乐，好听的音乐可以表达我们最深的爱、最美好的祝愿，同时还可以荡涤我们心中的所有尘埃，给我们一个饱满的人生及永恒的幸福感受。

纷纷扰扰的尘世中，每个人都应该给自己一个慢下来的理由，尤其是我们女人，要扮演好很多角色，很多时候，我们焦头烂额，手足无措，此时，我们不妨用音乐来调节，通过音乐，你可以发现生命的意义原来是感受生活中点点滴滴的美好。

## 用文字记录点滴生活

“今天女儿不听话，怎么哄都不吃饭，我一气之下竟然打了她，真是不该，乖宝宝，妈妈向你道歉……”

“听说附近小区出现与禽流感密切接触的人了。不知道采取什么措施没，怕怕的。天哪！这世界是怎么了呢？不是这病就是那灾的！最近不看恐怖片都够恐怖的！咳咳，完了，想咳嗽了……”

“今天心情不是很好，业主、客户都不小心成了别人的，有点小郁闷。不好玩，谁没失误的时候是吧。先给妈妈打了电话，听妈妈说英表妹添了个大胖小子，哎，我这当姐的够不着啊，远呢，联系方式也没了。不合格，在心里祝福吧，总之是高兴的。”

“现在超有成就感，今年还要再养成三个好习惯。第一，每天用目前流行的田中按摩面部，防止法令纹和其他皱纹的产生。第二，学习化妆，我平时只是打个粉底，上个大地色眼影，每天都千篇一律，感觉再不学化妆就会错过原本应该多姿多彩的自己。第三，还没想好，可能是要坚持锻炼，运动？可是我怕自己做不到。”

从这些文字中，我们看到了主人公一颗细腻的心，虽然记录的都是一些琐事，但让我们感受到了一种莫名的幸福感。

实际上，在每个女人的骨子里，都有着文艺的细胞，也许你感叹自己粗枝大叶，感叹自己没有文学才华，但我们同样可以在闲暇时间，写写自己的心情故事，用日记记录下幸福的点滴，自我安慰，自我欣赏，自我陶醉。因为女人都是细腻的，你可以记录的东西也有很多，你可以把每天的快乐心情，使你快乐的人物、事件都记下来，久而久之，你就会拥有一大笔财富，那就是生活中的各种美好。心血来潮的时候拿出来翻翻，你会发现那些人和事也许都淡忘了，但是那份快乐却一直在你的心里并延续了下来。

生活中，我们总是感叹幸福在何处，然而，只要你留心，就会发现在这平淡的生活里也处处充满着甜蜜和温馨，你仍然能感受得到快乐，例如在你累的时候细心体贴的丈夫为你送上一杯热茶的时候、下了班推开家门活泼可爱的孩子喊着妈妈扑到你的怀里的时候、在你的努力和付出得到老板真诚认可的时候、在你遇到困难得到陌生人热心帮助的时候……快乐源于生活，聪明的女人要善于从生活中寻找快乐。

作为现代女性，确实不容易，一个女人要扮演多重角色，妻子、母亲、女儿，家里的一日三餐要张罗，丈夫的西装领带要操心，孩子的作业要检查，每天就像一个陀螺一样忙得团团转，可是临到睡觉的时候还是觉得有一大堆事没有做完。那么，你是否想过，用一种特殊的方式记录下那些点滴的幸福呢？这种方式就是文字。

当然，不论任何文字形式，都需要你做到坚持，哪怕一天就一句话，因为用文字记录生活并不是展示我们的文学才华，而是一种爱生活、珍惜幸福的方式！

# 第8章　女人味，最能打动男人的性感气质

生活中，几乎所有的女人都在追求外在容颜的漂亮，但真正能打动男人的，却是女人味。女人味是一种独特的气质，漂亮的女人不一定有女人味，但有女人味的女人一定很美丽。漂亮的女人最多会吸引男人的回眸一看，而有女人味的女人则能让男人长久地对其痴迷和狂热。那些聪明的女人，都会把培养女人味当成自己必修的一堂课。

## 男人眼中的女人味

生活中，我们经常听到有人提到“女人味”一词，很明显，有女人味的女人更容易得到男性的青睐。一个女人可能生来漂亮，但她却不一定具有女人味；一个女人可能生来容貌普通，但一举手一投足间的魅力却让人难以抗拒……这种非凭相貌而得来的美感就是“女人味”。女人味是一个女人必须修炼的魅力气质。

男人和女人眼中的女人味是有很大差别的。有很多男人认为，女人味是性感娇媚、风姿绰约、温柔可人；而女人认为，母性的光辉、个性、智慧和自信才是女人味的重要标志。但是男人和女人却也有相同的观点，文化底蕴、人生阅历、修养层次，都是女人味的重要组成部分。

如果你想成为一个有女人味的气质女人，那就按下面的方法检验一下自己吧：

1. 矜持

大大咧咧永远只会让人对你产生性别错乱的印象，而含蓄矜持却能为你带来某种神秘感，也更能激发人的探索和亲近的欲望。

2. 不要一味地追求外在的美

漂亮的女人不一定有女人味，但有女人味的女人却一定很美。漂亮只是外在的框架，女人味才是真正的魅力本质。单纯地追求外貌的漂亮莫不如悉心修炼品位、涵养、气度与胸怀。

3. 生动的个性

个性永远是一个女人魅力的源泉，无论衣着、气质、谈吐、行为方式，都有自己的一套的女人，才会给人带来生动又深刻的印象，因为她是独一无二的。长得不一定非常漂亮，但看上去要赏心悦目；追求潮流，却能独具匠心地穿出个人品位。能传达出内心的成熟与丰富，像一杯醇厚的葡萄酒，令人微醺、微醉。

4. 适当的性感

一件能充分展示曲线美的裙子，或是略显性感的短裙套装，加上摇曳生姿的高跟鞋、浓淡相宜的妆容，都能为性感加分。

5. 学会赞美别人

赞美是一个人优良的品德，宽容而不挑剔、永远看到别人的优点，这样的女人更是魅力十足。

6. 温柔、含蓄与幽默

徐志摩的诗里有“最是那一低头的娇羞”的句子，想来这便是女性最温柔的体现；而幽默更是难得的品质，幽默代表着一个女人爽利与游刃有余的气度。一个幽默的女人永远都不会唠叨八卦，她既感性又兼备理性，女人味悠长隽永。含蓄的女人懂得语言的艺术，从不会在观点不一时将自己的意见强加于人。她会轻松地化解无聊的玩笑，既不会板着面孔制造尴尬，也不会不声不响地照单全收，而会用婉转的方式暗示对方“此话题不受欢迎”。

7. 出得厅堂入得厨房

不要以为有魅力的女人只能享受高档的西餐，不屑于家常小菜，真正有魅力的女人是入得厨房出得厅堂的，她们既能享受星级饭店里的烛光晚餐，又对家常小菜颇有研究。外出时打扮得体，举止高雅；回到家中，温柔体贴，贤惠能干。

总之，作为女人，我们需要懂得“万绿丛中一点红，动人春色不须多”的原则，具有以少胜多的智慧，尽现至善至美，使自己成为男人眼中最有女人味的女人。

## 柔情最是女人本色

说起“温柔”，人们很容易想到那些如水般的女人，她们是那么的明净透彻，可亲可爱。著名学者朱自清在《女人》一文中对女性的温柔做了绝妙的描绘：“我以为艺术的女人第一是她的温醉空气，使人如听着箫管的悠扬，如嗅着玫瑰的芬芳，如躺在天鹅绒的厚毯上。她是如水的蜜，如烟的轻，笼罩着我们。我们怎能不欢喜赞叹呢……”由此可见，女性的这种温柔美，是多么的令人陶醉，多么的令人神往!

对于女人来说，温柔是一种境界。它能折射出女人的兴趣情调、品质修养。作为女人，你尽可以潇洒、聪慧、干练、足智多谋、文韬武略，但有一点不能少，那就是温柔。

温柔是女人特有的武器，温柔有着令人难以抗拒的力量。尤其是处于保守的东方社会，男人所期望的仍然是富有母爱温柔的女性，如果一位女性太过严肃，则更多地给人以冷漠、严厉的感觉，甚至会得到“不像个女人”的评价。“温柔”这两个字，从来就和关心、同情、体贴、宽容、细语柔声联系着。温柔有一种无形的力量，能把一切愤怒、误解、仇恨、冤屈、报复融化掉。在温柔面前，那些吵闹吼叫、斤斤计较、强词夺理、得理不饶人，都显得那么可笑、可怜。

生活中的女人们，从现在起，不妨做个温柔的女人吧。为此，你必须做到：

1. 对爱人少点责怪

女人真的很喜欢说这句话：“都怪你！”虽然作为老婆，这么说的本意是撒娇，但是男人却会把它理解成一种责怪。男人会心想：“我怎么这么吃力不讨好啊。每次遇到什么事情，都要问我怎么办，但出了问题又要怪我。下次你跟我咨询任何事情，我还是闭嘴好了。”要知道，主意是男人出的，但是决定还是女人自己做的，没理由让男人来承担失败的后果。如果还想拥有老公这个“军师”，就别再总说“都怪你”了。

2. 学会动作语言

那含情脉脉的目光，那嫣然一笑的神情，那仪态万方的举止，有时胜过了千言万语。

3. 偶尔孩子气一点

当你花很多钱买了两张戏票，准备约丈夫一起看戏时，你可以在电话中用孩子似的顽皮口吻说：“我是个很坏很坏的坏小孩。我买了两张戏票，我如果告诉你票价有多贵，你一定会大发脾气。可是我保证，只要你不生气，我就从你的头顶，吻到你的脚尖。”相信你的丈夫听了，会哈哈大笑地说：“从头顶到脚尖，是吗？嗯，这个值得哦！”

4. 学会示弱

为了满足男性天生喜爱“保护”女性的欲望，适当表现一下“脆弱”是必要的。这种“脆弱”既可表现在生理上一副弱不禁风的模样，也可表现为精神方面的“脆弱”，像怕打雷或者容易掉眼泪。

当然，女性的温柔并不是娇滴滴、嗲声嗲气，这只是故作姿态。温柔是真性情，温柔里面包含着深刻的东西，不是生硬地表演出来的，而是生命本体的一种自然散发。





## 会“哭”的女人楚楚动人

相信生活中绝大部分女人都看到过这样的场景：恋爱双方因为一件小事闹别扭，女孩撅着嘴往前冲，男孩一次又一次地把她拉到自己面前，解释着什么。女孩始终不理，男孩转过身恨恨地说了一句什么，女孩突然就眼泪汪汪地哭了起来。男孩慌了，一边忙着拿纸巾，一边不停地劝着。最后，男孩一定会把女孩哄到破涕为笑。从这里，我们可以发现一点，眼泪绝对是女人征服男人的一把有利的武器。我们也经常听到人们用“梨花带雨”来形容女人哭泣时候的场景，就像《橘子红了》里的三太太一边说：“六爷，我不是那个意思……”一边用那大眼睛簌簌泪下，直看得电视机前的男人们心疼得扼腕叹息。

男人说：“我很丑，可是我很温柔”，女人的心就会被那一丝温柔拂动，轻起波澜。温柔的男人像早春的阳光，有着微微的暖意，有热量却不会灼伤他人，无比舒服地“熨烫”着女人多感的心。如今女人们也学会了说：“我不美，可是我会流眼泪”。快乐的女人，男人愿意和她做朋友，一起工作，一起谈心。而流泪的女人，不用说一句话，只要一滴泪珠，就会激起男人的保护欲。怜香惜玉是男人值得表彰的天性，会哭的女人是可爱的女人，不管美丑，女人只要会哭，总能从男人那里得到保护和怜惜。

因此，生活中的女人们，不要再认为会哭的女人是软弱的，也不要再故作坚强了，在男人面前，如果你想攻克他的心防，如果你想展现自己的女人味，不妨尝试一下眼泪攻势吧，会哭的女人也是楚楚动人的，也能激发起男人的保护欲。

当然，作为女人，应当学会在合适的情况下展现自己的女人味，眼泪只是一种手段。当然，这并不是说女人应该动不动就泪眼婆娑，这只会让男人感到厌恶，凡事都有度，女人一定要学会把握。





## 会撒娇的女人更可爱

我们不得不承认：99%的男人都喜欢会撒娇的女人。漂亮的女人不一定制服得了男人，但会撒娇的女人却是男人的“克星”。撒娇是女人的杀手锏，再坚强的男人在女人的娇声嗲气中都会手足无措，会撒娇的女人比那些腼腆内向、自视清高的女人更能打动男人的心，也更深得周围人的喜爱。

曾经有一个妻子悲痛万分地哭诉："我家的那个男人简直是个畜生，我每天累死累活地赚钱，而他却用我赚来的钱到外面玩女人！"其实，这样的女人应该明白，你赚再多的钱给他都是没用的，他更需要的是一个女人，一个可以满足他作为男人所有的需要的女人，其中最重要的一点便是女人的温存，但你没有给予他这一点，你每天回到家里都是骂他窝囊废，说他一事无成，说他没有你会赚钱……这样的日子，也许一两天他能忍受，可时间长了他便只有到外面去寻找其他女人的温存了！

可能在工作中，你也已经习惯了对下属不苟言笑，因为这有助于你树立权威，但在情感中，你必须改变努力做个小女人，展现女人柔美、妩媚的一面。偶尔撒撒娇、靠在他的肩膀上说悄悄话都是很不错的选择。因为你要知道，你那么美丽和优秀，站在你面前的也一定是非常优秀的男人，也和你一样需要面临紧张的职场生活，他在工作的8小时之外，并不想见到自己的妻子还如其他女同事一样不苟言笑。

也许有些女人会问，该如何学会撒娇呢？其实撒娇不需要学，当你真正放开内心，放下戒备，投入情感时就是女人最妩媚、柔情的时候了。

其实，对于很多事，你不必亲力亲为，你不妨撒撒娇，很多事情请他帮帮忙，让他感受到你需要他，那么，一定会让你的婚姻更甜蜜，

例如，你可以撒撒娇："老公，你看我最近的手又粗糙了，今天晚上你能不能刷刷碗？"相信他是不会拒绝的。

另外，凡事你可以多问问他的意见，男人一向都以家中的顶梁柱、男子汉自居，如果你能重视并多听取他的意见，那么，这不仅是对他的一种尊重，更是一种在意他、需要他的表现。

撒娇是一种智慧，做一个会撒娇的女人，会让你被甜蜜的爱情包围，会让你更美丽，更加享受生活。

## 学会“烹饪”自己，使自己秀色可餐

做女人一定要有女人味，女人味是女人的根本属性，女人味是女人的魅力所在。女人没有女人味，就像鲜花失去香味，明月失去光辉。女人有味道，三分漂亮可增加到七分；女人无味，七分漂亮降至三分。女人味让女人向往，令男人沉醉。男人无一例外地会喜欢有味道的女人；女人征服男人的，不是女人的美丽，而是她的女人味。失去女人味的女人，是一种随时都能让人窒息的女人。

外表漂亮的女人不一定有味道，但有味道的女人却一定很美。因为她能凭借一举一动，一言一语，一颦一笑，尽现至善至美。

我们知道再名贵的菜，它本身是没有味道的。在烹调的时候必须佐以调料才能出味！女人味也是如此，只要你好好认识自己，无论在什么样的场合，学会好好地“烹饪”自己，使自己秀色可餐，暗香浮动，那你的女人味也就有添加了水灵的内涵。

从一抹红唇、一个眼神，到整个身段或暴露的某一部分，都可以读到“女人味”这三个字，它是一种全感官的表达与享受。如花灿烂的笑靥、天真或带媚态的眼波，沉浸于思索或想象时忧郁的神情，半嗲半软的语调，都是女人味。

作为女人，如果你希望自己秀色可餐，那么，你可以从以下几个方面“烹饪”自己：

1. 点亮红唇

黑色固然衬出神秘的魅力、脱俗的气质，但若点亮红唇，越发朱唇皓齿，女性的妖娆与性感以及似火的热情，会让男人无法抗拒。

2. 些微醉意

酒宴上，微微醉意不但映衬红靥，人若桃花，也为眼神添上一分朦胧美，还可让平日封锁着的性感和坦荡释放无疑。贵妃醉酒的美连唐明皇都流连忘返。当然醉意要适可而止，过则不美。

3. 眼似秋波

秋水翦瞳和微长细眼，都能传达性感眼神。无论是忧郁的、迷惘的、缥缈的、慵懒的、天真无邪的、眼藏烈焰的，只要会眼波流韵、顾盼生辉、传情达意，皆能让你更具魅力。

4. 呢喃软语

法国人被誉为最性感的民族，和法国人表达情感时充满感性及跌宕有致的语言密切相关。温柔的法语似呢喃软语，节奏感强，错落有致，颇具韵律美，让聆听者神醉漫游，这种让人和思维共舞的语言风格，不正是一种性感吗？

5. 性感佩饰

女人身上有多个性感特区，如脚踝、耳垂、肩颈、手臂等。脚踝上别致的脚链，耳垂下发光的耳坠、手臂上叮当作响的手环，颈部精美的项链，都能令女人性感指数飙升。

6. 高跟鞋

高跟鞋历来就是女性用以张扬腿部性感的武器。男性尤其喜欢凝望女性穿高跟鞋时婀娜的身姿。

世界的一半属于男人，一半属于女人。而女人的半边天却是世界美丽的风景，女人只有不断烹饪自己，才能不断增加自己的魅力。

## 善变也是一种魅力

一直以来，女人最忌的话语，莫过于男人说她们善变，说风就是雨。往往这个时候，女人会群起而攻之，予以反击道，你们男人更花心。于是，一场旷日持久的男女口舌大战，直到现在也没有分出胜负。其实，女人们善变一点又何尝不好呢？善变，是女人的天性，不仅仅是男人这么说，也并非人众的刻板印象，而是有科学依据的。据研究结果显示，男性在性格上比女性来得更一致和稳定，这是科学家经过几十年精心研究得出来的结果。该研究涵盖了整个动物王国，不但是女人，几乎所有雌性动物，也都表现出同样的生物特征，无论是两栖动物还是爬行动物，水生动物还是陆生动物，皆然。

如此说来，善变应该是女人与生俱来的特性，并不是什么毁贬之词，更与男人无关。而且，从进化论来看，善变不仅是雌性的天性，更是雌性的生存优势。因为所有天性，是在长期生存环境中，物择天竞的结果。因此，雄性动物性格一致，可以让它们更容易找到配偶，而对雌性来说，让人难以捉摸，才会让它们觉得比较安全。

对于女人本身，其实她们也感到这一点，只是长期以来的传统观念，让她们不敢承认而已。如此说来，是现在的社会扭曲了女人的天性，让女人不能自如地表现善变的天性，展示更自然、更美丽的一面。既然如此，女人为什么不大声地喊出来：我要做个善变的女人呢?

实际上，我们也可以说，善变的女人才是有魅力的女人，对于男性来言，一成不变的女人是令人乏味的。当然，要做到善变，女人可以从以下两点开始：

1. 经常变换自己的外在装扮

即使你已婚，或者你的经济状况并不好，你都不能不打扮自己。爱美是女人的天性，所以无论何时，你都不要让自己成为一个黄脸婆，经常更换自己的服饰妆容，才会让身边的人产生耳目一新的感觉。

2. 充实自己，由内而外改变自己

俗话说，女大十八变。女人的变，不仅仅是指外貌，更是指的内涵。女人的变，往往由外而内，然后，又由内而外。

那些懂得生活的女人，都是善变的女人。她们懂得，只有变，生活才不断有新意。正因为女人在生活中的善变，才显露出她们的风情万种，魅力无限，让生活充满无尽的新鲜气息；正因为女人善变，才显示她们的妩媚多姿，情趣漾然，让你感觉到她们的与众不同；正因为女人善变，她们才能让生活充满情趣，每天都不一样，不落俗套，每天都给我们带来一个个惊喜。人们说，百变的女人最美丽，这话很有道理。

有人说，女人的善变，不是孤芳自赏的浮躁轻狂，也不是形影相吊的单边踌躇，更不是与男人针尖对麦芒的相互制衡；而是一种善解人意的温婉无奈，也是一种知己知彼的顾全体面，更是顺其自然的智慧超脱。女人的善变，体现的是女人顺应自然的天性，表现的是女人在生活中的优势所在，也是她们的魅力所在。

当然，女人有变，也有不变。女人的变，也总是万变不离其宗。女人怎么变，但是她们温婉动人的情感不会变，无私的母爱不会变，乐天知足的心态不会变，知书达理的知性不会变，因此，在千变万化中，又能够保持女人的本性，才是一个真正善变的女人。

## 出得厅堂，下得厨房

对于现代很多女性来说，要想抓牢男人的心并不那么容易，最起码你要出得厅堂，下得厨房，不仅要知道柴米油盐，更要做男人的红颜知己。

有一则关于英国前首相撒切尔夫人的报道。

撒切尔夫人任首相时，家里从来没有请过保姆。只要她晚上没有国务活动，总是在6点钟之前赶回家里，忙着给丈夫和孩子做晚餐。撒切尔夫人的这种家居角色恐怕是许多人都想不到的。

其实，有很多和撒切尔夫人一样在事业上取得了骄人成就的女强人在家庭中也能将妻子、母亲的角色扮演得这么到位。这大概是最典型的优秀女人“出得厅堂，下得厨房”的写照了。

“出得厅堂，下得厨房”是一种比喻。出得厅堂，并不是指女人一定要貌美如花，而是指女人在工作中比较能干，有不错的业绩。下得厨房，并不是指女人一定要下厨房做饭，而是指女人在家中也很能干，能够把家里打理得井井有条。相反，事业发展不理想的小女人的家居生活反而更容易一塌糊涂。越是出得厅堂的女人越是下得了厨房。越是出不了厅堂的女人越是下不得厨房。

那么，作为现代女人，该如何努力做一个“出得厅堂、下得厨房”的好女人呢？

1. 懂点厨艺

婚后的女人为了老公的胃、孩子的身体，也要开始学点厨艺了；但职业女性白天忙工作，回家后要照顾家庭，很辛苦，也没有闲工夫琢磨厨艺，但其实你只要愿意尝试、愿意经常下厨、看菜谱，也能做出像模像样的菜来。厨艺也就在不知不觉中提高了。

实际上，作为女性，是应该懂点厨艺的，在厨房忙忙碌碌，烧出一桌美味，让家人一饱口福，一家人围着餐桌，其乐融融，是一幅多么温馨的画面。

2. 努力工作，有一份自己追求的事业

“男主外，女主内”成为几千年来男女的社会角色定位。然而，现代社会，一个女人如果完全寄身于家庭，那么，她迟早会与社会脱节。有些女人称自己是为了家庭牺牲自己的事业，实际上，一个真正出得厅堂下得厨房的女人是能权衡好事业和家庭的关系的。

可见，谈恋爱的时候，一个娇滴滴下不得厨房的小女人可能挺可爱，真要是娶老婆，还是那种“出得厅堂，下得厨房”的女人更受欢迎。

# 第9章 有所担当，柔媚女子也可以有强者气质

自古以来，担当一直被定义为是男性最重要的品质，但事实上，无论是在生活还是工作中，任何人都需要有担当，女性也不例外。一个女人，如果没有担当，会失去自己的信誉和尊严，甚至失去社会对自己的认可。因此，每个女人，都应该努力做一个独立、自主、有担当的现代女性，只有这样，你才有可能被赋予更多的使命，才能获得更大的荣誉。

## 做独立女人，靠自己的双手赢得未来

人们常说，“女人干得好不如嫁得好”，为此，一些女人把自己的幸福就完全寄托在嫁一个好男人上，而她们所谓的“好男人”，其中有一个重要的条件，就是有一定的物质基础。她们认为，只要嫁给了这样的好男人，就能养尊处优，就能幸福了。而事实上，真的是这样吗？当然不是，真正的幸福，是心理欲望得到满足时的一种状态，一种持续时间较长的对生活的满足和感到生活有巨大乐趣并自然而然地希望持续久远的愉快心情。

诚然，我们不能否定，有时候，物质上的满足能达到我们精神上的一种愉悦，但并不能带给我们所需要的幸福状态。细心的你可以发现，那些真幸福、满脸春风的女人，多半是能在家庭和事业上游刃有余的女人，而

不是那种养尊处优的女人，因为她们深知，一个女人，必须要有自食其力的能力，有份能养活自己的工作，只有这样，才能让自己保持活力。

其实，女人如果尽早使自己经济独立，那么命运就可以掌握在自己手中。不仅如此，女人还要与时俱进，不断丰富自己使魅力永存；尽可能打扮自己，使婚姻生活充满新鲜和浪漫。

女人能年轻多久？可以无忧无虑多久？身为依赖成习的女性，如果有一天发生意外状况，我们有没有能力自给自足？总有一天我们必须靠自己过日子，只有自己才能保障自己的未来。因此，女人要独立，是对生命的尊重。

那么，作为女人，如果你现在还在过着整日无所事事的生活，那么，你就必须要调整自己了，对此，你不妨从以下几个方面努力：

1. 提高自己的生活品质和精神修养

一个女人除了有让自己的物质生活变得更好的愿望，还必须有一定的精神修养，这样才能生活得更好。而且，无论什么时候，渊博的知识、良好的修养、文明的举止、优雅的谈吐、博大的胸怀，以及一颗充满爱的心灵，这些都可以让女人活得有声有色。

2. 有份自己的工作

可能每个人对幸福的定义不同，但养尊处优绝对不是女人的幸福状态，女人也要有自己的人生理想和远大抱负。没有工作和经济基础的女人，用什么来保证自己一辈子的幸福不褪色？女人可以生得不漂亮，但是一定要活得漂亮。活得漂亮，就是要活出一种精神、一种品位、一种至真至情的精彩。女人只要不放弃自我，没有谁可以阻碍你的进步。

3. 培养热忱的工作态度

对于幸福的女人，哪怕她们只是拥有一份很普通的工作，她们也会踏实、勤奋、敬业，也会用最大的热忱去经营。做一个有干劲的女人，不是叫你在职场上和男人拼个你死我活，争个高低上下，而是问问你自己：从第一份工作开始，你有没有为自己设定一个奋斗目标？自己要的究竟是什么？

总之，女人应该要独立，懂得做生活的主人，做自己的主人，而不应该依附于男人而生活，要懂得靠自己的双手赢得更好的未来。

## 你有权说“不”，别再唯唯诺诺

古往今来，我们都有一种英雄主义情结，对那些能担当重任、力挽狂澜的“英雄”，都心存敬意。然而，在我们传统的观念里，只有男人才可以当英雄，而事实上是，当今社会，女人们不再是男人幕后的支持者，她们也不再只是命令的执行者，她们敢作敢当，她们不再对男人言听计从，她们有自己的主见，她们可能不善言辞，但她们知道一个有责任心的女人绝不会来者不拒。每一个现代女性，都应该解放自己，都应该学会做自己，要做到这一点，也许你首先就应该学会说“不”。

以工作为例，聪明的女人们应该懂得，每个人都有自己的职责和义务，你来者不拒、对于他人的求助都大包大揽，那么，你最终只能令自己事事处于被动，有可能你永远只会成为别人支配的对象，你永远只会听到这样的话语“某某，给我拿份文件”“某某，给我倒杯茶”，等等。即便你内心满腹的不情愿，但只要你不懂得拒绝，那就只有咬牙坚持下去，直到把所有的事情都做完，当你还没来得及松口气的时候，下一个你难以拒绝的请求又会出现了。长此以往，你的整个工作和生活都处于一种被动的状态，你只能等待着被要求去做什么，而你自己却难以决定自己想做什么。不懂拒绝的人，虽然她给人的外在形象是一个“老好人”，但久而久之，会被大家当成“软柿子”，大家会习惯她的帮助，习惯什么事都找她，那么，此时的她该怎么办呢?

可能也有一些女人，生来不会拒绝他人的要求，她会认为，拒绝他人会被大家认为是不友好的表现。的确，说“不”很困难，但是这个“不”字却很重要，不会拒绝他人的人，似乎总活在别人的世界里，他们是难以有所成就的，甚至有可能会掉进别人精心设计的陷阱里。

因此，任何一个现代女性必须要明白，在有些情况下，必须懂得拒绝，这些情况大多有：当对方的要求违背了我们做人的原则、甚至违反了道德和法律时；当他人的要求和自己的意愿或者计划相冲突时；当自己能力不及时。当然，你需要拒绝的情况还有很多，但无论如何，即使你想与他人搞好关系，也要慎重作承诺，绝不可来者不拒。

总之，每个女人都需要明白，我们的能力和精力是有限的，而他人的要求却是永无止境的，有的是合理的要求，有的却是无理的要求。如果你不好意思说“不”，轻易承诺了自己无法兑现的诺言，势必会给自己带来更大的困扰，同时也会让自己处于被动的境地。

## 冲破阻力，敢于承担重要的工作

当今社会，大部分女性都已走出家庭，和男性一起参与职场竞争，并在很多领域发挥着男性不可替代的作用。有这样一些女人，当大家都束手无策时，她却主动站出来，提出很有见地的建议，为大家解除了困惑，她们的表现让男人们都刮目相看。对于这样的女人，我们不免产生几分敬佩之情。

的确，身在职场，女人也一定要学会真实地表现自己。可能在老板眼中，男人才是有头脑和主见的，因此，他们会更加重视男性在工作中的作用。而实际上，女人们也可以力挽狂澜，而如果你经常只是别人说什么你也说什么的话，那你在办公室里就很容易被忽视，自然你在办公室里的地位也不会很高。职场女性要有自己的头脑，不管你在公司的职位如何，你都应该发出自己的声音，敢于说出自己的想法。

当然，要向领导表达我们与众不同的见解，我们除了要敢说以外，还必须要注意，我们的见解一定是有见地的，否则不仅不能起到让对方刮目相看的效果，还容易让对方以为我们是为了出风头。

有的女性在与男性沟通时，总说一些无意义的话。所谓无意义的话，就是用来填补讲话中间空白时所说的话，可能是“嗯”“哦”等语气词，也可能是真正的词汇，像“明白我的意思吧”“你看”等，但并没有什么实际意义。当这些无意义的话充斥在你们讲话中间时，你的讲话就会显得不甚连贯，听上去自己也显得犹豫不决。

总之，工作中，你不要人云亦云，要学会发出自己的声音，而这都需要你的勇气。那么，可能有些女性会产生疑问：该怎样冲破阻力、表达自己的建议呢？为此，你需要掌握以下三个原则：

1. 积极开腔，表达能力

必要时，我们可以揽一些责任上身，顺便亮出你的能力："我之前做过类似的项目，如果需要我可以提供协助。"这样表达，不仅能体现出自己的信心，也能传达出自己在解决该类问题上的经验。

2. 找准时机，不到关键时刻不出手

这里的时机，指的是已经确定其他人都不敢承担时，而我们却有能力力挽狂澜的时候，试想，如果我们并不能解决危机而强出头，那只会让领导对我们产生一种没有自知之明的坏印象。

3. 表达建议要在肯定其他同事的基础上

真正聪明的女人在提出建设性的意见时，首先要肯定之前发言者的讲话内容，然后从"帮助他人成功"的角度，委婉地说出你的建议。例如："我觉得他的这个提案非常棒，能起到开源节流的作用，为了让这个想法实施得更好，我有一些意见，请大家参考指正。"如此一来，大家觉得你在为提案人出谋划策，也会让收到反馈的同仁心存感激而印象深刻。

总之，身处职场，女人们也要发挥自己的工作价值，当工作出现问题或者企业出现危机时，如果我们也能主动请缨，那么，这便是一种绝佳的表现自己的时机，不仅能获得领导对我们能力的认可，更能获得同事的信任。





## 细致有条理，不忽视每一件事

在现代社会，女性已经从家庭中解放出来，参与到职场工作中，那什么样的女人最受欢迎呢？在《生命时报》联合健康网、搜狐网健康频道、智联招聘网进行的大型网络调查中，5800多名参与者选出了她们眼中职业女性的必备素质。专家指出，这些素质贯穿着职场始终，在不同职业阶段显得尤为重要。而在受访者选出的"职场女性必备素质中"，"细心"位居首位，高达70.34%的人认为，细心的女人更容易成功。细心主要指注重细节，我们常说“细节决定成败”。女性心思缜密，做事情想得更周全，因此要发挥这方面优势。

重视细节是一个人有责任心和担当的体现。曾经有一个故事，讲的是一个理工科女孩和十几个男孩一起竞争一名技术主管的职务。面试时，主考官并没有按照正常流程走，而是只让应聘者随便在公司内走上一圈，然后发表个人对公司的看法。这十几个男孩都大谈公司规模、前景和个人抱负等。而最终，让他们意想不到的是，这家公司居然录用了那名身材弱小的女生。其实原因很简单，因为她在参观洗手间时将一只正在滴水的龙头关好了。

总之，认真是任何人要做好一件事情的前提，如果对什么事情都敷衍了事，草草出兵，草草收兵，必然做不好。认真、严谨是一种习惯，要克服马虎的毛病，就要靠平日里这些习惯的培养。

生命中的大事皆由小事累积而成，没有小事的累积，也成就不了大事。女人们，你只有了解了这一点，才会开始关注那些以往认为无关紧要的小事，开始培养自己做事一丝不苟的美德。为此，你需要做到：

1. 制订完善的计划和标准

要想把事情做到最好，你心中必须有一个很高的标准，不能是一般的标准。在决定事情之前，要进行周密的调查论证，广泛征求意见，尽量把可能发生的情况考虑进去，尽可能地避免出现漏洞，直至达到预期效果。

2. 做事要有条理有秩序，不可急躁

任何一件事，从计划到实现的阶段，总有一段所谓时机的存在，也就是需要一些时间让它自然成熟的意思。假如过于急躁而不甘等待的话，可能会遇到强大的阻碍。因此，无论如何，我们都要有耐心，压抑那股焦躁不安的情绪，这样才不愧是真正的智者。

很多时候，你马虎的习惯是因为缺乏责任心造成的，你认为什么都“无所谓”，自然就不会认真、严谨了。一个有很强责任心的女人，做任何事情都不会马虎、粗心。

## 表现自己，也要思虑周全

21世纪是一个竞争激烈的时代，是一个知识经济时代，更是一个张扬个性的时代。现代女性崇尚个性，于是，她们渴望展示自我，推销自我。的确，你不表现没有人听到你的声音，你不展示没有人看到你的风采。可是，切记——不要太鲁莽，除非你已经考虑周全。

事实上，任何事情的进展并不一定能人为地控制，这就更要求聪明的女人们学会观察，当你认为自己不具备解决疑难问题的本领时，千万不能逞强、充大头；而如果你有能力拯救危机时，也不要心急，要在关键时刻出手，让人刮目相看。而如果你能做到在关键时刻运用别人的智慧的话，那你就能如虎添翼了。

为此，如果你想要做一个有担当的女人，那么，你最好先进行一番周全的思考：

1. 在表现自己的能力前先积累实力

职场中“枪打出头鸟”的例子太多了，尤其是那些初入职场的年轻女性，为了表现自己，一旦看到有发挥自己能力的机会，就冲上前，结果由于过高地估计自己的能力，不仅没有起到让人“刮目相看”的目的，反倒被人认为是“爱出风头”。

古人云：“凡事预则立，不预则废。”大到国家，小到个人，做事的时候都必须要有计划性，只有做到缜密行事、步步为营，才能让成功多一分胜算。大凡要把一件事情做好，一般都要经历资料收集、深入调查、分析研究、最终下结论这样一个过程。

2. 寻找表现自己的时机

的确，你要想得到别人的尊重和肯定，是不应该放过表现自己的机会的。但表现自己，也不是不择时机的，聪明的女人会懂得等待时机，在大家都觉得事态毫无转机的时候再出来“力挽狂澜”，关键时刻才显示自己的能耐，更能加深你在众人心中的良好形象，更容易得到大家的赞赏与认同。

古人云：“木秀于林，风必摧之；堆土于岸，流必湍之；行高于人，众必非之。”又言：“满招损，谦受益”，职场女人，你要想表现自己，得到别人的认可，基本条件就是你具备表现的实力，这样才能抓住机遇。成功的路上更重要的是修炼涵养，勿为不学无术之人，亦不可锋芒毕露。

当然，火候未到、锋芒不露并不是要让你做事畏首畏尾，不敢放手施展抱负。只是凡事都该有个“度”，张扬与内敛之间，就看你如何把握。

## 出现失误不要一味地逃避

生活中，不乏这样一些女人，她们在事业上取得成就，她们身上共同体现出一种服从、诚实的态度，一种负责、敬业的精神，一种完美的执行能力，这是她们取得成功的重要的秘诀。作为员工，她们很优秀，她们从不在工作中寻找任何借口，她们总是把每一项工作尽力做到超出领导的预期，最大限度地满足客户提出的要求，而不是寻找各种借口推诿；她们总是出色地完成上级安排的任务，替上级解决问题；她们总是尽全力地配合同事的工作，对同事提出的帮助要求，从不找任何借口推托或延迟。而对于工作中的过失，她们更是从来不找借口推脱，因为她们明白，承担错误比寻找借口简单。

一个敢于承认自己不足之处的女人是心胸宽阔的，也是明智的，更是有担当的。也许寻找借口唯一的好处就是把属于自己的过失掩饰掉，把自己应该承担的责任转嫁给他人。这样的女人在企业中不能成为称职的员工，更不能成为领导们信任和准备提升的员工；在社会上不是大家可信赖和尊重的人。这样的女人注定只能是无作为的失败者。那些备受器重、在工作上有作为的女性有一个共同的特质，就是从不在工作中寻找任何借口，她们的信条是：“没有任何借口！”

但在生活中，我们不难发现，女人也是爱面子的，面对失误，一些女人选择了逃避。其实，在每一个借口的背后，都隐藏着丰富的潜台词，只是我们不好意思说出来，甚至我们根本就不愿说出来。要知道借口让我们暂时逃避了困难和责任，获得了一些心理的慰藉。但是，借口的代价却无比高昂，它给我们带来的危害和心理上的压力一点儿也不比其他任何恶习少。为自己的过失找借口是阻碍我们前进的绊脚石，是人心理上的恶魔，也是不自我检查、不自我批评、不自我改过的表现之一。找借口的人往往都在逃避自己的责任，她们因为怕担责任而不去面对，这样的想法是愚蠢的。其实，承认自己的失误并不难，只需要你做到：

1. 自省

当问题出现后，你首先要想到的是，自己哪里做得不对，而不是把责任推卸到其他人身上，事实上，自省还能帮助女人们更好地总结经验教训，从而获得成长。

2. 及时补救

做事出现失误时，即使是自己的问题，你也不应该自怨自艾，而应该在最短的时间内寻找补救的措施，只有这样，才能将负面影响降到最低。

人非圣贤，孰能无过？在工作中敢于承认错误、敢于承担责任、敢于知错能改才是智者。万事都应该从自己做起，当然在工作中对于复杂的问题我们不要轻易地就去寻求别人帮助，或者找借口把自己遇到的难题推卸到别人身上，对我们而言，无论做什么事情，都要记住自己的责任，无论在什么样的工作岗位上，都要对自己的工作负责，不要用借口来为自己开脱或搪塞。拿出你的勇气来面对自己、面对失败吧，你必会绽放出迷人的光彩！

## 你可以不是女强人，但一定要是女强者

自古以来，社会对女性的要求名目繁多，从相貌到性情，从学识到

修养，甚至举手投足、一颦一笑等，都有一定的标准和尺度。随着社会进步，女性的地位虽然大大提高了，但男性仍是社会的主流，各行各业涌现的顶尖人才以男性居多，女性的佼佼者却是凤毛麟角。不仅如此，在大多数的家庭里，男主外女主内的现象也存在，男人的地位也明显地高于女人。就目前的现实状况而言，大多数的女人仍然还是处于一种弱势地位。因此，要使女人真正成为一个与别人，尤其是与男人平等的女人，主要还得靠自身的努力，使自己成为一个现实生活中的强者，才能彻底改变这种弱势状况。

当然，所谓的强者，是指女人要有承担的能力，而不是要做女强人。然而，没有人生来就是强者，所有的坚强都是被生活磨炼出来的。岁月对于每个人都不会过多地宽容与恩赐，命运也不会偏袒或冷落任何人。当遇到困难、挫折、失败时，我们总会抱怨命运不公，时运不济，总是羡慕别人的成功，却没有从自身寻找原因，从失败中寻求答案。高尔基有一句名言："艰苦和挫折是人生的老师。有的人在挫折面前倒了下去，有的人退缩；而有的人，冲了上去，战胜了困难，征服了挫折。这样的人，才是生活的强者。"

要做一名强者，女人就要做到以下四点：

1. 自尊

即要求女人要自己尊重自己。首先要对自己充满信心，自信心是成功做人的前提，有自信不一定能成功，但是如果缺乏自信，那根本就不可能成功。要始终保持一种做人的尊严，自己要相信自己，自己要看得起自己，如果自己对自己都不尊重，那别人能尊重你吗？如果自己都看不起自己，别人会看得起你吗？

2. 自重

即要求女人不要轻易放弃。做到在利益和金钱面前不动心，属于自己的东西终究是属于自己的，不是自己的东西不要去乱想，更不可以为了达到某种目的而做出违背道德的事，如果在利益和金钱面前委曲求全，苟且偷生，这样的话做人的最起码的尊严也没有了。

3. 自强

即对女人的一种勉励和鞭策。遇事不可以绕着走，不可以轻易向困难低头，别人能做到的事情，自己也能做到，必须树立一种坚韧不拔的信念，具备一种勇于拼搏的精神。世上没有做不到的事情，不是有一句格言叫做“世上无难事，只怕有心人”吗？不管别人如何看待自己或是如何评价自己，其实这些都并不重要，重要的是如何战胜自我，自己如何去努力。让别人去说吧，走自己的路。

4 自立

即要求女人凡事依靠自己。不管是在社会上，还是在单位里或是在家庭中，要依靠自身的能力站立起来，不要把自己的前途、命运寄托在别人的身上，要知道仅靠别人包括家人的关照、怜悯和施舍是不能长久的。在社会上、单位里是如此，在家庭中也是如此，事事依靠别人，自己会永远没有发言权和一席之地，更谈不上什么地位了。

做一个强者，说起来容易，可做起来却似乎是一件十分困难的事。其实，这也并不是办不到的事情，加强自己的科学文化知识学习，给自己不断充电，提高自身的综合素质，勇于开拓进取，敢于向困难挑战，成功就会属于每一个女人。

## 为丈夫分担一定的经济负担

自古以来，“妻为夫纲”，女人不为自己而存在，而是作为丈夫的附属品存在，夫喜则喜，夫悲则悲，丈夫有成就，则倍感欣慰，丈夫落魄，则悲天悯人。这种女人是没有自我的，也是悲哀的，将一生都依赖在别人的身上，而且这样的女人，也会让男人感到窒息。其实，女人必须要学会自立，有了自己的工作、事业，才能有精神上独立，而且更为重要的是，女人有自己的事业，也能为男人分担点经济负担，要知道，不是所有男人都会事业有成，都能让女人衣食无忧的。当然，这里所说的事业并不是你非得要做出惊天动地的事，而是一份能让你喜欢的工作，能养活自己的工作。

然而，生活中却有这样一些女人，无论是在恋爱还是婚姻中，她们都把所有精力放在男人身上而忘记自己还有一份值得倾注热血的事业，甚至把男人当成长期饭票。其实，她们只是被自己头脑中的假象所迷惑，一个真正吸引异性的女人必须是自立的，只有这样，才能给彼此空间，彼此之间的感情才能长盛不衰。

在这个处处充满竞争的社会中，那种生性柔弱、凡事求助男人的女人已经逐渐失去男人的青睐。自立的女人是能够让男人们悦目的，也是被男人们所欣赏的。所有的男人都渴望自己的女友或妻子成为与自己同进退、心有灵犀的红颜知己。

那么，作为女人来说，该如何为丈夫分担经济负担呢?

1. 要有一份能养活自己的工作

女人千万别想着依靠男人，就算女人自己赚钱不多，但给自己花总是足够了。永远别要男人来养活自己，因为久而久之，男人会麻木，女人同时也失去了男人的尊重。

2. 经济自立才能做到情感自立

女人精神上的自立是对自己的确认，当女人的精神世界被别人支配时，这个女人就十分悲哀。女人要在自己的精神世界里建立起一个自己的美好王国。

总之，女人一定要明白，男人只可以当作心灵的港湾，可以依靠男人的优势，同时满足男人的那种虚荣心，让他知道自己有多重要，但这并不代表男人就是一切，男人也不是你的主宰，更不要依附于男人而生存。女人学会自我拯救和自我完善永远是最重要的。渴盼男人赐予你幸福，那永远是被动而不安全的。一个有自己的事业的女人，不仅能从经济上、从精神上在男人的面前抬得起头来，更重要的是，她有了自己的生活空间、有了自己的梦想，就不至于活在男人的世界里而给男人带来压力。证明了自己，就能得到他人的尊重和肯定，这是一个人生存的根本动力所在。

## 用一生来演好母亲这一角色

在家庭角色中，有一个很难扮演的角色，那就是母亲。一个女人终究要步入家庭的角色中，成为一个妻子，然后成为一个母亲。作为一个母亲，要承担更多的责任，必须把这一角色当成事业来经营，其中要学习和经历的东西很多，需要自己慢慢体验和悟出道理。

的确，要为人母，不是儿戏，要做好充分的心理准备，而同时，要做好一个母亲，就一定要学会如何教育孩子。

不会教育孩子，是现下很多女人在家庭生活中遇到的主要问题。有位记者问一位下了班赶去读电大的疲惫不堪的母亲："为什么要让自己这么辛苦？"这位母亲长叹一声道："不为自己，也得为孩子啊！"看来，这位母亲已经意识到同孩子之间的差距，正设法提高自己，努力做一个合格的"第一任教师"。作为一个女人，在教育子女的时候，要避免以下几点：

（1）娇惯子女，以各种方式溺爱子女，养成子女的不良习气和品德。

（2）教育方法简单粗暴，常常以打骂为主要教育手段。孩子一次挨打战战兢兢，两次挨打默不作声，三次挨打头梗骨硬，四次挨打无动于衷，最后造成与孩子间感情的隔膜日益加深。

（3）对子女漠不关心，放任自流，放弃教育责任。

（4）家风不正。例如贪图小便宜，懒惰不爱学习，蛮不讲理，对子女的不良行为包庇袒护，有的甚至教唆怂恿等。

（5）无力教育，或者无人管束，或是无时间，无精力管教。

（6）和丈夫对教育子女的方式意见分歧较大，使子女无所适从，产生厌烦对立情绪。

我国许多家庭，子女多同母亲交流比较多，与父亲交流的比较少。子女同母亲易建立信任关系，愿意同母亲商量各种重要事情。这本来是母亲们当好"第一任教师"的有利条件。然而在现实生活中，有些母亲为了支持丈夫的事业，保证孩子的学业，采取了自我牺牲的方式。天长日久，自己原来的文化修养消磨殆尽，还会失去孩子的尊重。据笔者调查，居然有90%以上的孩子不满意自己的妈妈。一个男孩说："我爸爸整天忙工作，虽然顾不上我，但是我尊重他。可我妈妈整天絮絮叨叨，我一点儿也不尊重她。"还有一个女孩说："我妈还是大学生呢，现在整天不读书，不看报。"

现在孩子们接受的知识异常丰富，思想也特别活跃。因而，母亲与孩子在许多问题上存在着认知上的差距。一个女人无论是为了事业，还是家庭，都要不断学习。

母亲是孩子出生后的第一个知觉对象，第一个模仿的原型，第一个情感的传递者。母亲的一言一行，一举一动，都会对孩子产生潜移默化的影响。因此如何教育好孩子，如何扮好母亲这一角色，是一个女人必须用一生来经营的事业。

# 第10章　年轻的心，女人各种气质的持久保鲜剂

心态不仅是美丽的前提，也是人生成功的根基。唯有保持年轻的心，才能用最大的热情去工作，去成就心中的梦想。因此，作为一个女人，不要太在意年纪，而应该注重改变内在的气质，即使外表不能变年轻，至少你有一颗年轻的心，你就依然是美丽的。

## 让你的身体运动起来，永葆年轻

我们都知道，生命在于运动，美国运动医学院的研究表明：正确的运动可以帮你持久保持健康活力和苗条体态的程度高达70%，更健康的心脏和更低的患癌风险是运动带来的最为显著的两大益处。对于女性而言，魔鬼身材是每个女性的梦想。良好的姿态能在一定程度上美化体形，健康的饮食是完美体形的保鲜剂，而规律的运动则成为实现你梦想的最佳途径。一项新的研究显示，随着女性年龄的增长，在正常饮食的情况下，她们需要每天进行60分钟中等强度的运动，才能避免体重增加。

现实生活中，女人们都会面对工作、生活、学习等方方面面的压力，不良情绪常常不期而至。对此，有些女人选择向他人发泄，有些女人选择闷在心里，也有的感到无所适从。殊不知，运动是排解压力的一种行之有效的好方法。

不知你有没有这样的体验：当情绪低落时，参加一项自己喜欢又擅长

的体育运动，可以很快地将不良情绪抛之脑后。这是因为体育运动可以缓解心理焦虑和紧张程度，分散对不愉快事件的注意力，将人从不良情绪中解放出来。另外，疲劳和疾病往往是导致人们情绪不良的重要原因，适量的体育运动可以消除疲劳，减少或避免各种疾病。

对于女人来说，适当有效地锻炼可以保证拥有更好的体态。美国宾夕法尼亚州大学的研究发现，随机选择一些女性，在经过4个月的步行运动或瑜伽练习后，即使体重并没有发生任何变化，她们却感到自己比以前更加性感、更有吸引力了。锻炼还可以增加生殖系统的血流量，让人置身于爱的情绪中。华盛顿大学的研究发现，只是一次20分钟的骑单车运动，就可以将女性的性吸引力指数提高169%！而且这一益处可以经受住时间的考验：哈佛大学对游泳者进行的研究发现，那些平均年龄超过60岁的人，仍然能够像年轻时一样获得性满足。

你可以这样做：每晚在享受浪漫时分前，不妨先进行20分钟有氧运动，每天步行或练习瑜伽会令你在任何时候都感觉良好。

运动分成有氧运动和无氧运动两种。无氧运动一般都是短时间内的高强度运动，对人的意义不大，弄不好还容易伤到自己。最好还是有氧运动，对人不但有锻炼身体的效果，而且还能调节情绪问题，有效地应对情绪“中暑”。

总之，运动对于女人最大的好处就是让女人的身心更加健康。如果你发现某些运动非常适合你，那么这会使运动更加有趣；如果你对某项运动非常期待，那么你也有可能会喜欢上这项运动。当然，运动也贵在坚持，一项运动至少要坚持三周。一个舍得持之以恒花时间运动的女人，在她四五十岁时，岁月一定会回报她！当然，运动的过程中，你应该把握适当的度，否则会对人体机能造成损害。并且，你要选择自己喜欢的运动，这样才能有恒心持久地练下去。

## 亲近自然，自然是最好的静心空间

身兼数职的现代女性们的生活压力有多大？一项来自北京的调查数据显示，受访的约10000名25~45岁的城市职业已婚已育女性中有80.75%的女性认为压力很大。无形的压力主要源自三个方面：工作、经济、健康。绝大多数25~45岁的城市职业已婚已育女性的心智成熟，行事果敢，是家庭里的主心骨、单位里的顶梁柱，于是，越来越多的女性渴望能自我减压和放松。而“回归自然”“亲近自然”以其独特的魅力吸引着繁华都市里的女人们，越来越多的女人乐于怡情于山水之间，呼吸清新的空气，一边爬山，一边欣赏自然风光，健身娱乐一举两得。一般来说，亲近自然的方式有很多，比如：

1. 徒步

也称作远足、行山或健行，它和通常意义上的散步不同，也不是体育活动中的竞走，而是指有目的地在城市的郊区行走，不需要登上山顶，但是和登山密切相关，两种活动经常结合在一起。

2. 登山

登山的过程是一个不断征服的过程，当我们跨过一个个山头，就会发现呈现在自己面前的是另外一片风景，我们的眼界也随之开阔起来。同时，登山还有另外一个好处，那就是锻炼身体。

因此，无论是周末，还是闲暇时间，我们都可以约上几个朋友，去大山里走走，去感受一下远离尘嚣的世界。当然，登山的过程中，我们一定要注意安全，最好不要一人登山。

孙女士是一位医生。今年年初，她工作的医院开始实行了末位淘汰制，这给她造成了很大的心理压力，为此，她常感到头脑发胀、四肢乏力，脾气也越来越不好。就这样，过了半年，她整个人瘦了一圈，有人说她得了抑郁症。

但最近几个月，同事们普遍感觉到：以前那个心浮气躁、总感不适的她摇身变成了稳重大度、耐心敬业的人。是什么让她放下压力、乐观地去工作与生活？孙女士说，她的老公每周末都会陪她去爬山，虽然爬完山后她会大汗淋漓，但站在山顶那一刻，她感到了前所未有的放松。

生活中，像孙女士一样的人并不少见。生活和工作中的种种压力让他们情绪不佳，却不知如何宣泄。其实，爬山不失为一种很好的运动、减压的方法。因为亲近自然不仅能呼吸到新鲜的空气，还能让你彻底放松，增加身体能量，减少疲累感。

3. 野营、露营

野营，顾名思义就是在野外露营、野炊，这是一种锻炼生活技能的很好的方法，并且，在相互合作的过程中，人与人之间的关系也会变得亲密起来。而除此之外，还有另外一种活动——露营，这是一种休闲活动，通常露营者携带帐篷，离开城市在野外扎营，度过一个或者多个夜晚。露营通常和其他活动联系在一起，如徒步、钓鱼或者游泳等。

4. 钓鱼

钓鱼的主要工具有钓竿、鱼饵。钓鱼的工具其实制作起来很简单，钓竿的材质可以是竹子，也可以是塑料，而鱼饵的种类也很多，可以是蚯蚓，也可以是米饭，甚至还可以是苍蝇、蚊虫。现在有专门制作好的鱼饵出售。鱼饵可以直接挂在丝线上，但有个鱼钩会更好，对不同的鱼有特殊的专制鱼钩，另外要是有一个鱼漂就更有帮助了。钓鱼时在周围水面上撒一些豆糠会引来更多的鱼。

总之，生活于城市中的女人们，心态年轻最重要。在忙碌的工作和生活之余，我们应懂得适可而止，再忙，也要在这美好的时节呼吸一下大自然的新鲜空气，晒晒太阳。你可以找个最喜欢的地方去旅行，可以在周末爬爬山、游游泳，没有计划，没有进度表，只有和阳光、绿意、清澈的河水一样丰沛的时间。

## 学会享受孤独，珍惜一个人的时间

现代社会，随着生活节奏的加快，竞争的日趋激烈，经济压力的不断增大，女人们也和男人们一样，总是行色匆匆地穿梭于闹市之间，她们已经习惯了忙碌、灯红酒绿、觥筹交错的生活，或者已经习惯了围着丈夫、孩子和家人转，以至于在独处时显得内心慌乱、手足无措。实际上，每个女人都应该珍惜自己独处的时间，因为群居得太久，我们很容易忽视自己的内心。

生活中的女人们，独处的时候，你是品品茶，喝喝酒，还是唱唱歌、翻翻书？你是安静地坐一坐，还是悠闲地散散步，还是赶快到人群中去寻找情感的共鸣、心灵的慰藉？实际上，耐得住寂寞的人或者懂得排遣寂寞的人一定懂得生活，忍受得住孤独或者会享受孤独，这样的人即便成不了伟大的人物也必然会有一颗伟大的心灵。因为乐享寂寞的人的心态必定是淡定的，她们常会选择以独处的方式来思索问题，思索人生，进而提升自我。

可见，身处这个喧闹的社会中，女人们只有学会享受孤独、珍惜一个人的独处时间，才能让心沉静下来。

尘世中的每个女人，都应该有这样一份安然、宁静的心，然而，人世间有太多扰乱我们心绪的因素，对此，你要懂得调节：

1. 学会让自己安静

让心灵沉静下来，慢慢降低对事物的欲望。经常把自我归零，每天都是新的起点，没有年龄的限制，只要你对事物的欲望适当地降低，就会赢得更多的求胜机会。这就是所谓的退一步海阔天空。

假如你遇到心情烦躁的情况，你可以泡上一杯茶，放一曲舒缓的轻音乐，闭眼，回味身边的人与事，对新的未来可以慢慢地梳理，这既是一种休息，也是一种冷静的思考。

2. 阅读让你凝神静气

阅读实际就是一个吸收养料的过程，你的求知欲在呼喊你，要活着就需要这样的养分。

有本书上曾经这样说："能够忍受孤独的，是低段位选手；能够享受孤独的，才是高段位选手。"诚哉斯言！不同的人生态度，成就不同的人生高度。一个真正有内涵的女人，不在于她能说出多少名牌包包的名字，而是应该懂得怎么养活一缸鱼，下厨煲一锅汤，照料受伤的小动物，等等。这一切远胜于你在网上购物，研究化妆品、聊八卦。女人应该有自我内心的坚定和认知，不受世间左右来界定，专注工作和学习，并且独具一格。

在这纷纷扰扰的尘世中，女人们应该找到让自己内心安宁的方法，要学会享受独处的时间，例如，一天烦琐的工作结束之后，你可以听听轻音乐，通过音乐，你可以发现生命的意义原来是感受生活中点点滴滴的美好。失落会在音乐中消散，沮丧会在音乐的荡涤中溶解，怀疑会在音乐中清除。用音乐去寻找心灵的安顿，闯过生命的种种关卡，抵达心灵平静的彼岸，你便能保持心灵的宁静，因为我们身边飘过那沁人心脾的乐风！



## 瑜伽，在静止中感受律动

瑜伽，这一源远流长的东方文化，虽起源于古老的印度，却盛行于欧美，成为许多著名影星、政坛要员、流行乐坛的宠儿，他们无不以瑜伽作为健身、减肥、减压的良方。像美国歌星麦当娜靠练习瑜伽使自己的身躯如少女般柔美，英国女王对瑜伽的痴迷，使她虽年事已高却依然风韵犹存，娱乐圈中很多名人也都对瑜伽很痴迷，中国香港影后张曼玉也以习瑜伽来纤体瘦身，保持优美的身材。

瑜伽为什么越来越多地受到大家尤其是女性的青睐呢？这不但在于瑜伽文化的独特魅力，而且作为一种最自然、最具亲和力的运动，它适合于任何年龄段的女性练习。瑜伽的好处很多，瑜伽能帮助我们协调身体和精神，还有助于我们预防疾病，瑜伽最大的特点是严谨的实践性、科学性和逻辑性。瑜伽能帮助女性减肥、健身，还能有效地帮助女性改善情绪，有效地提高睡眠质量。对女性来说具体有以下几大好处：

1. 安抚情绪，可以驯悍

瑜伽馆的老师们总是说先生们都愿意花钱让太太练瑜伽，因为练瑜伽让太太改变了火爆脾气。而美国旧金山监狱，在1997年，对暴力上瘾者进行用瑜伽和戏剧治疗，让他们冷静下来，从而帮助他们找到自己具有侵略性的原因。多做深呼吸，自然就学会放松，瑜伽不是单纯的“扭麻花”，竞技动作的难度，而是在一呼一吸中找到你的宁静。

2. 变身美丽，更加专一

瑜伽最重要的是放松、平衡、获得宁静。每次练习的时候，老师让我们始终微笑，关注身体，让身体、心灵在一呼一吸中吸进纯净，吐出毒素。老师最爱说，是身体在做动作，不是脸在做动作。想想看，松了眉头，心脏就舒展了，身体就放松了，经常笑的人自然美丽，经常笑的人一定知足，心无旁骛。

3. 增进健康，延年益寿

有朋友说体验瑜伽后，感觉瑜伽就是和自己身体过不去，尽是一些看似简单、实际好难的动作。的确，因为我们普通人太缺乏锻炼了，动动胳膊动动腿都会很难受。我们对身体只是使用，玩命地使用（熬夜工作、熬夜玩），对身体不懂保养。但只要你练习，你会发现痛过之后是轻松，是舒展，是快感。练习瑜伽，不仅锻炼肌肉，更可以刺激人体的各个腺体。学会呼吸，更是可以延年益寿。

4. 挺直脊椎，增加自信

挺直了脊椎，才能扬眉吐气地做人，在瑜伽练习中，老师总是强调这点。当然有些动作对于罹犯某种疾病的人是禁忌，但瑜伽动作很多，只要你坚持，一天做一点，带着愉悦的心情去做，你一定会发现，也许你别的事情做不好，但瑜伽只要坚持，就会有进步。

可见，现代社会追求美的女人们，瑜伽是不二之选。当然，如果从未接受过正规训练，最好不要随便在家里练习瑜伽，自己独自练习容易受伤，且效果欠佳，你不妨先求助于专业的老师。

## 旅行，让你的身心沉浸在另一个世界

曾经有人说过，人的一生只要有两次冲动，一次是为奋不顾身的爱情，一次是为说走就走的旅行。的确，人的灵魂与身体，至少有一样要在路上，而旅行不仅可以增长我们的知识，还会让我们在增长见识的时候发现某些更符合自己内心愿望的爱好，而且真的见过比只在书上看过或者听人说过更有触动性。另外，一个爱好旅游的人往往心胸更广阔，更有解决问题的弹性。

作为现代女性，你们的压力到底有多大？无形的压力主要源自三个方面：工作、经济、健康。每天面对这些繁琐的问题，女人们难免产生不良的情绪。于是，越来越多的女性选择了旅行这一减压方式。就连演员张静初也是个有特殊的旅游情结的人。

张静初喜欢旅行，喜欢陌生的地方带给她的那种新鲜感，这样能彻底地放松自己。她曾经说："旅行有时候是最好的平衡剂，平衡你的欲望、平衡你的心态，找回你对幸福的感知能力。"相对于独自的旅行放松来说，她更喜欢和朋友自驾游，她最快乐的旅行经历是有一次去叙利亚，回来买了足足一箱子当地的银饰、烛台、金粉画等。

旅行是生活中最大乐事，虽然要花去不少钱，但它给人们带来的快乐是无穷无尽的。一次愉快的旅行，会使你终生难忘。事实上，对于女性来说，旅行至少有三大好处：

1. 旅游健身，增强体质

旅游，顾名思义，就是旅行游览的意思。说明旅游中包含着运动。旅游中运动最多的莫过于行路和登山，因此可以说，旅游不知不觉给人带来了一次锻炼身体的机会。

2. 走向自然，陶冶情操

现代女性绝大部分时间都献给了家庭和事业，她们要么被困在办公楼里，要么被困在家里，这样不但生活单调无味，长此下去还会闷出病来。到了"黄金周"，你不妨去"放飞"一下，走向自然，与大自然亲密接触。湖光山色、绿水青山，莺歌燕舞、蓝天白云的大自然，一定会令你心旷神怡、流连忘返。你会贪婪地大口大口地呼吸清新的空气，会情不自禁地欢呼："我爱你，大自然，太美了！"如果你有作诗、写作、画画、摄影等爱好，旅行还会给你带来许多难得的题材。

3. 旅行使你心潮澎湃，心境开阔，心情舒畅

欣赏风光，增长见识。旅行是个综合性的活动，它具有很大的学问。

简单地说，旅行包含着天时、地利、自然、考古、建筑、园林、动植物学、方言、风土人情、饮食文化、地方土特产等，这些我们在旅行中都能碰到，虽然我们不会对这些项目进行特殊研究，但在旅行中，不妨做个有心人，简单地了解一下，权且把旅行的过程当成一个考察学习、增长知识的过程。

因此，长时间围困在钢筋水泥建筑里的女人们，不妨偶尔冲动一次，给自己放放假，背上行囊，去享受祖国的大好风光吧！

## 始终不失对生活的热情

有人说，生命就像一次旅行，在这段旅行中，我们会遇到艰难险阻、暴风骤雨、阳光灿烂，会邂逅美丽风景，也会遭遇荆棘丛生。但无论如何，只要我们对自己的心灵有约，就会以全身心拥抱生命，即使饱经风霜，我们依然对生命充满热情，感悟生命中的点点滴滴；更能感受到生命之旅中，那些沉重的雨点击打时所带来的震撼和激情。

有人说，女人的青春是短暂的，但是只要你对生活充满热情，人生旅途就会时时处处生长着绿意和生机，我们的生命也会因此无与伦比。

有这样一个年轻人，他认为自己已经看破红尘，于是，他什么都不干，每天只是懒洋洋地躺在树底下。

有一个智者见到此景，想开导他，于是就问他：“年轻人，你年纪轻轻的，怎么不去工作、赚钱？”

年轻人说：“没意思，赚了钱还是要花掉。”

智者又问：“你怎么不结婚？”

年轻人说：“没意思，现在多少离婚的？”

智者说：“你怎么不交一些朋友？”

年轻人说：“没意思，交了朋友弄不好会反目成仇。”

智者给年轻人一根绳子说：“那这样吧，你干脆用他了结生命吧，反正也得死，还不如现在死了算了。”

年轻人说：“我不想死。”

智者于是说：“生命是一个过程，不是一个结果。”年轻人幡然醒悟。

这就叫“一句话点醒梦中人”。一个年纪轻轻的人，却变得“老态龙钟”，什么都不愿干，对生活失去热情，这样生命还有什么意义呢？安诺德曾说：“世界上最糟糕的事，莫过于人类丧失了他的热情。只要仍保有热情，即使失去了一切，他仍旧能够东山再起。”热情的原意是“神在其中”，我们原都拥有它，而我们应该做的，便是使它重燃再现。

生命是一个过程，不是一个结果，如果你不会享受过程，结果是什么大家都知道。生命是一个括号，左边括号是出生，右边括号是死亡，我们要做的事情就是填括号，要争取用精彩的生活、良好的心情把括号填满。那么怎么享受生命这个过程呢？把注意力放在积极的事情上。生命如同旅行，记忆如同摄像，注意力决定选择，选择决定内容。

因此，每天清晨，当我你起床后，都应该给予自己积极的心理暗示，有时候，如果你在内心告诉自己，我是健康的、积极的，我是美丽的，那么，你就会健康、积极、美丽起来。假装热情，你也就会变得热情起来。然后照照镜子，给自己一个微笑，用你的热情、温暖而真诚地对待你的家人。别忘了，你是家里的女主人，是你主导着你的家庭生活，你可以让每一天都光辉灿烂，也可以让每一天都阴暗忧郁。

总之，女人们，无论你曾经历过什么，从今天起，都要做个简单的人，踏实务实，不沉溺幻想，不庸人自扰。要快乐，要开朗，要坚韧，要温暖，永远对生活充满希望，对于困境与磨难，微笑面对。





## 做“拼客”，享受节约的时尚

拼客是近年来出现的新兴群体。这里的“拼”不是拼命、拼刺、拼抢、拼杀、拼争，而是拼凑，拼合。“客”代表人。狭义的拼客指为某件事或行为，素不相识的人通过互联网，自发组织的一个群体，如旅游，购物。因此，拼客指的就是集中在一起共同完成一件事或活动，实行AA制消费的一群人。

每天奔波于工作和生活中的女人们，你也可以在闲暇之余和几个志同道合的人一起出去旅游，购物等，这样既可以分摊成本，共享优惠，又能享受快乐并从中交到朋友。

可能有些女人会认为，我经济宽裕，不需要做拼客，实际上，拼客是一种新型的生活方式，它倡导“节约、时尚、快乐、共赢”。的确，“拼”是为了节俭、节约，但这种看似老土的消费观念，现在却变得越来越时尚了。有专家认为，“拼”字代表的不是抠门，而是像拼客网站宣言表明的那样：展示的是一种精明与节俭的生活理念，追求的是足金足量的生活品位。

对于这种在年轻人当中日渐风行的“拼生活”现象，也有专家认为，这是人们的消费观念和行为走向成熟的表现，也是一种节俭和环保的生活方式，值得广泛提倡。

因此，女人们，即使你现在已不再年轻，但也可以让心态年轻一把，做一名拼客吧！当然，生活中可拼的种类很多。比如：

1. 拼房

就是找人合租房。许多刚参加工作、收入不高的年轻人，在拼客网站上发帖子，很快就能找到“拼房”伙伴，这样就能分摊房租，节省开支。拼房，费用共担，舒适共享，花得更少，住得更好；一个人租房，寂寞又冷清，几个人合伙租房便宜又有伴……

2. 拼车

就是在起始地和目的地相同或相近或顺路的情况下，几个人结成伴，一起搭车上路，车费均摊或根据路程远近，按比例分配出租车费用（对于搭乘私家车的情况，费用一般由搭车者与车主具体协商）。

3. 拼学

则是一起结伴考研、学英语、上培训班等，可以互相分享学习资料，交流学习心得，既省钱，也可以避免一个人学习的枯燥。

4. 拼购

就是集体采购，也就是有共同购买需求的人，大家拼到一块儿去买，这样既可以大幅度降低成本，又有一起砍价购物的乐趣。

5. 拼餐

上班时不爱吃工作餐，找几个人一起去饭店包餐，非常划算。离家在外的打工者，节日很孤单，找几个朋友大家AA制拼餐，出一份钱，能吃到各种特色菜。

6. 拼卡

就是让“卡”发挥最大价值！指两人或多人合办一张卡、共用一张卡，也可以是各自不同的VIP卡相互借用（助人又积分），如购物卡、游泳卡、健身卡、美容美体卡等，由于这些卡一般都有使用期限，一个人很难在规定的期限内用完一张卡的使用次数，很难发挥卡的最大价值，这样几个人合用一张卡，就可以降低每个人的成本。

7. 拼二手

每个人手里都有一些闲置不用的东西，如手机、计算机、电视等，或者想换新的，旧的又不知如何处理；也总有一些人因为种种原因需要这些二手货、二手车、二手家具、二手书等。

因此，女人们不妨也做一回拼客吧，“爱拼才会赢”，不过这个赢，不仅节省了开支，获得了盈利，更赢得了一份分享的快乐、一种新的生活方式。



## 走一走，远离亚健康

女人为家庭和工作，年复一年，日复一日，辛勤劳作。最后，女人们面色欠佳，疲惫不堪，成了“亚健康”者。实际上，亚健康正悄悄地威胁着女人们，所以应该适当地站起来走一走，健康、工作都会上一个台阶。下面是几条简单实用的小妙招，让你轻松远离亚健康。

1. 随时随地做运动

许多女性在为自己身体状况担忧的同时，又抱怨自己平时太忙，没时间健身。对此，一些专家建议，如果你没有时间去健身房，或者去投身大自然，那么，日常生活中也有一些随时随地健身的简易方法。女性朋友们一起行动起来吧，紧张的工作再也不是没有时间锻炼的借口了！

2. 逛街

这是最受女性欢迎的休闲方式，也是一种很好的有氧运动。女性逛街少则一两个小时，多则三四个小时，这样不停地走动可以增加腿部力量，消耗体内大量热量，达到健身效果。比起在健身房中的枯燥器械训练，逛街让女性在不知不觉中锻炼了身体，还愉悦了心情，是两全其美的健身方法。

3. 爬楼梯

长时间坐办公室不运动的女性最担心体质下降，爬楼梯是一种简单可行的方法。对于久坐的女性来说，一天多次、每次花几分钟时间做爬楼梯运动，可增加静止时脉搏跳动次数，增强心血管功能。此方法贵在坚持，每天都要爬楼梯才会有好的效果。

4. 办公室健身操

这也是一种不错的选择，端坐在椅子上，双脚着地收腹数十次，或者抬起双腿，尽量用双手将身体撑离椅子，再轻轻放下。这种一学就会的健身操可以让女性在工作时也能轻松地健身。在各种瘦身和健身的网站上，也有很多可供参考的健身操，选择一种适合自己的方式，定能在小小的办公室一隅找到一条通往健康和美丽的途径。

5. 跳绳

说起跳绳，可能立即会让你想起童年时几个小伙伴一起嬉戏的情形，这种最熟悉的童年娱乐方式，恰恰是女性最有效的健身方式之一。先把双腿并拢，轻轻起跳，两臂轮回，手腕旋转……别看简单的一根跳绳，舞动起来却是一种全身运动。跳绳所需要的空间不大，技术无需太高，是女性活动身体的方便之选。

6. 注意眼睛的保健

闭目养神或举目远眺树木，这是一个闲暇时最简单、最便捷的保健眼睛的方式。如果长时间面对电脑，眼睛很容易疲劳，把眼睛闭上，稍稍地休息一下，让眼部肌肉放松，把那些烦恼的事情都抛在脑后，接着做做眼保健操，按摩眼睛周围的主要穴位，让眼睛得到适当的休息，这个方法同样需要坚持。对于眼部的保健要适时、按时，面对电脑一小时左右就要休息一下，这才能更好地保护你的眼睛。

美丽女人走起来，让自己远离亚健康，在享受工作成就感的同时，也抛掉对身体健康的担忧。女人，站起来走一走吧!

## 年龄并不能阻止女人追逐梦想

从小到大，每个人都会有许多梦想。有人说，“年少时，梦想往往很远大；成年后，梦想常常会缩小。步入盛年，我们的梦想或许越来越少；但是，我们的梦想不再不切实际，而是可以通过努力去实现的。”实际上，一个人只要心中有梦，年龄并不能阻止我们追梦。

一个有梦想的女人，有追求，有目标，她的人生因为梦想而充满动力，因梦想而精彩。但我们发现，生活中，有很多女人，当她们还年少时，对人生有着美满的规划，可是随着时间的推移，随着年龄的增长，她们步入婚姻，组建家庭，便认为自己已经没有追逐梦想的权利，于是，她们只好搁浅自己的梦想。而事实上，一个人是否年轻，看的是心态，而不是容颜，只要你敢跨出第一步，年龄并不是障碍。

在哈佛大学继续教育学院的毕业典礼上，有这样一位特殊的毕业生，她的名字叫伊丽莎白，已经82岁了。她之所以能成为哈佛人敬重的对象，并不是因为她已年迈，而是因为她有一颗勇敢的心。

在这年的毕业典礼上，伊丽莎白和其他毕业生一样身穿学士服，头戴黑色学士帽，她从校长手中接过自己的学士毕业证书。另外，她还获得了一项表彰其学术成就和品德的奖项。在那一刻，伊丽莎白激动万分。她的勇敢与坚持终于有了收获。

事实上，伊丽莎白能拿到哈佛大学的毕业证书，也经历了一个相当艰难的过程。

1941，伊丽莎白从高中毕业，随后，她结婚了，并生了4个孩子。然后，她有幸成为哈佛大学健康服务部的员工，在哈佛大学工作期间，她被学校那种浓厚的学习氛围感染，慢慢地，她开始穿梭于各个课堂之间，旁听各种课程。就这样过了很多年，伊丽莎白并没有正式注册成为哈佛大学的学生，因为她认为自己根本没有能力完成这么多课程。然而，就在9年前，她的同事和朋友都开始鼓励她，这让她又产生了争取学位的念头。

此时的伊丽莎白已经73岁高龄了。对于这样年纪的人来说，安享晚年大概是最好的选择，但伊丽莎白不甘心，她告诉自己，一定不能就这样放弃。于是，她再次鼓起勇气，走进了哈佛大学的课堂，为此，她还给自己制订了一个十年目标，就是要在83岁之前从哈佛大学毕业。

如今，满脸皱纹的伊丽莎白在哈佛大学工作了25年，学习了20年，攻读了9年学位，最终赶在自己的孙女之前获得了学士学位。

伊丽莎白的事迹向所有女人证明，只要你愿意拾起梦想，哪怕你已经白发苍苍，你依然会因梦想而闪光。

人生是一条无法回头的路，尤其对于女人，容颜易老，要想让你的人生不后悔，就不要将年少的梦想搁浅，即使你已经有了家庭，即使你身为人母，只要你拾起它，为之奋斗，你的人生就会散发出不一样的光芒。人生就是如此，只要你敢于跨出第一步，你就能朝着目标不断迈进。

# 第11章　提高情商，做个气质可人的聪颖俏佳人

无论在家庭中或职场上甚至是社交场合，女人们都要与周围的人进行密切的互动，只有高情商的女人才能在各种人际关系中处理得游刃有余。实际上，情商是一种能力，情商是一种创造，情商又是一种技巧。既然是技巧就有规律可循，就能掌握并熟能生巧。生活中的女人们，只要你多点勇气，多点机智，多点磨炼，多点感情投资，你们也会像“情商高手”一样，营造一个适合自己生存的宽松环境，建立一个属于自己的交际圈，创造一个更好发挥自己才能的空间。

## 情商高的女人会选择男人

每个女人，不管她们再能干，她们都希望自己能嫁个好男人，然而如何发现优秀男人，就得靠女人的情商了。那么，什么样的男人才算是好男人呢？这里，高情商的女人为我们拟出以下九条选择标准：

1. 自信

全身散发着自信的男人，能让女人安心地依靠。

2. 坚强

男人要能给女人安全感，如果你找一个老公，不够坚强，老在你面前哭诉自己的不幸，让你也承担他实际上是可以挽救的痛苦，是非常失败的选择。

3. 宽容

宽容的人才可以拥有许多朋友，他们因为自己的人格魅力吸引别人走到他的身边。他们宽容别人的同时，自己也收获着快乐。因为宽容，他们会很真诚地待人。同样，别人也会用真诚回报他们。因为人际关系和谐、待人又真诚，他们的事业注定会成功，他们的家庭注定会和谐。

4. 有气度

男人一定要大气，不能动不动就吃醋、生气，当然，他会说他那是因为爱你才吃醋，可是不要忘了，爱一个人也要给她自由。女人千万不要被男人用各种方法把你变相留在家里做家庭主妇。不是说家庭主妇不好，而是作为现代女性，要有自己的社交圈子，要独立、自强。

5. 德才兼备

一个没有深度的男人，让人感觉像喝一杯白开水，淡而无味。有深度的男人，才会让人深思、耐人寻味。有一定的学识，是一个男人立世的基础。很多商场上算得上成功的男人，交往起来，却总觉得欠缺了些什么，他们也有自己的过人之处，可学识上的苍白，让他们变得不那么完美。一个男人有了学识与深度，一定要与一定的品德匹配，德才兼备的男人才是优秀的男人。

6. 身体健康

不要求那个男人有多么威猛高大，但一定要身体健康结实。

7. 社交能力强

不是说一定要活跃得见人就爱、见手就握的那种地步，也不需要他在社交方面有强硬的手腕，但不能羞羞答答。一起出去应酬，他只知道站在一旁傻笑，而找不到话题与你的同事交谈，凡事需要你出来撑场面的男人，会让你脸面无光。

8. 有责任心

男人一定要有责任心，自己做的事要敢于自己承担，无论是公事还是私事。那种一有事就往别人身上推的男人不但卑鄙而且可耻。

9. 心态平和

这个世界已经习惯以一个人事业上的成功来衡量他的价值。事实上，一个人的价值在于他的存在对别人的重要性。即使那个人不能在事业上取得与他人一样辉煌的成就，但是他的平凡生活对他身边的人一样很重要，就代表他有价值。如果一个男人不能以一颗平和的心去看待自己的得失，整天愤世嫉俗，怪社会不公、怨生活不平，那么你和他在一起会影响你的心态，使你容易偏激，给你的心理造成巨大的压力，导致你也不快乐。



## 做一个有思想、有主见的女人

生活中，人们常说，女人最重要的就是要懂得温柔。男人是山，女人是水，山清水秀的风景才会让人流连忘返。男人是树，女人是藤，藤树相依才更经得起风吹雨打。男人为阳，女人为阴，男人应刚，女人应柔，刚柔相济的组合才更能持久。然而，温柔不等于没有主见，不等于唯唯诺诺，不等于低声下气。

事实上，一个有主见的女人懂得怎样取悦别人，但是绝不会讨好男人，男人喜欢女人的温柔和贤惠，但更喜欢女人的有主见。大部分男人都欣赏和喜欢那些有见地和胸怀的女人，现今社会，女人跟男人一样在外打拼，和男人一起工作、学习，男人改变了对女人的陈旧看法。



主见是一种积极的人生态度、独立自信的人格、宽容豁达的胸怀、坚韧不拔的品质、追求事业的执着……

男人爱上一个女人的同时，并不希望在爱的约束下丧失自己的一方世界，男人希望和女人有肌肤之亲，更希望女人能与自己在思想上有共鸣，观念上有交流，也就是希望女人是一个独立的鲜活的个体，而不仅仅是小鸟依人，唯己是从。男人喜欢爱情的默契、宽容和理解。因为这种爱不会阻止男人身心释放地闯荡人生——毕竟，在男人的眼里，爱情并不能代表人生的全部。

女人有了主见，就不会不经大脑就人云亦云，跟从别人一起说闲话，就不会跟别人一样流露出“红眼病”的神情去讥讽和诽谤他人，更不会像街头大妈一般，无事生非，闲话满天飞。

有主见的女人，知道给自己一个空间，有追求，自信并永远努力进取，全身散发着超然、幽雅的气质，有水一般的温柔，面对激烈紧张的场面，可以柔克刚，将剑拔弩张的争斗弭于无形。有主见的女人能善待别人，宽容别人，从而赢得真挚的友情和关爱；有主见的女人不盲目地听信别人的言论，碰到挫折勇于面对，敢于逆水行舟，不惧怕别人的嘲讽，坚持个人的主见，毅然决然地走自己的路!

女人有主见才能抓住幸福。有主见的女人善于全面正确地认识客观事物，通过自己的思考分析，结合自身的条件，制订符合实际的理想和奋斗目标，并且不断地修正理想和目标，使自己的人生之路永远常青。

当然，女人有主见，绝不意味着她是孤家寡人，孤芳自赏；坚持错误，听不进别人的意见。恰好相反，坚持主见就是虚心地听取并接受正确的意见，有则改之，无则加勉。有主见的女人善于把个人主见讲给别人听，能取得别人的认同、支持和帮助，不断升华个人的空间，使得自己各个方面不断地完善和发展。做一个快乐的女人就要有主见，女人们，从现在开始走自己的路吧!

## 知足的女人更快乐

现实生活中，每个女人都有一个人生目标——幸福，然而，如何获得幸福？可能一些女人会回答，金钱会带来幸福，于是，她们会把花钱当成生活中最大的乐趣，把嫁个有钱人当成自己的终极理想。而实际上，金钱的多少并不与快乐成正比关系。有人指出，财富增加三倍，快乐才增加一倍。人对金钱期望的大小，也影响着金钱带来的心理价值，即期望越高，失望越大，人越难快乐。当然，人越有钱，也会越来越远离他人，在某种程度上也较难以获得圆融的社会关系。

如何生活得更好，不同的女人有着不同的答案。当你只花200元就能买到精致的雪纺绸衫和漂亮的手提包时，你仍然会迫不及待地用半年薪水去换一款LV的限量版手袋；虽然你已经住上了让很多女性都羡慕不已的两室一厅，但你还想买一套更宽敞的复式新居……但得到这些后，你就真的幸福了吗？人的欲望本来就没有止境，要让自己真的幸福起来，需要我们做到知足，知足才能常乐。相信很多女性朋友都读过法国作家福楼拜的代表作《包法利夫人》。

主人公艾玛是一个富裕农民的女儿，曾经在专门训练贵族子女的修道院读过书，尤其喜欢读一些浪漫派的文学作品。虽然现实生活很残酷，但是艾玛却经常沉浸在自己虚构的奢华生活中无法自拔。现实和虚幻世界的强烈反差，使她感到非常苦闷。成年之后，艾玛嫁给了包法利医生，但是，丈夫当医生那点微薄的收入根本无法供她挥霍。而且，艾玛非常讨厌其貌不扬的包法利极其满足现状的个性。即使在有了孩子之后，艾玛的母爱也没有苏醒。她一心一意、执迷不悟地贪图享乐，爱慕虚荣，竭尽全力地满足自己的私欲，梦想着能够过上贵妇的生活。为了追求浪漫的爱情，寻求她心目中的英雄，艾玛先是受到罗多尔夫的勾引，结果被欺骗了，后来，她又与莱昂暗中私通，中了商人勒乐的圈套，最终导致自己负债累累，不得不服毒自尽。

在这篇小说中，福楼拜批判了艾玛爱慕虚荣的本性，也深刻地批判了社会的畸形。这种批判引人深思，让人警醒。

实际上，大部分女人都拥有这样的生活：自己身体健康，有一份稳定的职业，每个月都有收入，家庭圆满，夫妻和美，不用为柴米油盐和疾病伤痛等杂事操劳费心，这难道不是“比较好”的状态吗？当然，有些女性还有更高的要求，认为这还不是让她们心满意足的状态。

看来一个女人的幸福和快乐与否并不在于她生活的环境有多好，不在于她有多少金钱，而在于她的心境，心境好了，就会因为拥有清风明月而感到幸福和快乐。

## 别把所有精力都放在家庭上

女性主义作家伍尔芙说，女人要有一间“自己的屋子”，意思是女人应该有自己的空间。女人拥有自己的空间，是与男人共同成长的前提。因为营造自己的独立空间的积极意义在于：这是女人一种最佳魅力的储备，也是一种让爱情绚丽的储备。理想的爱情，不该彻底放弃自我，而是要拥有各自的空间，在亲密中共享一起成长的乐趣，这样的风雨同舟才能更容易让一段感情保持新鲜和持久。

“女人就是要以家庭为中心，把家庭经营好了，才有资格干别的。女人要什么自己呀？”

“女人要什么个人空间呀？管好家就是你的责任！”

……

可能生活中，很多女人都有这样的想法，甚至一点儿不夸张地说，大部分女人为了家庭而抛弃了自己——不给自己一点儿美丽的时间，不给自己一点儿休闲的时间，不给自己一点儿个人的空间。每天想着全家人的吃饭、穿衣……点点滴滴，唯独忘了自己！生活给了女人太多的责任、太多的负担以及太多的约束。很多女人常常习惯把自己的心囚禁在一个狭小的天地里，于是琐碎、烦恼、苦闷、忧郁随之而来。一个愁容满面的女人在任何时候都不会美丽动人的。

那么，女人该如何给自己找一个静谧的空间呢？

1. 找时间玩玩，放松一下自己

你不仅应该休息，还需要休息。会休息的人才会工作。

2. 家务活分配给所有的人

即使是年龄小点的孩子也能做点什么。不要任何事情都亲力亲为，这会让你因为疲劳而精神不佳。

3. 偶尔奖励一下自己

在一些特殊的日子，女人似乎更在乎收没收到礼物，并以此来决定自己的心情。不要对任何人存有更多的幻想和奢望，在你没有收到礼物的时候，为什么不自己奖励一下自己呢？去买一件心仪已久的衣服，或者去做一次美容、按摩，甚或给自己买一束喜欢的花，作为送给自己的礼物，你的心情一定会随之变得雀跃。

4. 分配时间

日子是平淡的，生活在很长时间里是毫无波澜和生气的，如果你觉得有点厌倦，不妨按照自己喜欢的方式分配一周的时间，譬如打球日、逛街日、学习日、睡觉日，这样你就会过一周充实而快乐的生活。

5. 花点时间爱自己

女人要懂得宠爱自己，每星期定好养颜滋补的时间表，吃补品，做面膜……让自己随时都保持在最佳状态。

人不可能永远年轻，但才华、素养可以与日俱增。因此，身为现代女性，你不应该彻底放弃自我，把所有精力都放在家庭上，而是要拥有自己的空间，这样爱情才会保持新鲜和持久，你也才能永葆活力和青春！

## 学会为自己的心灵松绑

一般人常常认为，人只有健康和患病之分。世界卫生组织对健康下的定义是："健康是一种身体、精神和社会生活中的完美状态，而不只是身体无病。"新的医学研究也表明，人体健康与患病之间还存在着一个过渡的中间状态，即第三状态——亚健康状态。据此可得知，仅身体健康并非真正的健康，只有身心都健康才是真正的健康。

我们发现，生活中很多女人由于职业的关系，如同穿上了无法停止的红舞鞋一样，脑子中的弦整天绷得紧紧的。一个专注于职务和工作，很少休息和娱乐，甚至没有休息或者游戏的女人，她的动作肯定不会像一个经常休息或者娱乐的女人那样自然、有力，而且在无形之中降低了工作的效率。对任何事情精益求精，本不是一件坏事，可是牛角尖儿钻到极致，你就是个彻头彻尾的完美主义者了。这样你就会比别人累很多，最终绷得太紧的神经会把你压垮！

有人说，谈到女人就好像是在谈文章，最好的文章应该是自然流露，无需雕琢，所以，作为一个女人不应该只注重于外表的化妆，更重要的是注重改变内在的体质，拥有健康的生活方式。健康的女人才是美丽的，精力充沛的女人才会让人赏心悦目。健康不仅是美丽的前提，也是人生成功的根基。唯有保持健康的身心，才能用最大的热情去工作，去成就心中的梦想。

常言说：治病不如防病，最好的医生是我们自己。在当今社会，心理情绪调控能力至关重要。那么女人们如何做好自己的心理保健医生呢？

1. 自我心理调解

女人应怀有一颗感恩的心，感激父母的养育之恩，感谢亲友的关爱之情，你需要回报给他们爱。珍惜你当前拥有的幸福，不要等到失去了再追悔莫及。做人要有宽广的胸怀，对人要多包容，善待他人，积极对待工作、对待生活，保持乐观向上的心态。如果你做到了感恩、惜福、宽容、积极、乐观，你将会热爱生命，热爱生活，积极努力地工作，主动化解工作和生活中的各种矛盾，促进人际关系的和谐，此时你的心境将平和、坦然和理性，这是人生的一种态度。

2. 释放心理压力

每个人不同时期都存在不同的心理压力，有的人主动讲给别人听，寻求排解，这是很多女人选择的排解方式，而有一些女人内心的苦痛不轻易示人，自己烦、闷、气，时间长了形成心结，心结多了就形成心理疾患。心扉不能向所有的人敞开，但也不能不向任何人敞开。你的委屈、憋闷讲给你所信任的人听，他可以倾听、规劝、开导你，有时可直接帮助你。哪怕你痛哭一场，你的心理压力也会减轻很多。此时一份痛苦变成了半份痛苦，或者你就因此得到了解决问题的办法。

总之，女人要正确地对待心理健康，做自己心理健康的保健医生。情商高的女人总在为自己的心灵松绑，只有心理健康才是真正的健康。如果没有健康的身心，拥有美丽的容貌、充沛的精力、强健的身体……这一切都将不可能，所以，健康是一切的基础。健康，是一生一世的事，未雨绸缪也许听来老套，但正确地对待自己的身体却有绝对的必要；更重要的是，什么时候开始都不晚！

# 放慢脚步，学会享受生活

现代社会的女性，整天忙于工作、家庭，像个陀螺一样，一直不停地转，她们没有时间停下脚步来享受生活中的风景与美好。

女人不仅身累，心也累，她们总是在担心，担心男人对自己是否忠诚，担心如何才能讨男人的欢心。而事实上，她们的担心也不是多余的，很多标准的贤妻良母反倒失去了家庭和丈夫——因为男人对兢兢业业操持家庭的女人，旧式的黄脸婆生活方式表示理解但并不欣赏，不赞同女人的这种家庭作风。他们更喜欢那些懂得生活、懂得享受、有生活情趣、漂亮的女人。

作为女人，要学会享受生活，完善内在修养，提高自身能力，争取更大的空间和更好的生活质量。

因此，忙碌的女人们，从现在起，不妨先善待自己，让自己的身心都偷一下懒吧：

①每天打扮得优雅得体、干净利落，出门前照照镜子，对自己笑笑。

②交几个闺蜜，寂寞时叫她们陪陪，要么逛逛商场，要么一块吃饭，要么在家小聚，几个小菜，几杯美酒，知心话儿一吐为快，可以抱怨老公忽视自己，也可以谈谈如何教育孩子。

③听着音乐干家务，不会觉得疲劳，还会觉得是一种享受。

④枕头旁边始终放上一些书，读书可以益人心智，怡人性情，滋养人生。

⑤写写自己的心情故事，自我安慰，自我欣赏，自我陶醉。

⑥买适合自己的衣服，穿出自己的气质。偶尔买一套和平日不同风格的服装，换换自己的心情，也给别人一个惊喜。

⑦经常变换发型，当然要与服装搭配。买些可以搭配不同发型的头饰，即使是很小的东西也可以，它也可以让你变得饶有情趣。

⑧处几个异性好朋友，当然不是情人，你们的关系最好得到他爱人的认可。男人是理性的，女人是感性的，在生活中遇到什么事情，他们能诚心诚意地给你些建议。

⑨偶尔偷懒一下，三顿饭的锅碗一次洗也不会怎么样。

⑩养几盆名贵花，像照顾孩子似的照顾它，看着它发新枝了，开花了，你都会有成就感。

⑪保证睡眠充足，足够的睡眠会使你的皮肤光洁细腻。

女人在现实生活中要学会自我调节，拿得起放得下。工作的时候努力地工作，玩的时候就尽情地玩。女人要学会善待自己，更要学会适当地享受生活。

## 微笑，让女人更有魅力

关于什么样的女人最美，历来众说纷纭，但无论如何，一个终日愁眉苦脸的女人绝对不美，事实上，凡是微笑的女人都是迷人的，女人的微笑也是最动人的。女人的妩媚，尽蕴涵在不言的微笑之中。如果女人在各种场合能恰如其分地运用微笑，就可以传递情感，沟通心灵，甚至征服对手。

有一位日本著名的造型家，他写了一本书，书中一个跨页收集了几十位女性的头像，这些女性有年老的、年轻的，有长得很美的，也有长得很丑的，但是你看她们每一个人时，你的心情都是愉悦的、恬静的。不因为别的，就因为她们给了你灿烂的笑容。

的确，微笑是女人们展示友好的直接方式，也许你并不美，但只要你真诚地、发自内心地笑，那么，你就会感染他人，让他人感到舒心。因此，生活中的女人们，在培养自己情商这一课程中，你有必要把训练微笑列为其中。要知道，一个高情商的女人应懂得如何用积极的情绪去感染别人，而微笑就有这种魔力。

大部分女人都会打扮自己，却又不是个个都会微笑。因此，懂得何时微笑和善于并乐于微笑的女人总是很迷人。我们讲女人的魅力是可以通过加分提升的，其中有些分是需要你花很多时间和不少金钱的，但是善用表情却是不花一分钱便可提升你的魅力。

因此，生活中的女人们，如果你希望自己有个好心情，更有魅力，那么，请微笑吧，同时，你还需要注意的是：

1. 尝试练习，养成微笑的习惯

心理学家告诉我们，外部的体验越深刻，内心的感受就越丰富。也就是说，有了外部的“笑容”也就有了内心的“欣喜”。每天晚上对镜中的“你”笑上几分钟，然后含笑而眠；早上起来，心中默念“嘴角上翘，笑笑笑”，你会发现因为有了笑容，也就有了好心情。

西方有一位心理学家做过一个微笑训练的实验：他要求受试者每天坚持对人微笑。一个月后，有人感激地说：“我原本不爱笑，但从实验开始我每天坚持微笑，我在家庭中和工作中得到的快乐，比过去一年中得到的还多。现在我已养成了微笑的习惯，而且我发现人人都对我微笑，以前对我冷若冰霜的人现在也变得热情起来……”

2. 任何微笑都要发自内心

在生活中，一个友好、真挚、楚楚动人的微笑，必将会散发出无穷的魅力。然而，只有真诚的微笑才能透出宽容、善意、温柔和自信。因此，无论是与你的客户、朋友甚至是陌生人打交道，你的微笑都必须是发自内心的，只有这样，他们才会被你打动。

女人最美的是微笑、微笑、再微笑，微笑给这个生硬的世界带来了妩媚和柔情，也给人的心灵带来了阳光和感动。所以，一个女人脸上真诚的微笑比那些昂贵的脂粉更能彰显女人的魅力！





## 女人也应该有自己的蓝颜知己

有人说，男人和女人之间没有真正的友谊，无论如何都会带有一些爱的成分，其实不然，女人和男人之间，还有另外一种关系，那就是蓝颜知己。女人除了爱情以外，还需要友谊，当然，也包括异性的友谊，蓝颜知己，人生得一足矣。其实，我们也不难发现，生活中，那些人际关系好的女性多半都很擅长处理与异性的关系，并会有一个蓝颜知己。

任何一个女人，都应该修炼自己的情商，你的世界里不应该只有爱人和女性朋友，你还应该有一个蓝颜知己，他能比一般的朋友给你更多的关心和爱护，但对于你的缺点与错误，他同样毫不留情地给予指正批评；他会在你最快乐和最难过的时候被你想起，而你想起他时也会感到一丝淡淡的温暖。这是一种默默的超然于男女恋情之外的感情。当然，能当女人的蓝颜知己的男人是有一定条件的，以下几种男性可以成为女人的蓝颜知己：

1. 才智过人的男人

这样的男人不论对你的事业还是生活都会有引领的作用，使你有一个更好地看问题的角度，帮助你完善自我。

2. 健康快乐的男人

快乐的人是谁都不讨厌的，特别是俗务缠身还能保持一颗健康快乐心的男人，他的人生必定是积极的，会带给你快乐，帮你释放压力。

3. 志趣相投的男人

拥有共同的语言，无疑是最容易引为知己的条件。

4. 情感单纯的男人

和单纯的男人相处，会让你放下戒心，比较容易交心。

5. 愿意倾听的圈外人

处于不同的社交圈，自然会以旁观者的身份看问题，而不带有个人色彩，而且很多时候，你需要的也只是一个好的听众。

6. 淡泊名利的男人

以一种平静态度看人生、看世事，低调并不代表着不优秀；相反，他会带给你一些更从容的态度和启发。

7. 直言不讳的男人

绝对是知己的最佳人选，中肯的意见让你在一大堆令人头脑发热的奉承声中清醒。

8. 心地宽厚的男人

宽厚的胸怀比宽厚的肩膀更有用，当你举步维艰的时候，这种包容的温暖是无可替代的。

9. 细腻的新好男人

中性的情感以及敏感的心灵让他更容易懂你。

10. 人品过硬的男人

和这样的男人交往，即便很亲密，也不会给你带来闲言碎语，干扰你本来平静的生活。

然而，你还要明白的是，异性朋友得一足矣，否则周旋于众多异性之间，会疲惫不堪。女人永远都是女人，浪漫、关心、爱护无时无刻不存在于女人的世界里，但其中有一部分是要除了丈夫以外的男性给予的。

生活中，让女人烦心的事情实在太多了，有时候，你真的需要一个倾诉的对象；开心的事也实在不少，你需要一个与之分享的朋友……这个人并一定是你的丈夫。因为丈夫虽然爱你，但他不一定懂你。每个女人的内心都有一个属于自己的角落，那里可能是儿时没有实现的梦想，也可能是生活中无时不在的困扰……如果有一个男性朋友能真正地了解你的内心，解读你的失意，明白你的困惑，更懂得你的渴望，那他就可以称作你的蓝颜知己。

# 第12章　注重修养，从内而外激活气质的源泉

生活中有很大一部分女性，她们只注重意穿着打扮，她们认为这就是美。但一个浅薄的女人，只会让人一览无余。美丽的容貌、时髦的服饰、精心的打扮，虽然也给人以美感，但是这种外表的美总是肤浅而短暂的，如果你是有心人，则会发现，气质给人的美感是不受年龄、服饰和打扮局限的。这种气质从何而来？它来自渊博的知识、良好的修养、文明的举止、优雅的谈吐、博大的胸怀以及一颗充满爱的心灵……因此，作为女人，你可以生得不漂亮，但是一定要活得漂亮。活得漂亮，就是要活出一种精神、一种品位、一份至真至性的精彩。

## 精心打造和修饰自己，散发你的气质

在这个世界上，美丽的女人是一道靓丽的风景线：有的婉约淡雅如茉莉，沁人心脾；有的热情如玫瑰，风情万种；有的圣洁素净如百合，清爽朴素……女人以不同的姿态、不同的容光、不同的故事、不同的灿烂，抖下千种风情百种芳华，装点着一片灿烂的天空。做个美丽一生的女人，是很多女人痴痴追求的梦，但美丽并非天赐，所有的美丽都要用心经营和塑造。

用培养气质来使自己变美的女人，比用服装和打扮来美化自己的女人，要具备更高一层的精神境界。前者使人活得充实，后者把人变得空

虑。而最完美的恰恰是两者的结合。我们都知道心理学上的首因效应。因此，女人应该高度重视容貌对他人的视觉影响，力求使自己的容貌给人的感觉好一点。

一个真正有魅力的女人必是内外兼修的，在容貌上比不上别人，但却能凭修养和气质取胜，这种美丽才是长久的，永不凋谢的。一个女人的美需要呵护，需要表现，需要修饰。那么，我们该如何在服饰与妆容上修饰自己，从而散发气质呢？

1. 合体的衣着

合体的衣着是女人给别人的第一印象。现代女性更应懂得，服饰仅仅为美或“女为悦己者容”这种观点已经过时了。决定今天你该穿哪套服装的因素，不是你的喜好，不是你的情趣，也不是你希望打扮得漂亮出众的愿望，而是你今天要到哪里去，你去做什么，你希望得到什么。在这里为你介绍国际通用的着装规范——TPO原则，TPO是三个英语单词的缩写，分别代表时间（Time）、地点（Place）和场合（Occasion），说的就是着装要符合时间、地点和场合，不同场合的服装有不同的着装特点。

2. 合适的脸部妆容

女人本来是一朵妖艳的花，化妆会让女人显得更加明艳照人。而生活中，一些女人常不修饰容貌，甚至在重要场合也不修饰容貌，这是对容貌的重要性认识不足，否则最低限度也会做点什么，如擦一点口红、修一修眉毛等，手法差一点不要紧，至少表明你知道这是重要的。当然，化妆是很有学问的，化得好，会让你更加美丽动人，否则，只会令人生厌。

3. 不要忽视饰品的作用

现在饰品的种类非常多，有头饰、项饰、胸饰、首饰、臂饰，这类配件是纯装饰性的饰品；还有围巾、腰带、手表，这类是具有很强装饰性并兼实用的用品。它们与人体、服装、香水等互为作用、互为组合和搭配，塑造了女人风采各异、五彩缤纷的种种风情。

别致、新颖、富有内涵的饰品是需要长期收集和积累的。在大多数情况下，饰品的质地、形态、工艺常常高于饰品的华贵。

天生丽质的女人固然好，但后天的精心打造和修饰也能造就美丽女人。如果说读书是为了悦心的话，那么修饰则是为了悦目。假如你天生丽质，也懂得精心呵护和修饰，那你必将锦上添花，傲然绽放成一个性感妩媚的女人。

## 精致装扮，让女人气质大增

衣着打扮犹如一首美丽的乐曲，悦人的仪表也是与人沟通的一种艺术。女人需要用心去塑造明确而有特色的形象，这样的形象既符合身份又能影响他人的感觉，与人交往、办起事儿来自然会感到游刃有余。同时，我们都知道“爱美之心，人皆有之”的道理，“女为悦己者容”，任何一个男人，都对那些打扮精致的女人更倾心。男人不希望自己的妻子不修边幅，而实际上，在中国，这样的女人不在少数，尤其有了孩子、逐渐进入中年以后，她们往往有如下心理：一是保险心理，以为“革命”到头，可以“马放南山”了，所以衣着随便，不再注意修饰。二是懈怠心理，就是不再“严格要求自己”，一切马马虎虎，得过且过。男人都是视觉动物，你说这样的女人能不让丈夫失望吗？丈夫也许嘴上不说，可心里明白着呢。这才是真正的危险所在。可以说，任何一个男人，都希望自己的妻子每天都能赏心悦目。那些出现婚姻危机的女人，很多时候都与其让丈夫产生审美疲劳有一定的关系。

当然，对于那些已经步入婚姻的女人，并没有过多的精力装扮自己，那么，你不妨做到以下几点：

1. 穿着最适合自己的服装

不是美丽的衣服都适合你。聪明的女人懂得选择最适合自己的服装，而不是最美丽的服装。女人的服装要适合自己的身材、适合出入的场合，还要适当掩盖自己的缺陷，这样的服装才会让女人神采奕奕。

2. 化最适合自己的妆容

女人需要长期地坚持肌肤养护，让肌肤达到最好的生理状态。另外，出去办事或参加社交活动的时候要化淡妆，这既可以让自己美丽，也是对其他人的尊重。女人最好随身携带镜子和必要的化妆品，以便随时补妆。

3. 恰到好处的打扮

无论服装还是化妆，都不要将最前卫的状态表现出来，要打扮得恰到好处而又不失韵味。人们接受时髦是需要过程的，如果去办事，头顶着蓝色的头发，脚穿超高跟的鞋，多少会让人有些接受不了。女人的衣着打扮需要有个度，既不要太落伍，也不要太时髦。

4. 女人在平时也要注重打扮，为自己积累印象

女人不能只在出去办事时才忙着打扮自己，平时的打扮也不容忽略。每天出门的时候，应该问一下自己：假如我在路上碰见了同学、朋友、领导，我这样的打扮合适吗？印象在很多时候不是一时形成的，平时积累的印象，才是他人的最终印象。

以这样的原则穿衣打扮，能不偏不倚，恰到好处，至少在礼仪上不会失分。如果你能在把握好礼仪的尺度下，学会根据场景和自己的自身情况，穿出自己的风格，这会让你的魅力大增！

## 女人万不可口无遮拦

聪明的女人尽量不要在男人面前趾高气扬，更不可口无遮拦，要知道，口无遮拦是一种无知、修养差的表现，没有哪个男人能容忍一个泼妇，不管住自己的嘴巴，可能连爱也没了。所以温柔体贴的女人，方能如一树花似的在男人的面前永远繁盛。古今中外史，被称为悍妇的女人早已屡见不鲜。西方哲学史上，最著名的例子是苏格拉底的妻子。

苏格拉底的妻子珊妮珀是个有名的悍妇，常常借故寻衅，无事生非，邻人无不嫌恶。有一次，苏格拉底正和弟子们讨论学术问题，他的妻子突然闯了进来，不由分说就大骂一通，随后又提起一桶水猛地浇了过去，把苏格拉底的全身都弄湿了。弟子们以为恩师一定会勃然大怒。出乎意料，苏格拉底笑了笑，自嘲地说道：“我是知道的，打雷过后，一定会下雨的。”

由此可见，苏格拉底日常生活是苦不堪言的，但却成为了哲学家。大概只有痛苦，才会让人思索人生的意义。苏格拉底深有体会地说："务必要结婚，娶个好女人，你会很快乐，娶个坏女人，你会成为哲学家。"

然而，现代社会，我们不得不承认，随着中国女权主义的解放，女人"当家做主"已经从一极走到了另一极，呈现出另一种样子，不过，"主"的可是家里的男人。在家里，翻男人私房钱，严格控制男人经济命脉的女人越来越多，勒令男人下厨房的女人也越来越多，就跟朱德庸画的那个《双响炮》里的女人一样，整日咆哮，无比彪悍，就像传说中的"河东狮"。

那么，日常生活中，身为妻子的你，该如何注意自己的言行，才能避免有泼妇之嫌呢?

1. 凡事讲理，以理服人

在与丈夫相处的过程中，一切依理，说话、做事也就有了尺度，自然就不会口无遮拦。

2. 多读书，能明理

我们发现，那些明事理的女人一般说话时都能言之有理，并且有让人过目不忘、回味无穷的气质，而这种气质，并不是一朝一夕能获得的，它需要岁月的浸染、学问的充实和修养的支撑方可在全身弥漫。所以，聪明、美丽的女人一般都爱读书，读好书。爱读书的女人亦会变得像一本好书那样经久耐看。

总之，聪明的女人们，生活中，难免会出现磕磕碰碰，偶尔你可以发发牢骚，但仅仅是为了逞一时嘴皮之痛快；你也可以时不时地"作"一下，但绝不能作天作地，察言观色之后，看情况不妙就要赶紧找个台阶下，绝不可口无遮拦，否则最终会伤己伤人。

## 读书能增长女人的智慧

有人说，对于男人来说，美丽的女人是一本书，容颜就是封面，智慧的核心就是内页。没有人会无休止地盯着封面看，他们长久留恋的是书中的内容。他们希望一生中你时时能给予他支撑，处处呵护他而又让他感到新鲜和放松。在你身上有挖不尽的宝藏，随时都会让他得到意外的惊喜；在他山穷水尽的时候，你总能给他柳暗花明；在他绞尽脑汁时，你总能给他排忧解难而不是给他添乱。但女人要明白，只有读书能让你这样。也只有读书，才能让你增长智慧，才能让你的心灵更加充盈。

正如女作家毕淑敏所说的："清风朗月，水滴石穿，一年几年一辈子读下去。书就像微波，从内到外震动着我们的心，徐徐地加热，精神分子的结构就改变了、成熟了，书的效力就凸显出来了。"女人的气质、修养，都要靠大量的长期的阅读来培养，阅读的女人是美丽的女人。

一个女人的魅力，很大一部分取决于她的内涵，容颜易老，但唯有知识常在。懂得多自然能应对一切，但真正知识的获得是要择善书而读，而生活中，有一些女人，她们读书只是附庸风雅，她们只热衷于缠绵悱恻的言情故事，还有就是那些歌星、影星和所谓的名人的那些花边新闻，如她们这种爱书就有点俗气了。

具体说来，女人读书，需要达到以下几个境界：

1. 读懂书，读懂自然

自然能净化人的心灵，让人返璞归真。自然的一切声音：风声、雨声、松涛声、犬吠、鸡鸣、蟋蟀叫都是动听的。听到它们的时候，是心情最宁静的时候。这宁静、是没有争逐的安闲，是没有贪欲的怡然。这些属于自然的美妙，只有爱读书、远离尘嚣的女人才能听得懂、看得到。因为从书中，她也能感受到自然的每一天：红梅傲雪沐浴晨光中，觉得天地一片灿烂，心神清新而明朗；徜徉晚霞里，感到人生无限温暖，精神愉悦而高洁。即使坐在屋内读书，也要靠窗而坐，用心去依靠那一树摇曳的翠绿，去接受那清风的吹拂。

2. 读懂书，读懂世界

爱读书的女人看世界，觉得天蓝、地阔、人美。她把生活读成诗，读成散文，读成小说。对生活，她真心投入，用心欣赏，心里从不设防；对世人，她不装腔作势，不阿谀奉承，总透着一身书卷气。

3. 读懂书，读懂自己

爱读书，会使你生活情趣高尚，很少持续地去叹息忧郁或无望地孤独惆怅，更重要的是拥有健康的身体、从容的心态。只要心境能保持年轻，对于年华的逝去就会无所畏惧。高尔基说："学问改变气质。"看来，读书是女人永葆青春的源泉。读书又是不分年龄界限的，年年岁岁都是女人读书的芳龄，一份永远不过时的美丽。

4. 视读书为人生最大的快乐

当别的女人正津津乐道时尚流行、张家长李家短时，这样你就能定下心来，让自己陶醉在书的世界里，洗涤自己，充实自己。

作为女人，多读些书吧，读些好书。会读书的女人不仅是聪慧的女人，还是身心健康的女人。因为，书能给女人带来心灵最深处的滋养，当你为尘世所烦恼的时候，书会带你步入一个世外桃源，一个脱离了纷扰现实的精神殿堂。

## 以"礼"相待，不做尖酸刻薄的女人

中国是个宽容大度的民族，宽以待人也一直被人们奉为至高的行事准则。与人交往，如果待人真诚、和善、大方，谈吐文雅，就会给人留下良好的印象；相反，如果满嘴脏话，甚至尖酸刻薄、恶语伤人，就会令人反感甚至讨厌。哈佛大学前任校长伊立特说过："在造就一个有教养的人的教育中，有一种训练是必不可少的，那就是优美而文雅的谈吐。"

语言文明看似简单，但要真正做到并非易事。社交生活中，我们做不到出口成章、口若悬河，但最起码要做到以"礼"相待，没有人喜欢与说话尖酸刻薄、毫无休养之人交往。

然而，现实生活中，总是有一些女人，她们衣着光鲜、容貌姣好，却不讲"礼"，一旦发现他人的失误，便抓住不放，满嘴脏话、尖酸刻薄。

这样的女人让人生厌，又有谁愿意与这样的女人交往呢？

那些广结善缘的女人多半都是大度的、修养好的，而那些尖酸刻薄的女人常常孤立无援。

那么，生活中的女人们，如果你不想被人讨厌，就一定要做到大度、真诚、宽容，而不应尖酸刻薄。具体来说，你需要做到：

1. 热情待人

热情是刻薄的天敌，与人交往，良好印象的形成中，热情是第一个被对方感知到的品质，这也是人际交往中的心理规则。因为人们总是有这样的感觉，那些热情的人肯定会有一些其他良好的品质，如有爱心，乐于助人，对生活乐观，容易接近等，而这些都是人们在交往中希望看到的。

2. 真诚

与人交往，赢得信任的最基础条件是真诚。一个人只要真诚，总能打动别人，真诚是沟通人与人心灵之间的桥梁。真诚是一种巨大的人格力量，一旦具备了真诚的人格品质，你在别人印象中就与有信用、善良、美德结缘。

3. 态度诚恳、亲切

女人的尖酸刻薄多半都体现在语言上。说话的本身就在于传达思想、交流感情、与人建立关系等，因此，语言只是一个表达方式，你除了要注意语言外，还要注意说话时的神态、表情。例如，当别人心情不好，你向别人表示安慰时，嘴上表示的是你的关心，但眼神却游离不定，那对方一定认为你只是在敷衍而已。所以，说话必须做到态度诚恳和亲切，才能使对方对你的说话产生表里一致的印象。

4. 用语谦逊、文雅

你要学会多用这样一些礼貌用语：您好、谢谢、请、对不起、别客气、再见、请多关照等。在实际与人交谈时，除了运用礼貌用语，你还要注意仪表、神态的美。

女人们，从现在开始，与人交往，一定要呈现出自己最好的品质，绝不做尖酸刻薄的女人。

## 豁达宽容，气质女人的必备品质

在这短短的人生旅途中，有多少女人心怀怨恨地生活着？不是怨恨同学就是怨恨同事或是怨恨亲朋，她们每个人的胸膛里都是熊熊的怨恨之火，有时候一丁点儿的小矛盾引发的怨恨会导致巨大的灾害。如果真的能够抛掉这许多的怨恨，以博大的胸怀去宽容别人、原谅别人，那会是一种很高的人生境遇。

事实上，一个有修养的女人不管遇到什么事情，不管别人如何“挑衅”，都会保持自己优雅的本色，都会做到豁达宽容，体现自己的大家风范。而相反的是，在怒火中燃烧的你，发现了周围人看你的眼神吗？发现了对方已经被你深深伤害了吗？发现了你那恐怖的表情了吗？

当然，要做到豁达宽容，也不是一件易事，需要我们做到：

1. 换位思考，理解他人

要想变得豁达宽容，就必须时常为别人着想，这是一种最有效的心理良药。如果有人做了让你愤怒的事情，你必然会生气，但你若能站在对方的角度上想一想，那么，你会发现，事情完全是情有可原。每个人都有自己的困难和压力，也许他正在应付紧张局面，也许家里发生了一些事情，正被弄得焦头烂额……了解清楚了，同情加温情，把他看作犯了失误的人，正在跟你一样努力生活着，这样一想，就能完全冷静下来。

2. 转移注意力，忽视别人的错误，关注自己内心的感受

其实，你在心里是否原谅别人的错误，对别人也没有什么影响，而对你自己却有很大的影响。不原谅的话，你自己会变得痛苦、难受。如果我们是爱惜自己的，希望自己的内心是舒适的，那么便应该去选择原谅，而不再让自己的心里难受、痛苦。原谅别人实质是把自己从别人带给你的负面影响、伤害中解脱出来。是否原谅，表面上看是个包容和胸襟的问题，其实，它是一个懂不懂得自爱的问题。

从另外一方面来说，对于犯过错，已经悔过自新的人，如果不懂得宽容他们，而是继续以一种责备的眼光看待他们，给他们贴上“罪人”的标签，你又得到了什么呢？选择原谅，情况会循一条神奇的轨迹转变。

当我们改变了，别人也会跟着变。我们改变待人的态度，别人也会调整他们的行为。在我们修订对事物观点的同时，别人也会随着我们的新期望作出反应。

总之，女人本是敏感的，但也是善良的，保持爱心，提高人生境界，用爱心来帮助他人改正过错，比责骂、教训获得的效果更好，因为爱是一种包容，是一种关怀，它最具有力量。

## 淡定面对他人的挑衅，展现你的修养

相信每个女人都应该清楚：生活中每个人的思维和行为方式是不一样的，我们不可能让每个人都喜欢我们，甚至总会有一些人对我们的言行不屑一顾，这都是很正常的，我们不应该为此感到生气，更不应该对其进行反击。如果我们做出反击的行为，那将表示我们跟对方都是一样有着无比狭窄的心胸。

聪明的女人，当你遇到他人的挑衅时，不妨学会淡定一点，从容地面对他人的挑衅，这样你便能用自己的修养和气质让对方折服。

然而，人都是有情绪的，面对他人的挑衅，我们不可能无动于衷，此时，你可以试着用以下的方法控制愤怒的情绪：

首先，你要先冷却情绪：在气头上，你很容易因为冲动而做出一些错事，因此，你首先要做的就是冷静，为自己的情绪降温。具体来说，你可以尝试以下两种方法：

（1）数数法。不过这里的数数，并不能按照常规数字顺序，因为这样做并不会启动我们的理性程序，而应该打乱顺序，例如，1，4，7，10……这样一来，你的理性思考能力就可渐渐恢复了。

（2）描述法。例如，你可以这样描述，这个茶杯是黄色的，他穿的毛衣是黑色的……数10~12项物体的颜色，之后你会发现自己冷静多了。

其次，理智思考，替换非理性的“自发性念头”：你要明白的一点是，真正让你产生不良情绪的，是我们的想法，而不是别人的行为。换句话说，不是发生了什么事，而是我们如何解释事件，才会决定产生的情绪。

例如：你可以告诉自己："我知道我的能力是极佳的，不会因为你一句话而影响我！"这样自我暗示，愤怒自然就无处可生，而会被其他情绪替代了。

最后，你可以使用建设性的内心对话，既然想法是导致情绪的主因，容易动怒的人就应该加强内心的想法，准备一些建设性的念头以备不时之需。

例如："不论如何，我都要平静地说，慢慢地说。""我才不会生气，生气就等于暴露了自己"等。

当你能熟练这些"灭火"步骤时，你就会发现，无论与你交往的人如何激怒你，你都能平心静气地面对。

生活中的女人们，你很有可能遇到来自别人的挑衅，但这并不意味着自己的存在毫无价值。别人看轻了自己，没有关系，只要我们自己看重就行了。如果别人肆意侮辱，而那些侮辱的言辞是毫无根据的，不要生气，你只需要采取置之不理的态度，淡然面对，这样才会越发体现你超凡的人格魅力。而如果你难以控制自己气愤情绪的时候，你不妨告诉自己，那些擅长攻击别人、挑衅别人的人，是心胸狭隘的人，自己何必跟这样的人一般见识呢？不妨淡然面对，对他人的挑衅一笑置之，这才是最好的反击，因为你已经不在乎了，那对方的挑衅还有什么攻击力量呢？

女人们，你需要记住，在这个世界上，我们不可能赢得所有人的心。对于我们的言行或成绩，总有一些人心怀嫉妒，不怀好意地看着我们，好像等着看我们出丑。在这样的情况下，我们的心境越是需要变得淡定，既然他并不是我们的朋友，那他的挑衅对我们而言终将是毫无意义的。

# 第13章　率性真实，好性情成就女人好气质



生活中，大部分女人的共同愿望都是成为一个好女人，成为一个完美女人。但事实上，人无完人，一个看似完美的女人实际上是不真实的，没有个性的，一个有自己独特个性的女人才是鲜活的，有生命的，也才是有魅力的。因此，我们需要记住的是，做女人，就要做一个有魅力的女人，就要坚持自己的风格和个性！

## 长得漂亮不如活得漂亮

有人说，好女人是山，端庄大方；好女人是水，柔情绵绵；好女人是书，满腔的智慧；好女人是港湾，安全可靠；好女人是酒，绵延醇香；好女人是茶，让你慢慢品味；好女人是舵手，掌握着婚姻的航向……的确，好女人不一定美丽，但绝对活得漂亮，活得有自己的个性。女人要有美好的外表，也要有迷人的内功。做一个有个性的女人就是做一个内外兼修的女人，现代社会，一些女人太关注外在的打扮，而忽视了内在的修养。其实内在美和外在美都非常重要，一个自身没有思想、没有内涵的女人是不能长久保持迷人魅力的。

当然，风情万种、千娇百媚固然重要，若欠缺内涵，还是经不起时间的磨砺！我们无法选择自己的出身，无法选择自己的容貌，然而即使没有高贵的出身，没有娇好的容貌，也不必妄自菲薄，因为最好的一点我们可

以自己把握，那就是心灵。

那么，一个女人要怎样活得漂亮？你必须做到以下几点：

1. 心中有爱

常行布施的女子，因平等之爱心，而生出母爱般的光辉，成就神彩照人的慈和之美。做一个有个性魅力的女人，你就要学会爱自己，爱我们的亲人，爱我们的朋友，爱自然，爱生命，爱人世间可爱之物。心中有爱的女人，即使长得一般，她的目光仍会像阳光般温暖、明媚，笑容仍会像天使般灿烂。

2. 绝不当弱者

有个性魅力的女人不是案桌上摆设的花瓶，她要自尊，不是弱者，不需要依附男人。虽然不是每个女人都能做到出色、出众，但我们就是在平平淡淡的生活中，做女儿像女儿，做妻子像妻子，做母亲像母亲，对我们分内的事情尽心竭力，靠我们的人格魅力，从容执着，赢得理解和尊重。

3. 内心纯净

内心纯净，指的是无论何时何地面对名与利的诱惑，都不要让尘埃和污秽弄脏了我们的心。走我们的路，做我们该做的事，这样即使地位低微，一贫如洗，我们也会面带坦然而平和的微笑，昂起我们高贵的头颅。

总之，一个女人可以生得不漂亮，但是一定要活得漂亮。无论什么时候，渊博的知识、良好的修养、文明的举止、优雅的谈吐、博大的胸怀以及一颗充满爱的心灵，一定可以让你活得足够漂亮。活得漂亮，就是活出一种精神、一种品位、一份至真至性的精彩。

所以，你不必才华横溢，但必须知书达理；不必有精致的五官，但必须有独特的气质。当你拥有健康红润的面颊，当你永远表现得神采奕奕、精力充沛，当你灿烂的笑容像冬天的暖阳，当你不经意地关心四周的人和事，当你始终如一地保持豁达的风度，谁能说你没有魅力？

## 展示鲜明个性，更容易让对方记住

生活中，我们常常这样评价一个人："他真有个性。"很明显，这是褒义的评价。的确，个性贯穿着人的一生，影响着人的一生。作为女人，你可以每天都换衣服，但不太可能每天换个性。鲜明独特的个性让人印象深刻，而平淡的个性却很容易被人遗忘。那么，个性是什么？通常认为有两种的含义：一方面，原指演员在舞台上所戴的假面具，后引申为一个人在生命舞台上所扮演的角色；另一方面，指能独立思考、具有独特行为特征的人。

女人在与人交往的时候需要得到对方的认同，才能顺利地进入对方的世界，并从容自如地与对方交往，从而把自己的事情办成办好，而这一切的获得在很大程度上与女人的个性形象相关。聪明的女人懂得如何树立自己的外在形象、内在形象以及办事形象，这些不仅彰显个人的修养，也是办事成功的关键因素。

鲜明的个性形象是人生道路上的一张"通行证"和事业上的"入场券"，能给对方留下深刻的印象。

那么，女人怎样才能培养鲜明的个性，让别人更容易记住呢？

1. 穿戴服饰引人注意

在很多女人都身穿黑、白、灰颜色的衣服时，你不妨穿上色彩艳丽的衣服。如果觉得有点不合适，就用饰物装点一下自己，比如一条颜色鲜艳的丝巾，或者一个别致的胸针，一副手工制作的风格独特的耳环等，都能起到这样的效果。

2. 语言直接而亲切

说话要吐字清楚且直截了当，特别是在工作场所，不要拐弯抹角，含糊其辞，也不要每句话后都加上"你明白吗"等口头禅。

3. 精神振奋、精力充沛

许多女人常常精神萎靡不振，对比之下，人们更容易记住精神振奋的女人。身体直立一般会让你显得精力充沛。另外，脸上的笑容不可忽视，要时刻保持微笑，给人一种可亲可爱的样子。

4. 丰富的知识容易引起对方的注意

在与人交往和办事的时候，要与别人有共同的话题，首先要掌握一定的知识。这样，当别人想要与你交谈的时候，你就可以应对自如，从而给对方留下好的印象。如果你知道对方的兴趣，那就更应该了解一些相关的知识，这会让别人对你印象更深刻。

5. 得体的礼仪让你更出众

在与人交往时，必要的礼仪必不可少。例如，说话有礼貌，言谈举止有分寸等。这些得体的礼仪，会让你在众人中脱颖而出，让别人对你印象深刻。

以上这些都是女人应该学习的，这有助于你在与人交往的时候，展现鲜明的个性形象，有助于让别人更容易记住你。

## 不掩饰，做率性真实的女人

生活中，可能每个女人都曾被告知，要低调沉稳，要追求完美和成熟，诚然，这是每个女人应该遵循的处世原则，但这并不意味着女人就要压抑自己的喜怒哀乐。从心理学上来讲，虽然每个人都喜欢听好话，但没有人愿意听假话。事实证明，现实生活中，人们更愿意与那些做人做事光明磊落、真性情的人交往。而对于那些苛求完美、从不显露自己的脾气、秉性的人，人们则敬而远之。因为人们都知道，“金无足赤，人无完人”，那些“趋于完美”“毫无瑕疵”的人虽然在为人处世上并没有多少过错，但未免显得不够真诚；他们虽然优秀，但不可爱。为此，现实生活中，女人应该做到真情流露，说真话、做真事，有情绪也不要刻意压抑，做个率性的女人，这才是真实的你。

哈佛大学一位教授曾说过：“我每次都很紧张，因为我害怕被发现一些内心的感受，但被自己搞得很累，学生们也很累，我极力想表现自己完美的一面，争取做个‘完人’，但每次都适得其反。其实，打开自己，袒露真实的人性，会唤起学生真实的人性。在学生面前做一个自然的人，反而会更受尊重。”的确，人无完人，追求完美固然是一种积极的人生态度，但如果过分追求完美，而又达不到完美，就必然会产生失落情绪。过分追求完美往往不但得不偿失，反而会变得毫无完美可言。

生活中的女人们，也应保持率真的心态，即使是小小的喜悦之情，也应表达出来。要做率真的女人，你可以从以下两方面着手改变：

1. 不要总是苛求自己有最完美的表现

人生原本就是极为真实、简单的，且存有不可避免的缺陷，然而，有一些追求完美的女人，她们总是在人前表现出最优秀的自己，而实际上，这样的女人虽然看起来很精致，但总会缺乏生气，缺少生命经历过的真实。

2. 适当表露自己的情绪

我们都知道，女人是情绪化的动物，可能为工作烦心、为生活犯愁。我们与人打交道的时候，固然不可一味地抱怨，发泄自己的不满，但如果你能适当表露自己的情绪，则会让对方有种交心的感觉，对方自然愿意与你深交，这样我们无形中便获得了一个朋友；而如果你带着“面具”与之交往，那么，对方回馈给你的，也是一张“面具”。

当然，在说率真的话、表露自己的情绪时，要把握一下分寸，我们不要总是一味地抱怨自己不满的情绪，也不要不顾及他人颜面说伤害他人自尊的话。





## 不要让自己迷失在他人的赞美声中

一位哲人说过：“只有真实的赞美才能最打动人的心灵。”女人是爱听赞美之言的动物，我们经常要求别人不要吝啬赞美，因为赞美是春风，它使人温馨和感激；赞美是火种，它可以点燃心中的憧憬与希望。如果身边的人能时时以饱满的精神、欣赏的眼光、鼓励的话语赞美我们，必能起到“随风潜入夜，润物细无声”的作用。

女人爱听好话，这毋庸置疑，被赞美是一种很快乐的事，谁都需要赞美的声音，赞美在我们的生活中是很正常的事。只不过过于看重这样那样的赞誉的人就会变得虚伪，变得骄傲，有甚者会因此不可自拔。有一些女人为了赞美而刻意去表现自己，这表明她已经迷失了自己。

任何时候，聪明的女人都应该坚持做自己，坚持自己的个性，绝不可活在他人的眼光之中，为此，你需要做到：

1. 冷静思考、分析，抵御赞美的诱惑

我们面对赞美之言要能够冷静思考、分析，然后从中有所悟。一般人都会被赞美之言冲昏头脑，然后由欣喜转为骄傲，最终会目中无人，但如能抵挡住别人赞美的诱惑，就可谓是智者，善于运用智慧的女人。

2. 正确地评价自己

一个女人，有“自知之明”，就不会被别人几句吹捧的话哄得团团转，她们心里有杆秤，她们深知别人的赞美是否真实，也就不会因此而飘飘然。

3. 不要停下努力的脚步

可能现在的你已经小有成就，你是很多女性眼中的榜样，但无论你被多少荣誉的光环照耀着，你都不能停止前进的脚步，而且也只有不断奋进，你才能转移注意力，不会让自己迷失在他人的赞美声中。

总之，那些为了得到别人的赞美而刻意地表现自己的人，为了几句虚伪而缥缈的赞美而累积烦恼的人，她们最后会得不偿失，迷失自己。所以，女人们不要失去真我，不为别人的看法而做，不为虚伪的赞美而生！

## “坏”一点，让男人离不开你

在中国的传统思想中，一个女人，就应该贤良淑德，就应该勤劳，忙前忙后，手脚不停，把大小事情都一手包揽；善良，即使别人损害自己的正当权益也要一笑了之；善解人意，体谅对方，懂得察言观色；温顺，逆来顺受，不使性子，不乱发脾气；内敛，稳重端庄，笑不露齿，言不高声；甘于奉献，任劳任怨……如果你能做到这些，那你就是人们眼中的“好女人”。其实，尽管“好女人”在别人眼中是不错的选择，但对于女人们自己来说，却是一种束缚，这种束缚犹如套在身上的枷锁一般，让她们不自在、不快乐。

还有另外一种女人，她们我行我素，聪明灵活，懂得为自己生活，而不是生活在别人的评论之中，她们就是人们眼中的“坏女人”。关于这两种女人，你认为哪种更有个性？当然是后者！

在男女关系中，“好女人”通常会有这样的行为表现：她们会答应男人的一切要求，会说男人喜欢听的话，不会过多要求男人自认为过分或不合理的奢望。如果偶尔拒绝了男人一次，就会全力地补偿，因为她们觉得可能会因此伤害男人。

然而，“坏女人”却不会那样做。在精神方面，她们有自己的主见，她们会坚持自己的想法，不会追随男人的脚步，她们活得有滋有味；在经济方面，她们十分独立，她们不期望依靠别人生活，更懂得通过自身的努力来完成自己的目标。她们会灵活处世，懂得保护自己，从不轻易亮出自己的底牌，这种若即若离的态度常让身边的人感到心急难耐，却又因为她们的个人魅力而沉醉其中。

做个“坏女人”吧，如果你曾经是个“好女人”，那么，你不妨做出以下改变：

（1）只有在自己有空的时候才会回他的电话，只有在自己方便的时候才跟他见面。表现出独立，不依靠他，他就会变得依靠你。爱情就像一架天平，一端加重砝码，另一端就会高高翘起。

（2）当他想约你出去，并且询问你什么时间可以时，千万不要说：“我都有空，你来定吧！”永远不要让他来选择你的时间，你可以跟他说：“哦，太远的时间我说不太准，这周我只有周五晚上可以，或者下周二也可以。”如果你这样回答，说不定他就会说：“那这两天我们都可以见面了。”

当然，我们提倡做个“坏女人”，并不是说人品上的坏，也不是在告诉你怎么和人要手段，或者怎么学着来操纵别人，而是从人性的角度上来理解人的行为和心理。当一个男人遇上一个对他比较冷淡的女人时，来赢取女人的好感就成了他的一个挑战。

曾经，我们常常说“男人不坏，女人不爱”，而其实，这句话何尝不可以改为“女人不坏，男人不爱”。事实也证明了，很多“坏女人”身边总是不乏爱慕者。对于异性来说，她们浑身上下充满着新鲜感，她们善于使用女性身上的特权，让男人们对她们恋恋不舍。

## 努力把自己打造成“万人迷”

生活中，有这样一群女人，她们是这个社会的新新女性，追求时尚；她们是“走钢丝”的能手，在家庭和事业之间求得平衡。眼见险象环生，忽地来个漂亮翻身，又是一副悠然美态。她们不是一个一成不变的角色，她们游走在职业女性与贤妻良母之间，什么场次，什么角色，毫不含糊。她们爱美，但这不是为了取悦男人，也不是虚荣的表现，而是追求一种个性。

如果你也想成为这样个性独特的女性，把自己打造成“万人迷”，你要做到以下几点：

1. 有个性但不张狂

你不能自卑，但也不要整天张狂霸气，高呼女权至上。超越男人的方法，不是把他们压迫在自己的霸权之下，而是活得跟他们一样地舒展、自信。不要整天想要向男人发出战书，或者摆出一副“皇帝轮流做，今年到我家”的进攻态度，和谐、平等和互助的两性关系，才是社会进步的动力。

2. 既要柔情，又要坚韧

你要把自己的个性打造得如一枚铜钱一样，在柔情似水的外表下，跳动着一颗坚强的心。你要脱离狂热女性主义者的幼稚，也不要摆出一副百毒不侵的女强人的面孔，这不是坚强。你要明白的是，刻意追求的强悍，与女人真正的内心世界反差太大，是毫无韧性的坚硬。因此，你要学会用最温柔的行为出击，争取最合理的待遇与最合适的位置。而且，你千万不要像工作狂那样抛弃男人与爱情，要学会理性地去爱，不依赖爱情，充分享受它带来的甜美；也不要控制情感，把它向美好的目的地引导。

3. 完整独立的自我

你要做到，在经济上不依靠任何人，因为只有坚实的经济基础才是维护自我尊严的必需。只有经济独立了，你才能享受成就的满足感。在精神境界，你不是某个男人的附属品，你可以通过交友、读书、娱乐充实自己的内心。即使没有爱情的滋润，你依然可以活得自在而辽阔。

4. 活力四射

一个万人迷必定内心有无尽的热情。做一个有干劲的女人，不是叫你在事业上和男人斗个你死我活，而是要自问一下：我有没有为自己设定一个奋斗的目标？我要的究竟是什么？

# 第14章　话语添香，好口才成就女人好气质

我们都知道，相对于男人来说，女人更喜欢与人交流，她们很喜欢聊八卦，聊邻里，也因此经常被男人嫌弃为“爱唠叨的人”。而如何说话却是一门学问，尤其在重视口才的现今社会，每个女人都应该提高自己的说话能力，当然，只要你在平时的言语中多加注意，该说的说，不该说的不说，说之前想好了再说，时间长了，自然就能练就出一副让人羡慕的好口才。

## 表达感谢一定要大声说出来

人生路上，我们无时无刻不在接受他人的帮助，接受他人的恩惠。自从我们出生，父母就在孜孜不倦地哺育我们，教我们做人做事的道理；跨入校门，我们的老师就无怨无悔地把毕生所学传授给我们；当我们成家立业之后，我们又得到了来自爱人的呵护；工作中，当我们遇到困难时，同事们也总是能伸出援助的双手……我们需要报答的人太多。因此，如果你心存感恩，那么，就请表达出来，“谢谢”是字典里最富有魅力的词汇。事实上，“谢谢”这个词汇不仅适用于陌生人之间，即使你与对方的关系再深，你也不能忘记表达感谢。

“谢谢”一词如此简单，简单到被很多女人忽略的程度。很多女人在与人相处中都错失了很多段的好情谊、好姻缘。虽然对别人表达感激之情

不是什么难事儿，但却考验着女人的口才，为此，在表达感谢时，女人们要注意以下几点：

1. 真诚表达

没有诚意的道谢犹如一潭死水般毫无生命力可言。说者无味，听者无趣。无论什么时候都请记住：道谢不是一个表面工程，它需要你从内心深处去感激。真心实意地去表达感谢才会令对方感动、欣慰，才能使你们的友谊地久天长。

2. 眼神专注

在说“谢谢”的时候请注视着对方的眼睛。其实不只是道谢，说任何话的时候都应该注视着对方的眼睛，眼睛是心灵的窗户，注视着对方的眼睛才能和他有心灵上的交汇和沟通，让对方深深地感到你对他的谢意，是发自内心深处的声音，真实不造作。

3. 表达要自然，而且要称呼着对方的名字说“谢谢”

既然是来表示感谢，说话语言就一定要大方得体、诚恳坦率，不要扭扭捏捏一副羞涩的样子。如果你说“谢谢”的时候态度不大方，很容易引起对方误解：这到底是感谢我，还是讽刺我？这样明明很好的一件事情就被态度搞砸了。另外，感谢时一定要称呼对方的名字。这点大家可能都没怎么注意过，如果有人说“谢谢你”和“谢谢你，小张”，你会觉得哪句好一些呢？显然是第二句更具有亲和力吧。称呼对方的名字能让对方全身心地感受到你是在感谢他而不是别人，因此也能唤起对方心灵深处的自豪感，在你记住他的同时，他也记住了你，这就是一个人脉资源规划的良好开端。

总之，要养成适时表达感谢的习惯，尤其当对方没有什么想法时，你的一句感谢来得虽然有些出人意料，但绝对会起到温暖人心的作用。一句真心实意的“谢谢”胜过千言万语，它如同一条生生不息的河流，汩汩地流淌并浇灌着帮助者与道谢者的心灵，使得心灵之上永远开出美丽的花来。

事实上，会说“谢谢”的女人通常会给人一种真正大方的感觉，相信当对方听到你的道谢时，心里都是很喜悦的，因为他们不仅仅受到了赞美，更重要的是自身的价值得到了肯定，自身的修养得到了升华。所以，聪明的女人们，把你心中的感激表达出来吧！只有把“谢谢”诉诸语言，才会让对方知晓你的心，也才会让你的形象在对方心里永不褪色！

## “甜言蜜语”的女人更讨人喜爱

生活中，性格外向的女人往往能说会道，很容易和别人打成一片，健谈的女人往往能够通过言语的赞美，使人享受到关心、在乎和温暖，因此，我们可以说，一个健谈、会说甜言蜜语的女人更讨人喜爱。

恋爱中，女孩子会说话才能讨人喜欢，嘴巴甜一些，男友也会更欢喜，尤其是见对方父母的时候，能说会道的女孩更容易让男方家长接受。作为女孩子，只是多说几句好听的话，自己也不会损失什么，又能得到别人的喜欢，何乐而不为呢？

在恋爱期间需要甜言蜜语，走进婚姻的殿堂后更需要甜言蜜语来滋润婚姻。在讲话的时候，不要太苍白，太没有人情味，讲话直来直去，缺乏女人味，这样会招致情感上的冷淡，甚至走到家庭破裂的边缘。

大部分女人都觉得，她们是应该被爱护的、听人讲些甜言蜜语的。通常，女人抱怨自己的丈夫忽略她们，不知道赞扬她们时，往往也吝于对丈夫赞赏示爱。然而，最能够体贴地表示出爱心的女人，在付出爱的同时，也从丈夫那里得到了需要的一切。

当然，能说会道并不一定是要多说，而是要会说、说得对。说话谁都会，但是能够说得有技巧，说出来不让人反感，才是真正的会说。会说话的人，能够准确地表达自己心中所想，并用恰当的词汇来修饰；会说话的人，能够把道理有条理地讲出来，不会让别人感到混乱；会说话的人，说起话来轻松自然，任何人都能够很快理解他的意思；会说话的人，能通过说话来表现自己，通过说话来增加别人对自己的好感。

总之，不论是热恋中的情人还是夫妻之间，爱情的表达并不是多余的，它可以将平淡的生活之海激起一朵朵五彩的浪花。但现实生活中却有许多女人忽略了这一点，结果感到婚后的日子平淡无奇，少了激情，更有甚者陷入情感危机。其实有时候，一句直抒爱意的“我爱你”，分别时候的一句“我想你”，对你来说可能只是举“口”之劳，可对对方来说却是倍感温馨。

## 开玩笑也要注意分寸

一个受人欢迎的人，别人夸奖他时往往说这个人会说话。可见，会说话不仅是一个人的优点，还是对一个人为人处世有方法不莽撞的褒奖。日常聊天中，会开玩笑的女人更受人欢迎，因为她们总是能适时调节气氛。的确，开个得体的玩笑，可以松弛神经，联络感情，活跃气氛。不过，开玩笑也要讲究分寸，如果玩笑开得太过，不仅达不到本来目的，还可能适得其反，伤害彼此的感情。

开玩笑本来是一种调解谈话气氛的良好方式，但如果使对方太难堪了，就并非开玩笑之道。你笑你的同学考试不及格，笑你的朋友怕老婆，笑你的亲戚做生意上了当而亏本，笑你的同伴在走路时跌了跤……这些都是需要同情的事件，你却拿来取笑，这不仅会使对方难以下台，还会让人感觉到你的冷酷。

同样，也不可拿别人生理上的缺陷来做你开玩笑的资料，如斜眼、麻面、跛足、驼背等，别人的不幸，你应该给予同情，而不是饭后的谈资。如果聊天的人中，有一位在生理上有缺陷，那么在谈话时，一定要避免易使人联想到缺陷方面去的玩笑话。

每个人都想掩饰自己的缺点，展现自己的优点，女人更是如此。女人应该是最了解女人的，何不在语言上多加修饰一番，在话没说出口之前稍微停顿一下，自己先咀嚼咀嚼，若是别人这样说你，你会有怎样的反应，设身处地地为别人着想，你会成为一个受人欢迎和尊敬的人。

因此，率直的女人们，可能有时候你脱口而出的一句玩笑话，虽然短短几个字，在别人听来却可能暗含他意，尤其是女性之间说话，更容易产生不明的误解。一方面因为女人本身就敏感多疑，另一方面话中有话是很多女人喜欢使用的把戏。

可见，在与朋友或同事聊天时适当开几句玩笑，虽然能增进彼此间的感情。但是，开玩笑也要注意一些问题：

1. 开玩笑要分层次

与关系亲密的人、关系一般的人、来往较少的人，开玩笑时都要分清层次。

2. 开玩笑要善意

不能为了愚弄别人而搞恶作剧，否则玩笑就会变成对对方的伤害，甚至使对方形成心理阴影。

3. 开玩笑要看对方的性格

如果对方是个事事较真的人，最好不要开玩笑。

4. 开玩笑要选择适当的时机

不要在对方忙得不可开交或心情抑郁时开过分的玩笑。

5. 开玩笑还要注意对方的职业

在医药行业，你在对方的抽屉里放一只假臂可能都不过分；但在法律行业，可能你在某人屁股底下放一个“吱吱”作响的坐垫，就已经是极限了。

掌握以上几个要点，能更好地帮助你拿捏好玩笑的分寸，以使交谈双方在玩笑中增加感情!

## 暗示语中的小玄机

相信每个女人在与人交往的过程中都会遇到一些难以直言的问题，例如，拒绝别人、指责对方等，此时，如果你不顾对方的感受和情绪，把自己的想法强加给别人，不仅起不到我们预想的效果，可能还会恶化彼此之间的关系。此时，你不妨尝试一下心理暗示，委婉地暗示对方，这样对方接受起来也轻松得多。

从前有个富翁，虽然很富有，但是吝啬到了极点。有一天，富翁正在吃饭的时候，正好有客人来访。于是他把客人留在客厅里，自己却偷偷地溜到里面去吃饭了。客人实在无法忍受他这副待客的嘴脸，便故意大声地说：“呀，可惜了，好好一座厅堂，许多梁柱却被蛀虫蛀坏了!”

主人在里面听到后慌忙跑出来，问道：“蛀虫在哪儿呢?我怎么看不见？”

客人两眼朝他身上打量一番，说道："它在里面吃，外面怎么会知道？"

这位客人的暗示语用得真是恰到好处，表面上说蛀虫，却暗指主人吝啬，主人心知肚明，却不好发作。这话里有话的说法，往往是说话者故意在言语中暗藏玄机，所强调的并不是表面上说的意思，而是另有所指。女人们若在生活中能将暗示语加以充分利用，一定会使生活变得更加和谐、美满，说不定还能在工作上帮到你。

含蓄的表达方式和暗示语，是我们生活中不可缺少的语言技巧。女人学会它，会使生活更加有趣，会使自己更有内涵，会使家庭更加美满，会使友情更加亲密，就像有些植物不喜欢太阳光直射，就要用遮光的东西挡一挡，对于不适合直言的场合，暗示一下，结果会更妙！

但委婉暗示，让对方接受，女人们必须得掌握几个基本功：

1. 会把握局势

首先是会听出对方的话中话，然后加以揣摩，这其中观察能力很重要。毕竟，交际场合中，很多人都喜欢用隐晦的语言，含沙射影地表示自己的弦外之音，即便是恶毒之意也不容易听出来。再者，你必须学会掌控交际局势，让对方接受你的暗示。

2. 要委婉含蓄地表达自己

同样的一句话，直言不讳与委婉表达起到的效果是不一样的。话说得有艺术感，才能让人心领神会，明白话中的锋芒。当然，委婉表达的前提是要让对方听得懂，而不能让对方听得云里雾里。

3. 尽量在善意的氛围中暗示

有些人虽然接受了你的委婉暗示，却是在逼不得已的情况下接受的，这种人一般会和我们"老死不相往来"，这不是社交的最终目的，为此，我们要懂得不伤感情的、在善意的氛围中暗示对方，让他既能接受，还感激我们"口下留情"。

总之，与人交往，当开口时而不能开口，我们就可以采用心理暗示的方法，委婉地表达我们的想法，这是女人必备的交际能力。

## 爱了就大胆说出口

任何一个女人都需要爱，人们常说，爱情是女人最好的化妆品，是生活最强大的动力来源。在现代社会，即使是那些外表强硬的“女强人”，她们也渴望获得一段童话般的爱情，也都希望找到一个疼爱自己、呵护自己的另一半：开心时陪她笑，不开心时逗她笑。想哭时让她哭，懂得安慰她并且给她一个宽厚的肩膀让她依靠。需要他的时候可以随时出现在她身边陪伴她……总之，女人对于爱情是没有免疫力的。

每个女人都希望获得爱情，但并不是每个女人都有勇气去追求爱情，敢于大胆地表达出来的女人更是少之又少。在爱情的世界里，很多女人都显得太过矜持，她们总希望男人主动发出爱的信号，总认为女人就应该站在原地，就应该让男人主动走过来告诉她“我爱你”。在她们看来，主动表达爱是一件很没面子的事，总认为一旦自己主动就失去了主动权，就在这一套没有任何事实依据的爱情理论下，很多女人左右观望、左等右盼，最终的结果是看着爱人离自己远去。事实上，在幸福面前，无论性别，我们每个人都应该大胆点、勇敢点，大胆地说出内心的感受，只有这样，才不会留下遗憾。

不错，一般情况下，在恋爱初期，大多都是男人主动发动求爱攻势，女人选择接受或者不接受爱。然而，并不是所有的男人都是大胆的，有些男人比女人更羞怯，也有一些男人是性格豪放但同时也是粗心的，他们根本不懂得与女人猜心思，你一味地矜持只会让他觉得你并未中意于他，最终他们很可能因为你的态度而放弃这段感情。因此，新时代的女人们，如果你想获得幸福，不妨放下老祖宗那一套女孩要矜持的理论吧，有爱就大胆说出口吧。

事实上，从人的内心角度看，人们都希望自己爱的人主动对自己表达，并认为只有这样，才能把握爱情中的主动权，而如果我们一味地坚持所谓的矜持，那么，只能白白让爱蹉跎，甚至离自己而去。总之，在爱情的世界里，无论男女，我们每一个人都要遵循自己内心的想法，对于自己爱的人，一定要大胆地告诉他：“我爱你！”

处于新时代的女人，早已走出了家庭，和男人一样享受着高等教育，和男人一样驰骋于职场，那么，在爱情观上，你为什么不可以改变一下呢？新时代的女性就要敢爱敢恨，属于你的爱情，就要勇敢地追求，当他日你与爱人一起偎依在夕阳下的时候，也许你会发现，正是你当初的那一脑子热血，才让你没有错失这份美好的爱情！



## 聪明女人会偶尔说点“醋话”

一直以来，关于“爱”需不需要表达的问题，人们都有自己的不同的答案，但人们都会证明自己和爱人爱得有多深，有些人会仿效某些模范夫妻，抓紧每个当众表现亲热的机会，来表示情人有多爱自己；也有些人选择反证，借刺激对方的醋意，来衡量爱的深度——对方越容易为自己吃醋，便表示对方越爱自己。后者这一方法被人们屡试不爽。

可见，聪明的女人们，你要想向对方表明爱意的话，可以说些暗示性的“醋话”。事实上，很多时候，在男女关系中，表达醋意的多半是男人，如很多男孩会对自己心爱的女孩说：“为什么你身边总是有一些怀有不良动机的人呢？我会替你赶走他们的。”作为女方，相信你一定能听出个中含义。而其实，如果你也能偶尔表达一下醋意，相信他一定能感受到来自你的爱，从而更爱你。



那么，生活中的女人们，在向爱人说醋话的时候，你该注意些什么呢？

1. 因人而异，注意“醋话”的度

曾经有人这样说：每个人都是一个独立的容器，容器的体积有别，容量自然不同。当一个茶杯碰上一个水杯，即使茶杯已倾尽所能，水杯还是觉得不够；相反，水杯却能轻易地将茶杯斟满，所以，只有两个体积相似的容器遇上，才能各得其所。也就是说，不是每一个人都愿意接受你的“醋话”的暗示，当然，这需要我们自己把握。

另外，正如每个人对酸性食物有不同的反应一样，有些人喜欢吃面时多加醋，只因想调起些味道，有些人加了一点就感到酸溜溜，只因是牙齿过敏。同一道理，相同的一件事，在别人身上能增添几分情趣，在对方的内心却可能是翻江倒海。

例如，如果你们之间的关系过于敏感，你过重的“醋话”，可能会导致对方自信不足，也可能让其成了惊弓之鸟……

2. 因时而异，别让对方会错意

也就是说，针对双方关系的深浅，对于这种“醋话”的暗示，也是有要求的。如果彼此关系不深，我们应该注意调节“个体空间”距离，不要说些“醋意”很浓的话，不然就会引起对方的反感，因为你毕竟是女孩子，弄不好会给人以轻浮之感。

聪明的女人们，如果你能掌握好利用“醋话”来暗示这一爱情策略的话，能给心爱的人吃一颗定心丸，这对于双方关系的促进是极有帮助的！

## 女人要说好感性的话

作家约翰·葛瑞曾在自己的书中将男人与女人分别比喻成火星人和金星人。他认为男人重视能力、效率和成就，主要透过他达成结果的能力来诠释自己的存在意义；而女人则重视爱、沟通、美与关系，并透过感觉和关系质量来诠释自己的存在意义，因此当火星人与金星人相爱，进而飞到地球共同生活时，某天赫然发现彼此像是说着不同的语言，双方难以沟通……

一般来说，男人多半是理性的，而女人是感性的。作为女人，如果在与爱人沟通的过程中，能发挥女人感性的优势，说一些温暖他心房的话，打动你的爱人，那么，还有什么问题不能沟通和解决的呢？事实上，生活中，懂得这点的女人又有多少呢？曾有调查表明，女性常倾向将心情上的不舒服表达、宣泄出来，希望能得到伴侣的安抚以及情绪上的抒发，但有时候表达方式不恰当，往往使得丈夫觉得妻子在无理取闹，希望对方能“讲道理”，双方期待有落差，自然就沦为各执己见的僵局。

由于性别差异，女性多半擅长口语表达，且较被允许发泄情绪；而男性较拙于言语，情绪上也较压抑，倾向于短时间解决问题，属于问题导向思考。因此，很多时候，女人在吵架的时候，多半不容易控制自己。但吵架要有建设性，不能只为逞口舌之快，因为最终目的是要达成双方共识，而不是拼个你死我活，假若一方赢了，却没达成共识，也不是最好的结果。因此，作为妻子的你，可以利用女人感性的优势，说一些动情的话语来打动他。具体来说，你可以从以下几个方面做起：

1. 注意沟通时机

如果你希望自己的话能对丈夫起作用，那么，明白自己或对方的状态是很重要的。例如，自己或对方是否处于压力危机中，情绪是否忍耐到几乎快爆炸，或是有喝醉、吸毒、身体不适、精神状态不佳等，如果遇有上述的情况，自然不是沟通的好时机，若硬要沟通，效果通常不会太好，甚至容易演变成一发不可收拾的激烈争吵。因此必须先观察自己和对方是否处在高压力或情绪激动的时候，若处在激动的状态下，通常无法冷静思考，当然也不利于双方沟通。

2. 理解对方的立场

要打动男人，就要理解他，例如，丈夫为什么总是想找朋友喝酒？为什么会喝到这么晚才回家？了解丈夫的立场和处境后，你可以用理解的口吻向对方表达："我知道，很多时候，你并不是为了喝酒而喝酒，是没办法拒绝朋友"，或是"下次碰到这样让你为难的处境，你也许可以打电话跟我讨论一下比较好"等。

3. 安抚自己与对方

夫妻吵架后，难免元气大伤，因此，作为妻子的你若能记得安抚自己与对方，借由短信或语言等具体方式，向对方表达自己能够有对方陪伴的感谢与开心，并且记住每次有效沟通的成果，在下次关系冲突时，提醒自己曾有过很好的互动质量。

# 妙语连珠化解各种尴尬

现实生活中，有这样一些女人，她们能言善辩，无论在何种场合下，只要有她们在，即使出现再尴尬的场景，她们都能轻松化解，这就是打圆场。其实，打圆场也是一门学问，有些会打圆场的人，几句话就将剑拔弩张的紧张气氛说缓和了，双方之间也会握手言和；不会打圆场的人，只会让事情越变越糟，甚至使双方之间的矛盾因为打圆场者的参与而变得更加不可调和。女人应该仔细研修这方面的学问，会打圆场，朋友才会更多，邻里之间才会更加的协调，同事之间才会更加的太平，和上司之间的关系才会更加默契，也才能因此而得到上司的赏识和提拔。

人们之间在交流沟通的时候很容易因为言语的不和，而发生一些意想不到的摩擦，这时如果双方一再固执己见，就很容易陷入尴尬的境地，这种时候，出现一个打圆场的人，双方之间的尴尬可能就会消除。女人在打圆场的时候，应该切记要不偏不倚，不能明显地袒护其中的一方，不然会激化双方之间的矛盾，打圆场就应该是站在双方立场的中间，说一些不伤害任何一方的话，只有将话说到双方的心坎上，双方才会接受，才会平心静气地坐下来重新商议双方之间遇到的问题。

善于打圆场的女人应变能力特别强，她们能在第一时间想出应对矛盾的良药，想到最好的不伤害任何一方的话，将双方的气都消下来，心都静下来，然后就是你好我好大家好的和谐场面。

当然，学会“打圆场”，女人需要做到以下几点：

1. 揣摩对方的心思，了解对方的意图

很多时候，即使对方需要帮助，但不会直白地表达出来，需要你细心揣摩。原因有很多，最普遍的情况是，碍于面子，不便随意表态，但倾向性意见不难猜测，这时你应该细心揣摩，而不能强迫对方明确表态。

2. 审时度势，适时打圆场

无论是什么场合，你都要学会见机行事，当对方陷入尴尬境地需要有人圆场时，切不可置之不理。

3. 给他人打圆场，也一定要保住对方面子

面子对中国人的重要性我们早已毋庸置疑，给他人打圆场，也就是为了此目的，切不可本末倒置。

一个会处理尴尬情况的女人，人们总会非常信赖她，也愿意听她的调解，生活中的女人们，不妨把这一点列为自己口才训练的重要一课吧。这样，你不仅在生活上可以为家庭、为朋友、为邻居们打圆场，在职场上也可以为上司、为同事、为客户打圆场。

## 女人巧妙把拒绝说出口

在我们的身边，总会有一些好朋友，他们会遇到一些自己难以办到的事，自然要求旁人点什么，如果我们能办到的话应尽最大的努力去办，假若朋友提出的某些要求太过分，不是我们个人力所能及的，这就出现了如何拒绝他人的问题。

一般来说，和男性比起来，女人的心更柔软，她们多半是不善于拒绝他人的。当然，也有一些女人认为，既然是拒绝，有什么难的，直接说“不”即可。其实不然，如果你全凭自己的兴致，不顾他人面子直接开口拒绝，那么，对方可能会因为失了尊严而与我们绝交，那么，就得不偿失了。

生活中的女人们，你是否曾经有这样的体验，你似乎总是不愿意拒绝那些对我们示弱的人的请求，因为他们让你感到弱小，从而激发起自己内心的同情和保护的欲望，这也是人们的普遍心理。而事后，你又发现，你根本无能为力，这也是很多人惹火上身的原因。实际上，反过来，你也可以充分发挥自己性别的优势——适当示弱，例如，你可以这样拒绝：“你想想，我怎么能去做这么大的事？你让我出洋相啊。”这样说，相信对方一定会“收回成命”，另寻他法。

那么，我们在与朋友交往的时候，怎样才能不伤感情地回绝朋友的请求呢？

当然，对于拒绝也不能一概而论，要具体问题具体分析。一般情况下的拒绝应分为几种情形：

一种是直截了当地拒绝。这种拒绝方式一般是因为被求者是个果断、不拖泥带水的人，办事风格也是风风火火的。

还有一种是委婉地拒绝。这种方式是被求者碍于面子，考虑到直接回绝朋友会伤及自己的面子和别人的自尊，于是，先绕个弯子，委婉地地拒绝，也可能采取其他方式逃避别人的要求，是一种迂回的拒绝方式。

除了以上两种方法外，适当的时候，你还可以用充足的理由和诚恳的态度直接拒绝别人。在拒绝别人时，有充足的理由是必不可少的，只要你的理由充分，语言诚恳，对方一般都不会再对你的拒绝进行反驳。

你还可以采取以下方法补救：

①谢绝法：对不起，我真的不能接受，不过还是谢谢你。

②婉拒法：我还没有想好，请给我一点时间，让我好好想想。

③回避法：哦，这样啊。对了，你的另一件事怎样了……

④幽默法：我很乐意帮你，但你看，我今天实在有事，只好当逃兵了。

⑤无言法：如果你想拒绝某人，却又不好意思，完全可以通过一些手势、动作来暗示。如摆手、摇头、耸肩、皱眉、转身等。

⑥严词拒绝法：这可不行，我已经想好了，你不用再费口舌了！

⑦补偿法：真对不起，这事我真无能为力，这件事我实在爱莫能助了，不过，以后你有其他事情可以找我，我会尽量帮你的！

⑧借力法：你问问他，他可以作证，我可干不了这种事！

总之，你需要记住的是，在与朋友的交往中，学会拒绝是我们必备的技能，让朋友了解我们的难处和爱莫能助，在不伤及友情的情况下拒绝，这是最高境界的拒绝。

## 幽默，女人千金难买的法宝

对于幽默，有位伟人曾这样评价：“幽默是一种优美的、健康的品质。”幽默不仅是男人的专利，也是女人的武器。一个幽默的女人，通常都有着乐观豁达的性格、宽广博大的胸怀、随机应变的才智和宽容旷达的人格。幽默的女人无论面对困境还是成功，都能出语诙谐，创造出轻松和谐的氛围，处世灵活，使人愿意与之交往。

幽默能使紧锁的眉头舒展，幽默能令剑拔弩张的敌意化为友好，幽默还可以令生活更加富有乐趣。人们说："笑是两人间最短的距离。"所以，聪明的女人要善于用幽默来化解尴尬、消除窘境、释解冷漠、达成和谐。懂得幽默的女人有着丰富而睿智的内心世界，这令她散发出迷人的魅力磁场，令人不由自主地被她吸引、向她靠近。

在卡特竞选美国总统时，一位记者前来采访他的母亲。虽然卡特的母亲并不想过多地卷入政治，但她还是很有礼貌地接受了记者的采访。

在采访中，记者问了一个比较犀利的问题："您儿子对选民们说，他从来都没有撒过谎，否则的话，人们就可以不选他做总统。您是他的母亲，请问您是否可以坦诚地告诉人们：卡特是否真的从来没有撒过谎？"

这位母亲很诚实地回答："他说过，但那些都是善意的谎言。"

自认为抓到把柄的记者立刻追问："什么是善意的谎言？您能举个例子吗？"

"可以。"卡特的母亲微笑着说，"比如，刚刚您进门的时候，我说：'见到你很高兴。'这就是善意的谎言。"

记者一听，便灰溜溜地离开了。

卡特母亲的回答充满了幽默的力量，闪耀着智慧的光芒，让人不由得折服于她的灵活机智与随机应变。但幽默并不是口头上的功夫，单纯地卖弄嘴皮有时反而会显得浅薄。幽默是一种真正的生活智慧，只有善良、宽容、豁达的女人才拥有的宝贵的精神力量。它是一种乐观、积极、永不言弃的人生态度，它是上天赐予女人的珍贵法宝。

有人说，一个没有幽默感的女人，就如同鲜花没有香味，只有形而无神。而幽默的女人尽管可能并不漂亮，但是她风趣诙谐的语言、嬉笑怒骂的俏皮，都令她活色生香，充满迷人的魅力。这样的女人走到哪里都是招人喜欢的，因为和她在一起，既可以品味生活的趣味，也可以体验人生的智慧；这样的女人，无论处在什么样的境地，都充满了韵味与情趣，因为她会笑着体会生活、轻松解决一切难题，最终收获快乐、幸福与成功！

## 倾诉，只是一种放松的手段

女人爱唠叨，这或许已经成为许多人的共识。其实倾诉本身并不是一件坏事，因为心理学家证实，适当的倾诉有助于排解压力、释放情绪，维持健康的心理状态。但是假如倾诉变成了唠叨，女人就会越说越想说，最后连自己都无法控制。这种莫名其妙的倾诉饥渴症不但会使自己陷入一种恶性循环，失去基本的情绪自我调节能力，而且会严重地影响自己的生活、事业和人际关系，成为人见人恶的“话痨”。

林阿姨最近不知为什么，特别爱唠叨。

她常常在孩子面前唠叨：“怎么成绩又退步啦？你看看人家老李家的孩子，到美国读大学了，你呢？难道你长大后打算做啃老族吗？”孩子捂住了耳朵、撅起了嘴巴，把自己关在房间里，不再理睬她。

她在丈夫面前唠叨：“跟你说了多少次了？换下来的臭袜子要放在角落里，别放在浴缸上。总是这副德行，怪不得在单位也总是升不上去，一辈子就只能做个小科员。”唠叨得多了，丈夫便开始发怒，要么和林阿姨大吵一架，要么就索性借故不回家。

林阿姨还在朋友面前唠叨：“你看我这包，那可是限量版的。听说跟范冰冰的一模一样！这包可贵啦！但有钱你还不一定能买到，那还得托关系。你知道我找了多少人才买到的吗……”朋友冷冷地回答：“知道啦！你说了一千遍都不止了。”下次再见面，朋友不是三言两语借故有事离开，便是索性一言不发，任由她自说自话，最后弄得林阿姨十分没趣。

在单位里，林阿姨还是唠叨：不是今天说这个的坏话，就是明天说那个的绯闻，有好几次坏话传到当事人耳朵里，害得人家差点跟她翻脸。

渐渐地，几乎所有的人见到林阿姨都绕道而走，林阿姨不知不觉成了孤家寡人。

从林阿姨的身上，我们可以看出“话痨”的危害：孩子反感，教育非但无法达到应有的效果，甚至还会激起孩子的逆反心理；丈夫反感，婚姻的幸福与甜蜜会在无休止的唠叨中消失殆尽；朋友反感，取得一点成绩就沾沾自喜或者不断炫耀，不会令别人羡慕或敬佩，相反只会令他人更加看不起你；同事反感，没有人喜欢长舌妇，况且“祸从口出”，这会令自己卷入是非圈中，到头来后悔莫及。

所以，作为女人务必记住：倾诉只是一种放松的手段，假如话题整日围绕着令你或者他人不开心的事，那么你就很可能会变成一个令人讨厌的“话痨”。这样的女人，人们往往唯恐避之而不及，又怎会谈得上喜欢或者亲近呢。

# 下篇 修炼女人外在气质的闪光点

# 第15章 得体着装，凸显自己，穿出你的气质

人们常说，人靠衣裳马靠鞍。对于女人而言，这个道理尤为贴切。如今，服饰潮流的发展越来越丰富，各种款式和质地的衣服也层出不穷。假如能够找到最适合自己身材和气质的衣服，那么，女人就能够成功地掩饰自己身材上的不尽如人意之处，而突出自己的优点，使自己显得更加夺目。

## 真正的优雅，未必用昂贵的服饰装点

在生活中，很多女人总是以没有金钱支撑自己买昂贵的服饰和化妆品为由，理所应当地粗糙着，甚至还有些女人整日素面朝天，言行粗鄙。殊不知，真正的优雅，未必需要昂贵的服饰和化妆品来撑门面，因为真正的优雅是发自内心的，渗透在我们的一言一行之间，根本不需要大量金钱来支撑。

一个真正优雅的女人，内心深处坚守着自己的原则，从来不会随波逐流，更不会妄自菲薄。不管生活处于顺境还是逆境，她们总是能够淡定从容，即使粗衣淡饭，她们也能把生活过得有滋有味。

林倩是一个相貌平平的女人，也没有昂贵的服饰来装扮自己。不过，她却是一个非常受欢迎的女人，因为她是一个地地道道的“魔法师”，她总是能够用那些平凡而又普通的服饰把自己打扮得很有意味。

当其他女人都在追求昂贵的黄金珠宝时，家境普通的林倩开始用那些

精心淘来的装饰品来装点自己那些并不高档的服装。例如，林倩有一件长裙，是那种普通的棉布的，论质地，根本无法与那些昂贵的真丝、雪纺等材料相比，不过，林倩却用一条充满罗马风情的骨头项链和一件长长的亚麻背心来配这件长裙，再加上一双充满随意感觉的沙滩凉鞋，使她突然间变成了海边的度假女郎，给整个办公室带来了一股清新的海风。再如，有一段时间，单位要求所有后勤人员也必须穿职业套装，很多平日里时髦的女职员对此都颇有微词，因为这样一来，她们就无法展现自己的优雅了。然而，林倩第一天穿职业套装就给了人眼前一亮的感觉，原来，她在颈上系上了一条真丝质地的小纱巾，突然间就点亮了那身颜色较深、款式中规中矩的职业套装。后来，办公室里那些原来自视为时尚标杆的女职员们纷纷效仿林倩，或者用丝巾来装点自己，或者用一双别致的鞋子来装饰自己，总之，大家都挖空心思地展现细节之处的优雅。这样不仅省钱，还能够给人耳目一新的感觉。

不得不说，林倩的优雅是真正的发自内心的优雅。首先，她是自信的，所以，她才能够在其他女人大秀自己的昂贵服装与珠宝的时候保持一份淡然。要知道，这份淡定与自信恰恰是女人最可贵的优雅。其次，她是一个很有心的女人，所以，她才能够以普通的饰品和服装把自己装扮出别致的韵味。最后，我们不能不说，林倩的优雅是发自内心的，不会因为外界人和事的变动而浮躁，或者迷失自我。

在生活中，优雅的人总是使人愿意与之亲近。很多时候，优雅不仅仅是指外在的表象，还指一个人由内而外散发出的独特魅力。优雅，往往能够使一个人充满魅力，即便是再普通的人，也能够因为优雅而赢得别人的尊重和喜爱。

## 了解色彩，你的人生更灿烂

所谓色彩，最原始的含义就是颜色。作为商品最显而易见的外貌特征，色彩是最先能够引起消费者关注的商品的构成成分。很多时候，色彩能够表达人们的信念、期望和对未来生活的无限憧憬。因此，我们说，“色彩就是个性”“色彩就是思想”。

在对商品进行包装设计的过程中，色彩是作为一种设计语言出现的，从某种意义上来说，色彩可以说是包装的“包装”。那么，对于服饰而言，色彩更是毋庸置疑的重头戏。尤其是对于感性直观的女人而言，更容易被色彩吸引。很多时候，在认真品鉴服饰的质地和款式之前，我们首先注意到的是服饰强烈的色彩。因此，对于女人而言，服饰的色彩也就构成了她们衣橱的色彩，并且会在很大程度上决定她们是否选择拥有一件衣服。也可以说，服饰的色彩就是女人人生的色彩。甚至在很多时候，服饰的色彩也代表了女人们的心情晴雨表。因此说，作为女人，应该了解色彩，因为只有了解色彩，女人的人生才能更加灿烂，更加绚丽。

小丽是一个内向的女孩子，她总是沉默寡言、文文静静的。在办公室里，她做的是文员的工作，因为内向的性格，再加上她总是默默无言地埋头处理文件，所以，她几乎成了办公室里的“隐形人”。眼看着已经工作整整六年了，她还是一个小小的文员。为此，她很苦恼。在与一个画家朋友交往之后，小丽突然间恍然大悟。画家朋友建议小丽穿一些颜色鲜艳的衣服，改变自己的性格。穿衣服也能改变性格，小丽刚开始还是很怀疑的。小丽一直喜欢穿素色的衣服，不是灰色的，就是黑色的，要不就是铁青色的。在画家朋友的建议下，小丽有一天穿了一件鹅黄色的上衣去单位。大家看到小丽，都微笑着和她打招呼，说她给办公室带来了春天的感觉。而小丽自己居然也觉得自己的心情比起穿黑色衣服来，无形中乐观了很多。这一整天，小丽都像过大年一样高兴，和同事说话也是面带微笑，甚至连平日里的轻声细语都变成了爽朗的“高声大语”。刚刚下班，小丽就赶紧给朋友打电话表示感谢，朋友说：“人的第一感觉就是视觉，而色彩恰恰给了人最强烈的视觉冲击。所以，你穿衣服的时候不能仅仅因为自己的喜好，因为穿衣服就是给自己和别人看的。你皮肤白皙，以后完全可以穿一些鲜艳颜色的衣服，这样不仅别人会注意到你，你自己的性格也会渐渐变得乐观爽朗起来的。”

果然，小丽之后经常请教朋友色彩搭配，渐渐地，她衣橱里那些深色系的衣服被鲜艳的颜色所取代了。当然，她也并非盲目地穿鲜艳颜色的衣服，而是根据自己的身材、皮肤等特点，有针对性地选择适合自己的衣服，这些衣服给她的生活带来了很大的改变。

在生活中，色彩与人的性格和心理的确有着一定的关系。对于那些性格内向沉稳的人而言，他们通常偏向于深色系，而对于性格乐观开朗的人而言，他们在为自己选择服装的时候也总是不由自主地倾向于那些鲜亮的、能够带来视觉冲击力的服装。例如，红色代表热情、奔放，蓝色代表冷静、理智，而绿色则代表充满生机、和平安详，黑色、灰色则代表沉稳、内敛。因此，在选择服饰的时候，除了考虑自己的喜好和自身的条件之外，我们还应该充分考虑到场合的需要以及给自己的心情和他人带来的不同感觉。

很多时候，要想改变自己的心情，我们完全可以改变自己的穿衣风格，尤其是所选择服饰的色彩。事例中，小丽就是通过改变自己的服装色系，潜移默化地改变了自己的心情和性格，同时也使自己由默默无闻的“隐形人”变成了同事们所关注与喜爱的人。

## 职业装，给职场添彩，使约会败兴

随着社会的发展，随着女性走上社会承担起“半边天”的社会角色，越来越多的女性与职业装结下了不解之缘。

很多时候，职业装能够使原本柔弱的女性承担起在职场中与男人平分秋色的角色，也使女性看起来更加精明干练，甚至能够在重要场合使女性得到更多的机会。然而，即便如此，职业装也并非适合于任何场合的。虽然职业装使职业女性变得更加强干，但是，职业装却无形中削弱了女性的温柔色彩，使女人看起来显得冷冰冰的，因此，职业装并不适合于约会的场合。

朱莉是一家世界五百强企业的中层管理人员，事业上风生水起，无愧于女强人的角色。然而，朱莉已经35岁了，却始终名花无主，她的父母非常着急。为此，她的父母发动了家里所有的亲戚朋友给朱莉介绍男朋友。正所谓人多力量大，家里的亲戚朋友的确给朱莉介绍了好几个各方面条件都和朱莉相当的男士，然而，一经约会，这些男人就全都“逃”得无影无踪了。这是为什么呢？大家都百思不得其解，朱莉自己也不知道原因。

一天，朱莉下班后急急忙忙地要走，她的好朋友赵岩叫住她，问：“朱莉，你火急火燎地要去干吗呀？”朱莉不好意思地笑了笑，说：“我小姨给我安排了一次相亲，没办法，我爸妈急得不行了，我必须去！”赵岩张大了嘴巴半天合不拢：“你就这样去相亲？”“是啊，下了班我就直接过去了，这样节省时间！”朱莉不以为然地说。赵岩哈哈大笑起来，问：“你这样去相亲，还不把人吓跑啊！你看看你，一身干练的职业装，就连发型和脸上化的妆也是职业性的。虽然男人都希望女人能干一些，能为自己分担，但是没有一个男人愿意娶一个只知道工作的女强人。”说着，赵岩拉着朱莉去了最近的商场，以最快的速度买了一件充满女人味的连衣裙，并且还拉着朱莉去一家美容院换了个发型，化了个柔美的妆容。次日，朱莉一见赵岩，就赶紧说：“赵岩，你可是我的红娘啊，在你的打扮下，昨天的约会对象当场就向我要了联系方式，并且还约我今晚去看电影呢！看来，职业装真是不适合约会啊！”

不管朱莉最终的结果如何，但她已经突破了限制自己的瓶颈，这一切都要归功于她的好友赵岩给她的建议。作为现代女性，有相当一部分女性都在职场上承担着重要的角色，但也有越来越多的女性走入了大龄剩女的行列。在积极寻找人生另一半的同时，我们一定要摆正工作和生活的关系，千万不要把工作和生活混为一谈。

## 选择适合自己的衣服

如今，各种颜色、质地、款式的衣服真是太多太多了，使爱美的女人在挑选之余不由得挑花了眼。不仅商场中各种衣服琳琅满目，近些年来异常火爆的网上商城更是给了女人更多足不出户的选择。很多女人在挑选衣服的时候只选择自己看着好看的，认为那些看起来好看的衣服穿在身上也必然很好看，殊不知，看着好看的衣服穿起来未必好看；有的女人，在挑选衣服的时候只买贵的不选对的，她们盲目地认为最贵的就是最好的，殊不知，衣服的贵贱和穿起来好看与否之间并没有必然的联系。有的女人，明明知道那件衣服并非适合自己的身材、肤色，但是就因为好看，所以就非要买，殊不知，并非只有人挑衣服，衣服很多时候也是挑人的。所以说，我们在选择衣服的时候一定要选择那些最适合自己的衣服，而有些衣服，即使再好看再华贵，也只能欣赏一下。

其实，要想选择出最适合自己的衣服，是要受到很多因素的限制的。首先，我们要选择最适合自己年龄的衣服。毋庸置疑，那些年轻小姑娘的衣服是最好看最抢眼的，但是，它们只适合那些穿什么都好看的年轻小姑娘。每个人穿衣服都要符合自己的年龄，年纪大的人穿年轻人的衣服，难免会使人产生轻浮之感；反之，年轻人穿年纪大的人的衣服，又难免给人老气横秋之感。只有适合自己年龄的衣服，才能给人留下最适合我们年龄的印象。其次，穿衣服要选择适合自己身材的款式，并选择最适合自己肤色的颜色。俗话说，人靠衣裳马靠鞍，如果选择衣服不当，我们的肤色看起来就不会那么好看。而衣服的款式也是很重要的，一件款式合宜的衣服，能够适当地突出你的优点，掩饰你的缺点。最后，穿衣服还要符合我们的身份，并且要根据不同的场合选择相应的衣服。假如你是公司总裁，为全体高层管理人员开会，那么，即使你很年轻，你也要考虑到身份和场合的需要选择一套高档的职业装。当然，在参加朋友的婚礼派对时，一身华贵而又俏皮的礼服应该是更好的选择，但要注意给新娘留足风头。以上这些只是选择衣服时需要注意的一些方面，我们还应该根据自身的特点进行更加适当的选择。切记，有些衣服，即使很喜欢，但并不适合你，那也只能远远地欣赏。

张晴今年23岁了，身材比较丰腴，因此，穿衣服的时候必须选择宽大版型的。其实，作为一个正值花季的年轻女性，张晴内心深处也很羡慕那些有着好身材的女孩子，因为她们在炎热的夏季可以穿着清新的吊带和牛仔短裤，显得那么充满活力。有一次，张晴实在按捺不住自己内心深处蠢蠢欲动的欲望，也穿了一件吊带。然而，刚刚进入拥挤的地铁，张晴就听到有人低声说：“哎哟，真是没有自知之明，满身的肥肉还穿吊带。”张晴很委屈，眼睛里充满了泪水。从此以后，她再也不穿吊带了，而是穿着那些能够遮挡肉肉的宽大衣服。

虽然我们穿衣服可以凭借自己的喜好，爱穿什么就穿什么，但是，我们毕竟是一个社会的人，不管我们身处何处，都要接受别人的评价。其实，有些衣服欣赏一下就好，毕竟，每个人的身材、肤色、气质都是不一样的，我们无需羡慕别人，而应该努力找到最适合自己的衣服。

## 时尚，使你保持鲜活和灵动

随着社会的发展，随着与国际接轨的程度越来越高，越来越多的人把“时尚”挂在了嘴边。那么，什么是时尚呢？顾名思义，时尚就是人们对某件事物一时的崇尚，这就注定了时尚始终处于不停的变化之中，始终是鲜活和灵动的。如今，不管是大都市的红男绿女，还是小城市的男男女女，追求时尚似乎已经蔚然成风。其实，对于时尚，每个女人的理解都是不同的。有的女人认为时尚就是简单朴素，这种人往往素面朝天，穿起衣服来也不修边幅；有的女人认为时尚就是奢华，必须由华贵的服装和昂贵的首饰堆积起来，这种人往往穿着国际名牌，挎着名包；还有的女人认为时尚就是特立独行、与众不同，因此她们总是处处猎奇，穿起衣服来不把人吓一跳不罢休；也有女人以明星为标杆，明星穿什么名牌，她们就赶紧去买廉价的仿制品穿上，却不问问自己有没有明星的气场。其实，时尚就是自我。时尚要求我们既不能墨守成规、一成不变，也要求我们在追求潮流的同时保持自我，而不要盲目地跟随潮流。因为潮流是一时一变的，如果盲目地追随潮流，那么我们就会迷失在潮流之中。

大凡时尚的女人，在敏锐捕捉潮流气息的同时，总是有着自己独特的风格和气质。她们不会因为明星穿什么而穿什么，更不会因为巴黎的走秀上展示了什么而穿什么。她们尊重自己的性格和特质，在追求潮流的同时始终坚守着自己的穿衣原则。

最近，公司里的女职员们蜂拥地穿起了雪纺，因为雪纺是近年来的流行元素。只有一个人显得与众不同，她就是娜娜。娜娜身材婀娜，如果按照身材来说，她无疑是最有资格穿雪纺的，但即使除了自己以外所有的女人都穿起了雪纺，娜娜依然坚持不穿雪纺。看着满目都是雪纺碎花连衣裙，娜娜的民族风真的能够给人以强烈的震撼力。娜娜走民族路线，这使她不管在什么时候都显得与众不同。娜娜喜欢穿一件宽大的刺绣上衣，下身穿一条亚麻的阔腿裤，再配以一双细高跟的鞋子和满头飘逸的乌黑长发。甚至有男职员说："难怪大家都穿雪纺，有娜娜在，谁还敢玩民族风？"就这样，几乎整栋大楼的人都认识了娜娜，甚至娜娜还因此而得到了一个晋升的机会。原来，公司老总来视察的时候，建议成立一个策划部，因为对娜娜印象深刻，他在会议上建议总经理说："我记得咱们公司有一位非常有个性的员工，就是那个总是穿着民族风格、身材高挑的女孩子，我觉得她很有才气和创意，你不妨考察一下她，如果合适，可以让她负责策划部门的工作。"

从娜娜身上，我们不难看出，所谓时尚，就是坚持自我。其实，穿衣服的最高境界就是用服饰体现自己的内涵，这样的穿衣风格才是最成功的。在与人相处的时候，我们总是不喜欢和那些人云亦云的人打交道，穿衣之道也是如此。流行并非时尚，时尚的灵魂是坚守。





## 逛高档商场，学习搭配技巧

女人最喜欢做的事情是什么？大多数男人最讨厌做的事情是什么？提起这两个问题，相信大多数人都知道答案，那就是——逛商场。是的，几乎所有的女人都热衷于逛商场，如果有充足的钱把自己所看中的所有衣服都买下来，那就更好了。几乎所有的男人都讨厌逛商场，腿脚受累不说，如果被女人把卡刷爆了，那就更惨了。

其实，逛高档商场，对于女人而言，还有一个更加两全其美的方法，那就是不花钱。也许你会问，不花钱逛什么商场呢？实际上，不花钱逛商场的好处多着呢！其一，可以省钱；其二，可以免费感受时尚的熏染；其三，对于夫妻关系有好处，可以安慰男人那颗受伤的心。购物经验丰富的女人都知道，商场中服装的价格，一部分是服装本身的价格，另外一部分则是高档商场中各种各样的费用成本，因此，去商场买衣服，一则是买衣服，另一则是买服务，买商场的购物环境。既然咱们的钱包不支持，咱们当然也就没有必要为购物环境买单了。毋庸置疑，高档商场还是有很多好处的，那里面有很多大牌服装，往往代表着当前的潮流，使我们更加真切地感受到服装美。所以，虽然不花钱，我们还是可以去免费学习的。

在服装搭配方面，李姐无疑是单位里最有发言权的人了。大家都很纳闷，为什么李姐穿衣服总是比大家上一个层次呢？难道李姐有高人指点？昨天，李姐又穿了一身搭配绝佳的衣服来上班，办公室里的姐妹们忍不住问："李姐，你怎么这么会搭配啊，这身衣服简直太好看了，就像电视上走秀的模特穿的一样！""李姐，你有什么高明的搭配技巧也别瞒着我们呀，和大家分享分享，让大家都美丽起来！"见此情形，李姐微微一笑，说："我有免费的学校啊，而且这个学校环境幽雅，冷气充足。"

原来，李姐说的免费学校就是高档商场。每当周末的时候，李姐就会去逛高档商场。那里面，展示着很多大品牌最新款式的服装，最重要的，那里的导购各个对服装穿着都深有研究，因此，李姐不但可以从模特身上得到灵感，还可以得到导购热情耐心的指导呢！不过，高档商场的服装很贵，李姐几乎很少买。去外面又买不到相同款式的服装，那怎么办呢？李姐有办法，她要么买相似的服装搭配起来穿，要么去网上商城买品牌打折的服装，只要搭配类似，效果就是差不多的。得到了李姐的秘传，办公室里的姐妹们也开始美丽起来了！

服装并非是不可取代的，很多时候，类似款式的服装很多，我们完全可以去高档商场学习完，然后再为自己选择最适合的衣服。为了买高档服装而使自己"倾家荡产"，这可不是聪明女人的所为，只有李姐这种做法，才是聪明女人最应该学习的！

# 内衣，女人不容忽视的细节

很多时候，大多数女人愿意花很多钱去买昂贵的衣服和饰品，为自己的美丽添砖加瓦，但是，她们却往往忽视了内衣。在衣着装饰中，内衣实在是一个不容忽视的细节。有时，即使我们把自己打扮得花枝招展，或者气质华贵，但是，却有可能因为内衣这个细节而使你的美丽大打折扣。

随着时尚潮流的发展，内衣也开始走上时尚的舞台，由以前默默无闻的角色开始崭露头角，成为女人时尚服饰中不可或缺的角色。所谓内衣，也由以前的胸罩、短裤，发展出了更多的形式，例如，现在有背心、汗衫，冬天还有了形式多样的保暖内衣等。这就要求我们在关注外在形象的同时，也要更加关注内衣的搭配与选择。现在，形式多样的内衣节也开始流行起来，这说明广大的女性朋友们越来越重视内衣在服饰搭配中扮演的角色。而且，如今内衣的功能也越来越多，如塑形内衣、保健内衣，这给了我们更多的选择，同时也满足了我们更多的需求。总而言之，在进行整体搭配的同时，我们一定要重视内衣这个细节，只有这样，我们的着装才会更加完美。

当公司年终要举行年会的时候，小昭比大多数老员工都更加亢奋。小昭不惜花费重金为自己买了一件价格昂贵的礼服和一双精致的高跟鞋，就是为了使自己能够在年会上大放光彩。让小昭意想不到的是，年会上，这身精心搭配的服装非但没有给她添光彩，反而因为她疏忽的搭配而让她遭遇了尴尬。

原来，小昭为自己选择了一件贴身的礼服，以便展示她优美的体态。但是，因为小昭忘记给自己选择一条无痕短裤，所以，在观看年会现场直播的大屏幕的时候，小昭羞愧地发现，自己的紧身短裤居然给她的礼服上留下了难堪的勒进肉里的痕迹。见此情形，小昭的脸瞬间就红了。原本是一次完美的展现，现在却因为一点小小的疏忽而尴尬不堪。

因为忽视了内衣，小昭的完美亮相有了很大的破绽。对于一个经常身穿礼服出席各种场合的女人而言，一件能够勾勒出美好身材的胸衣，和一条贴身无痕的内裤，无疑是必备的。尤其是对于贴身礼服而言，作为细节的内衣就显得更加重要了。

内衣，随着服饰潮流的发展，在我们的生活中扮演着越来越重要的角色。例如，现在的胸衣有丰乳的、有运动型的、有修身型的等；内裤，有紧身的、有无痕的、有束腹的等。在选择内衣的时候，除了要根据自己的身材进行选择以外，还要考虑到内衣的不同功能，更要根据自己在不同场合服饰搭配的需要来选择内衣。记住，不管什么时候，内衣都是不容忽视的细节。



## 高跟鞋，未必人人都适合穿

所谓高跟鞋，指的是鞋跟特别高的鞋。穿着高跟鞋的人，脚跟明显比脚趾高，因此，身形也就显得更加挺拔。再加上穿着高跟鞋能使人重心后移，所以，穿高跟鞋的女人往往步幅减小，腿部挺直，并且，她们的臀部还会不由自主地收缩，胸部也会显得比较往前挺，这样一来，就无形中给女人增添了无限的风韵，她们的站姿、走姿都摇曳有致，袅娜多姿。正是因为高跟鞋有如此神奇的魔力，所以，自高跟鞋诞生以来，无数的女人为之痴狂，为之着迷。

虽然高跟鞋有着如此多的好处，却未必适合每一个女人穿。首先，在给女人带来美的同时，高跟鞋也给女人的足部带来了更大的压力，对于生理方面没有完全成熟的女性，是不适合过早地穿高跟鞋的。其次，对于平足的女人，也不适合穿高跟鞋，否则，她们的足心位置就会受到太大的压力，进而引发疾病。最后，除了生理方面的原因之外，女人不适合穿高跟鞋的原因还有很多种，例如，男朋友的身高不足以搭配自己穿高跟鞋，工作性质不支持自己穿高跟鞋等。正是因为这些原因，使很多女人舍弃了心爱的高跟鞋，而穿起更加适合的平底鞋等。



其实，人们常说的一句话是，鞋子合不合脚，只有自己知道。要想穿着最舒适的鞋子，我们就不能仅仅从美观的角度出发，还要根据自己的脚型去选择。要知道，美丽首先要在自然健康的基础上，而不是建立在畸形的基础上的。很多女人为了穿高跟鞋，把自己的脚都磨破了，走起路来一扭一拐的，这样还有什么美感可言呢。还有的女人，明知道自己不适合穿高跟鞋，而非要穿高跟鞋，这样，鞋子就失去了实用功能。

小娜天生就是平足，走路多了，脚心就会很疼。因此，在整个大学期间，即使大多数女同学都穿起时髦的高跟鞋，小娜也依然坚持穿着朴素的平底鞋。有的时候，看着女同学们抱着脚喊疼，小娜就会庆幸自己一直穿平底鞋。然而，参加工作以后，爱美的需要明显加强了，看着摇曳多姿的女同事们，小娜不由得开始对高跟鞋心动起来。

一次，小娜也为自己选择了一双高跟鞋，并且搭配了一条雪纺连衣裙。看着镜子里摇曳多姿的自己，小娜第一次感觉到平底鞋永远也无法达到高跟鞋的美丽。第二天，她美滋滋地穿着高跟鞋去上班了，看惯了小娜穿平底鞋和运动服饰的同事们不由得感叹穿起高跟鞋和连衣裙的小娜是如此美丽。只是，小娜的心里却在龇牙咧嘴，因为她的脚真的很疼。下班之后，看着同事们都离开了自己的视线，小娜恨不得把高跟鞋脱掉扔了，她甚至不得不在路边买了双拖鞋穿着回了家。

从此之后，虽然小娜依然对高跟鞋情有独钟，但是她却不会再盲目地穿高跟鞋了。有的时候，公司有聚会，她就会选择穿平底鞋到达会场，然后再换上高跟鞋，这样一来，既拥有了美丽，又不影响她双脚的舒适。

对于扁平足的女性而言，千万不要长时间地穿着高跟鞋。因为扁平足的人的双脚本身就承担了很大的压力，如果再穿上高跟鞋，则无异于雪上加霜。虽然美丽很重要，但是，身体健康更重要。因此，在美丽的同时，我们应该保持清醒的头脑，千万不要因为美丽而使自己遭受身体上的痛苦与折磨。

## 用有限的饰品展现独特的风格

虽然服装是服饰搭配的重头戏，但是，那些看起来毫不起眼的饰品却在整体的服装搭配中起到了画龙点睛的作用。得当的装饰，能够使我们的整体服饰看起来灵动，充满生机，给予我们想要拥有的与众不同的风格。

随着服饰潮流的发展，搭配服装的饰品越来越多，从起初偏重于实用功能，到现在更加倾向于装饰功能，饰品获得了突飞猛进的发展。除了那些传统的昂贵的饰品之外，还衍生了更多的价格适宜、更具风格的饰品。而且，随着人们个性的发展，各种极具特性的饰品也越来越受到人们的追捧和欢迎，例如，具有民族风情的饰品、具有个性特征的各种饰品等。不管你想要怎样的着装风格，只要你耐心寻找，你就总能够寻找到适合自己的饰品。

在用饰品装点自己的时候，应该遵循一个原则，即饰品并非越多越好。很多女人，总是一股脑地把自己所拥有的饰品都带在自己的身上，这样看起来，非但没有雍容华贵之感，反而会使人误以为她是一个卖饰品的。其实，饰品在于精而不在于多，饰品所要起到的应该是画龙点睛的作用，而不是简单的复杂堆砌。一般来说，女人身上的饰品不应该超过三件，否则就会使人觉得烦琐。那么，如何选择有限的饰品来最大限度地展现自己的风格，这就是我们应该用心琢磨的事情了。好在如今的饰品市场如此琳琅满目，只要你认真寻找，总能找到属于自己的风格。

最近，办公室里特别流行戴铂金首饰。于是，爱美的女人们就开始了“拼金”的战争。首先是刘姐带了一条铂金项链来上班，不出两天，张姐和李姐也都不约而同地带了铂金项链。而且，李姐还一鼓作气地装备了铂金耳环和铂金手链、戒指。要知道，买齐这四件铂金首饰可得花不少钱，因此，刘姐和张姐的脸上也就不那么好看了。然而，因为家底拼不过人家，所以她们一时之间也想不到什么有效的办法为自己置办更多的铂金首饰，这一切都被刚来办公室的倩倩看在眼里。

一天，倩倩穿了一身具有民族风格的亚麻长裙来上班，使人耳目一新的是，倩倩带了一条鱼骨项链，据说，这是她去缅甸旅游的时候从旧货市场上淘来的。历经时光沉淀的鱼骨项链散发出幽幽的光泽，使倩倩那身并不出挑的民族风亚麻长裙似乎有了灵魂。大家都围绕在倩倩身边欣赏她的绝妙搭配。倩倩借机说：“其实，饰品就是起到一个装饰的作用，应该根据不同的服装来选择不同的饰品。例如我这身亚麻长裙，要是搭配你们这昂贵的铂金项链，那可就不好看了。”从此以后，办公室的三个大姐也开始学着倩倩那样用精致的饰品搭配自己的服装，而不仅仅是看饰品的价值。

在生活中，很多时候，女人们往往会用昂贵的饰品来标明自己的身价。其实，昂贵的饰品并不一定能够起到最好的装饰效果。而且，有的时候，价格昂贵的饰品也并非适合于装饰所有的服饰。因此，在选择饰品的时候，我们完全没有必要一味地追求昂贵，而是要选择最合适的。有的时候，一条丝巾起到的装饰效果远远超过一条价格昂贵的项链。所以，饰品不在贵贱，只要能成为服饰搭配的画龙点睛之笔即可。

# 第16章　动感美女，女人的气质在运动中提升

在古代，似乎每个人都主张女人就应该是柔弱的，就应该是弱不禁风的。然而，现代社会崇尚自然健康之美，认为运动中的女人更加美丽，更加充满生命的活力。所以，女人应该告别三寸金莲、弱柳扶风的时代了。女人们，动起来吧，让生命更精彩！

## 女人，应该为自己制订一个运动计划

女人的美应该建立在身体健康的基础上，应该是由内而外散发出来的。所以，要想成为一个真正美丽健康的女人，我们更应该为自己制订一个运动计划。

运动，是人们生存的基础，如果缺乏运动，人们的机体就会缺乏活力，显得委靡不振。如今，运动的方式越来越多，我们可以根据自己的身体条件为自己制订一个运动计划。运动是一个长期的过程，一朝一夕的运动无法起到显著的效果，只有长期坚持运动，才能够达到健康的目的。在众多的运动方式之中，强度不大的慢跑、游泳等，无疑是大多数女人的最佳选择。时下流行的瑜伽，也能够使女人在慢运动的同时强身健体，塑造优美的身形。

在大多数女人忙着逛街的时候，燕南为自己办理了一张健身年卡，并且为自己制订了一个长期的健身计划。其实，燕南这么做是有原因的。

原来，燕南从小就身体弱，总是生病。刚刚步入社会，工作压力也越来越大，燕南总是觉得自己的体力不支。为此，她果断地开始了自己的运动计划。每天下班后，燕南在单位食堂简单吃点儿饭菜，就坐车回家，直接去家附近的一家健身会所，先慢跑一小时，然后再游泳一小时，最后冲个热水澡回家。每到周末的时候，她还和朋友们一起去爬山。如此半年下来，燕南的身体素质越来越好。她原本蜡黄的脸色变得越来越红润，而且，她在工作的时候再也不会感到力不从心了。即使偶尔加班，她也能够轻松应付。

后来，燕南居然代表单位参加了市里组织的马拉松比赛，并且取得了不错的成绩。运动，不仅改变了燕南的体质，而且使燕南变成了一个充满自信、阳光开朗的女孩子。

运动，不仅能够改变我们的体质，还能够为我们带来健康和自信。在上面的事例中，假如从小体弱多病的燕南不及时采取措施改善自己的体质，那么，她非但无法获得健康，甚至连正常的工作都无法胜任。人们常说，健康就是美。所以，作为女人，即使你的身体非常好，你也应该通过运动使自己更加富于活力。只有这样，你才能获得由内而外散发出来的美，充满健康活力的美。

## 找到适合女人自己做的运动项目

在如今琳琅满目的运动项目中，有些项目是适合女人做的，有些项目则是适合男人做的。从整体上来说，女人的体质和男人的体质还是有着明显区别的，如果说男人的身体更有爆发力，更适合从事那些强烈的运动，那么，女人的体质则更加柔韧，适合从事那些比较柔韧的运动，如慢跑、游泳等。而且，如今越来越火的瑜伽运动，也是适合女性朋友长期坚持的。

下面，我们就具体介绍一下那些适合女性从事的运动项目。

1. 慢跑

也叫缓步、缓跑或者缓步跑，是一种有氧运动。慢跑的目的不在于速度，而在于热身或者锻炼，具体来说，就是以较慢或中等的节奏跑完一段比较长的距离。因为节奏缓慢，所以慢跑尤其适合女性朋友。一般情况下，慢跑者应该根据自己的训练程度来决定慢跑的时间。初学者刚开始运动时最好每次不超过10~15分钟，经过一个月的锻炼后，可以逐渐提升到20分钟。其实，慢跑运动关键在于坚持，每周都应该至少进行3次训练。专家建议，最好在17~18点之间进行慢跑，因为这个时段人的体温最高。

2. 游泳

在水上靠自力漂浮，借助于自身肢体的动作在水中运动前进。游泳的时候，人体的各个器官和每一块肌肉都需要参与其中，因此，游泳不仅能够强身健体，增强心肺功能，还能够帮助女性朋友塑造优美的体形，增强人体抵抗能力。所以，对于女性而言，游泳是一项非常好的运动项目。如果能够长期坚持下去，一定能够起到不错的健身效果。

3. 瑜伽

来源于古印度文化，探寻“梵我合一”。流传到现代，瑜伽主要是作为一系列的修身养性方法出现的。瑜伽的动作大多数缓慢而平缓，在伸展身体的同时，瑜伽也能够调整人们的气息，改善人们的生理、心理、情感和精神方面的能力，使人们达到身体、心灵与精神的和谐统一。对于女性朋友而言，瑜伽在改善她们身体状况的同时，也能够使她们达到身心合一的境界。

当然，除了以上所说的三种运动方式之外，滑冰、骑自行车、高尔夫等，也都是适合女性朋友的运动。作为女性朋友，应该根据自身情况选择最适合自己的运动方式。

马莉原本是一个性格急躁的人，但是，最近朋友们发现马莉就像变了一个人一样。她的脸上总是挂着微笑，而且遇事也不再冲动。看到马莉的这些变化，朋友们纷纷问她是如何改变自己的。马莉笑了笑，只说了两个字——“瑜伽”。原来，马莉为自己报了一个瑜伽班，每天下班后，她都去参加瑜伽训练，在那些缓慢而又舒展的动作中，她似乎不仅舒展了自己的身体，也舒展了自己的灵魂。每次上课，教练都会带领她们进行气息练习。为此，马莉经常进行深呼吸练习，以使自己的动作与自己的气息达到完美的结合。渐渐地，她发现自己原本暴躁的脾气也变得柔和起来，看来，瑜伽不仅给了她一个好体形，也给了她一个好脾气。现在，朋友们都很喜欢改变之后的马莉。

瑜伽，这种来自古印度的运动方式，最适合在大自然中进行身心合一的灵魂修炼。因为瑜伽，马莉改变了自己。如果你能够坚持做下去，你也一定能够改变你自己。

## 舍宾——给你带来优美体态的时尚运动项目

舍宾源于20世纪90年代的俄罗斯，从字面来理解，舍宾的意思就是塑造、成形。舍宾和普通的健美操、有氧操不同，它是一种全方位追求形体美和形象美的运动。如今，舍宾在全世界范围内越来越流行，被称作是“女人的私房运动”。

和传统的瑜伽运动项目不同，瑜伽注重的身心合一，而舍宾运动则是一个完整的形体雕塑及形象设计系统。在世界上，舍宾运动系统率先把现代减肥美体理论及综合治理原则转变成具体的、可操作的有计划的科学运动。因为舍宾有着严密的系统工程体系，所以，舍宾是当今世界唯一形成专利体系及连锁俱乐部形式发展的国际性运动协会组织。作为一个初学者，当你走进舍宾训练房的时候，教练首先会通过电脑测评系统确定你的身体状况及体脂分布，然后再对照“标准模型”，找出你身体各个部位与“标准模型”之间的差距，最后再像捏泥巴人一样对你的身体进行塑形。与此同时，教练还会对你进行体能测试和医学测试，并且把测试所得的信息输入计算机，最终给出一个只属于你一个人的形体训练计划。由此可见，舍宾运动是非常具有针对性的一项运动。

胜美是个小胖妞，从上初中开始，就开始为了肥嘟嘟的体态感到烦恼。幸运的是，上大学以后，一个偶然的机会，胜美接触到了舍宾。随着这项运动走进胜美的生活，胜美的人生也随之发生了改变。

胜美对自己最不满意的就是腿太粗，腰不够细。让她感到信心倍增的是，接触舍宾运动的第一天，教练就对她的身体进行了测试，并且给出了非常完美的训练计划。为了美，胜美决定一定要坚持进行舍宾运动，千万不能半途而废。就这样，胜美很快就开始进行舍宾练习。刚开始的时候，严格苛刻的饮食计划使平日里很贪吃的胜美很苦恼，但是一想到骄傲诱人的身材在不久的将来等待着她，她就告诉自己：“我一定要坚持，只有全方位地按照教练的建议安排生活，我才能拥有自己想要的身材。”一段时间以后，胜美适应了这样全方位的改变和练习。功夫不负有心人，一年过去了，再次见到胜美的亲戚朋友简直不敢相信自己的眼睛，胜美成功地实现了从丑小鸭到白天鹅的蜕变。

舍宾，注重的是对形体的塑造，对于很多现代女性而言，舍宾的练习无疑是很有必要的。首先，因为生活节奏越来越快，现代人似乎根本没有时间去讲究饮食的搭配与合理膳食结构的制定，舍宾能够为你解决这一问题，你只需要照着去做就行了。其次，因为长久地坐办公室，对着电脑，很多女性都因为自己不够标准的体态而烦恼，舍宾恰恰能够帮助你塑造优美的体态。

优美的体态，合理的饮食结构，不仅能够使我们的身体更加健康，也能够使我们找到丢失已久的自信。如此一举两得的事情，何乐而不为呢？



## 运动，也需要配合健康饮食

要想拥有健康的身体和优美的体态，除了依靠运动之外，我们也应该从饮食结构方面进行配合。

以前，社会发展落后，物资匮乏，人们的生活水平非常低，这就导致人们喜欢吃大鱼大肉，喜欢吃荤腥油腻。而随着社会经济的发展，物资越来越丰富，人们的生活水平也越来越高，大家渐渐地吃腻了大鱼大肉，然而，长期以来养成的不良饮食习惯却流传了下来。如今，我们应该尝试着改变饮食习惯，使自己接受更为健康的饮食结构，这样我们才能拥有健康的身体。其实，随着人们对健康越来越重视，健康饮食的结构搭配还是很好实现的。

在日常生活中，很多看似细小的习惯也有助于我们的健康，例如，每天清晨起床之后空腹喝一杯水，这样能够补充我们一夜之间消耗的体液。另外，人们常说早饭要吃好，午饭要吃饱，晚饭要吃少。这也是有道理的。早餐的营养摄入量支撑着我们整个上午的能量消耗，所以，早餐是最应该吃好的。其次，午餐距离睡觉还有很长时间，所以午餐多吃一些是没有关系的，因为有足够的消化时间。而晚餐呢，晚餐之后很快就要睡觉了，所以不宜进食过饱，否则没有消耗的食物就会变成脂肪堆积在身体内。另外，除了要控制饮食的量之外，我们还应该适当调配饮食的营养结构。例如，早餐应该以优质蛋白和谷物为主，搭配适量水果。午餐可以包括形式多样的营养物质，如鱼、肉等。晚餐则应该以清淡为主。当然，关于饮食的健康搭配，还有很多需要注意的事项。

在饮食的健康搭配引起我们的足够重视之后，我们接下来要做的就是根据各种科学的建议合理地搭配自己的饮食。假如饮食没有进行合理搭配，即使每天都坚持做运动，效果也不会明显的。

生完孩子之后，李爱荣的身材就像吹了气的气球，一发不可收拾。面对这样的尴尬处境，她几次三番地下决心减肥，甚至还专门办了一张健身卡，以便能够每天都去跑步、游泳。然而，一段时间以后，李爱荣惊讶地发现，她非但没有瘦下去，反而还胖了起来。原来，每次运动之后，李爱荣都食欲大开。有的时候，傍晚跑完步，晚上她就大鱼大肉，而且以为自己已经运动了而变得心安理得。就这样，李爱荣身上的肥肉在运动和不合理的进食之中变得越来越结实。发现这一点后，李爱荣大呼上当，四处告诉朋友说运动不能减肥，只能增肥。

听到李爱荣的话，一个朋友哈哈大笑着说：“你跑完步就吃大鱼大肉，岂不是越长越结实！运动可不是万能的，还要配合饮食才能减肥呢！”后来，朋友拿来了很多配合运动减肥的营养菜单，李爱荣这才知道自己犯了一个天大的错误。从此之后，她严格控制自己的饮食，果然，一段时间之后，她变瘦了很多，身体状态也比以前好多了。

运动之后，因为能量的消耗，我们的身体必然感到非常疲劳，胃里也会感觉空空的。这种情况下，很多人都会食欲大开，因为他们的身体急需补充能量。然而，越是在这个时候，我们就越是要增强自己的毅力，努力控制自己的食欲，尽量不要吃大鱼大肉，尤其是像李爱荣一样傍晚运动的人，否则，那些高能量、高蛋白的食物就会积蓄在我们的体内，变成脂肪堆积起来。这个时候的饮食，应该以清淡为宜，以蔬菜和水果为主，另外再吃少量的谷物。即使你的运动量再大，如果不配合合理的饮食，那些肥肉也不会轻易消失的。

## 运动应该适宜，过犹不及

不管什么事情，都有一个度。一旦过了度，就会产生相反的效果，正所谓过犹不及。运动也是如此。

每个人的身体素质和体能都是不一样的，因此，在运动的时候，我们应该根据自己的身体素质制订适合自己的运动量，千万不要因为减肥心切，就进行超强度地运动。要知道，人不是机器，不可能无休止地运动。而且，凡事都要讲究长远的计划，不能一蹴而就，即使你一次跑100公里，除了使你的身体受损之外，丝毫不能使你减少多少赘肉。相比之下，每天跑3~5公里，坚持不懈地跑下去，对你的身体无疑是更有好处的。

为了减肥，阿妹可是挖空心思。有一次，她借了朋友的健身卡去健身房跑步，结果，第二天就趴在床上起不来了。原来，阿妹因为减肥心切，一个劲地在跑步机上跑，足足跑了一个下午，跑了二十多公里。对于很少经受这种超强度体育锻炼的阿妹而言，也许当时只是觉得累，但是次日身体的各种不良反应就显出来了。后来，阿妹整整在床上躺了三天，那次跑步可把她累惨了。当然，她并没有如预想的那样瘦下来，而且因为浑身酸痛，她痛苦了整整一个星期。后来，健身教练告诉阿妹，像她那样超负荷地运动，很可能造成肌肉和韧带拉伤，到时候，可就没法再参加体育锻炼了。

其实，单一的运动并无法达到健身的目的，而是应该和饮食等搭配起来。而且，在运动的时候，不顾一切地一次把自己累个半死也无法达到健身的目的，反而会损伤自己的各项身体机能，导致过犹不及，得不偿失。所以，我们应该从阿妹身上吸取教训，运动的时候采取循序渐进的方式，持之以恒地坚持下去。

# 第17章　高雅品位，女人独一无二的气质美

随着时光的流逝，不管我们的容颜曾经多么美丽，也终将老去。而像赵雅芝那样不老的美女，则是每个女人毕生都在追求的永恒目标。其实，赵雅芝也是人，而不是神，她的美丽来自于她优雅高贵的气质，她的气质则来自于她高雅的品位。由此可见，女人可以不美丽，但是一定要有品位，有气质，这样才能长久地美丽下去。

## 品位，瞬间提升你的气场

所谓品位，原意是指矿石中某种有用金属量的多少，后来，随着词义的渐渐延伸，人们用品位指对事物有分辨与鉴赏的能力。在生活中，各个领域都存在着品位。如果一个人的品位高，那么在选择很多事物的时候，她就会遵循自己的品位作出选择。这样一来，整个人的气场也会瞬间得到提升。

一个女人在装饰自己的时候，不管是内在的还是外在的，假如能够拥有独特的品位，那么，她就一定能够使自己拥有强大的气场。

王姐几乎是办公室里最会穿衣打扮的女人。虽然大家的收入都差不多，而且消费水平也差不多，但是，其他同事的打扮总是显得非常拙劣，只有王姐，看起来总是那么养眼，使人感到非常舒服。同事们都很纳闷，王姐为什么能用同样的钱或者是最少的钱使自己的生活上升一个档次呢？不知道

的人，肯定以为她是一个高薪的小资女呢，因为她的打扮总是那么精致。

其实，王姐不仅在穿衣打扮上具有很高的品位，在生活方面，她也同样具有很高的品位。她从来不愿意降低自己的要求去委曲求全，而是处处讲究品位。当然，王姐所谓的讲究品位并不是一味地花钱去追求名牌和高档产品，而是致力于提升自己的鉴赏水平。例如，有一段时间，办公室里的女同事们全都戴上了钻石项链，而唯独王姐，戴了一条石头的项链。但是，大家却都觉得王姐的项链看着比那些钻石项链好看多了，而且，王姐也因为这条钻石堆里的石头项链瞬间变得充满自信，气场强大。

讲究品位，并不是一味地追求昂贵，追求名牌。如果没有品位，即使满身都是名牌，看起来也会像是庸俗不堪的暴发户。如果有品位，即使穿着普通，也能从中表现出强大的气场。一个有品位的女人，从来不会因为任何原因降低自己的品位；一个有品位的女人，必然是一个精致的女人。所以，作为女人，我们应该提升自己的品位，因为只有这样，我们才能提升自己的气场。

## 品位，不是一朝一夕形成的

既然品位对于女人们的影响是如此之大，那么，女人们是不是要赶紧提升自己的品位呢？其实，品位的提升可不是一朝一夕的事情。

品位的形成是由内而外的。只有你内心的高度真正达到了那个境界，才能影响你外在的表现行为。因此，女人们应该多接触艺术，多读书，于潜移默化中形成品位，提升品位。其次，女人们还应该拥有自己的专长。虽然现代的女性已经走上社会与男人平分秋色，但是，女人还是应该拥有一项属于自己的才情。例如，琴棋书画，虽然不要求样样精通，但是也应该精通一种。这样一来，在合适的场合偶尔露一手，瞬间就能够提升你的气场。再次，使自己变得艺术起来。艺术的熏染能够使女人由内而外地散发出与众不同的气质，因此，女人应该多接触艺术，走进艺术，例如，听听音乐会，看看画展，这些都能使你的艺术鉴赏水平得以提高。最后，女人还应该学会搭配服装。服装，是女人的另一张脸。虽然你无须盲目追求昂贵的服饰，但是，你应该学会搭配服饰。有品位的女人，有的时候，即使是最简单的衣服，也能够搭配出与众不同的特色来。总而言之，我们应该从各个方面提升自己的品位，并在日积月累的提升中提高自己的品位。

在今年的年会上，赵亚可是出尽了风头。虽然赵亚平日里就比较出众，但是，大家却没有想到她会在年会上震惊四座。就连很少露面的董事长，都连连夸赞赵亚是公司里不可多得的才女，并且打趣说以后要让赵亚负责公司的“面子工程”。

随着悠扬的小提琴声响起，身穿一袭华贵晚礼服的赵亚款款从幕后走到了台前。在场的每一个人都沉浸在赵亚的琴声里，恍若置身于景色秀美的枫林之中，感受到深秋凄凉萧瑟而又无比悲壮的美。这一次亮相，使公司的每一个人都记住了赵亚。后来，在董事长的建议下，赵亚果然被调到了公司新成立的公关部担任经理，因为董事长认为，品位高雅的赵亚一定能够打造好公司的“面子工程”。

因为擅长小提琴，原本默默无闻的赵亚为自己争得了一个表现的机会，使董事长以及公司的每一个人都记住了她。也许，正是这一首悠扬婉转的小提琴曲，瞬间提升了赵亚在众人心目中的品位，使赵亚也随之大放异彩，迎来自己人生的新篇章。当然，在看赵亚出尽风头的同时，大家所不知道的是，赵亚从小学一年级就开始学习小提琴，如今，已经不分寒来暑往地练习整整21年了。由此可见，品位的形成与提升不是一朝一夕的事情，必须付出坚持不懈的努力。

## 品位，在举手投足之间

在生活中，我们经常看到一些贵妇人开着名车，戴着钻石珠宝，出入于高档的会所。但是，只要她们一张口，就会瞬间使自己降低若干个层次。这是因为，她们没有真正的品位，她们的品位是由外在的名牌服饰和钻石珠宝堆砌起来的，丝毫没有自己的灵魂。由此可见，品位，绝对不是仅凭外在的穿着就可以塑造出来的，因为现在的有钱人完全可以为自己雇佣一个私人的形象顾问。真正的品位，在举手投足之间流露出来，使我们根本无法伪装自己。

一个有品位的人，不仅仅能够为自己搭配好服饰，而且还有着丰富的内涵。她时时刻刻都保持着优雅的风度，尤其是在举手投足之间，她自然而然地散发出高贵的气质，这也就是人们常说的“观其言，察其行”。很多时候，一个人不经意间的举止往往能够反映出这个人的思想、情感和文化修养，表现出这个人的综合素质。在生活中，我们可以伪装很多东西，如学识、年龄、相貌等，但是我们却无法伪装自己的言行举止，因为它们往往是我们无意识状态下做出来的。

那么，女人们怎样才能在举手投足间展现出自己的品位呢?

首先，女人要改正自己的不良卫生习惯，切勿随地吐痰、乱扔垃圾。在公共场合，也不要大声喧哗，随意打闹。其次，还要使自己的举止更加符合礼仪规范。如今，各种介绍礼仪的书籍有很多，女人要想使自己在礼仪方面提升一个层次，就应该多看看相关的书籍。再次，要注意自己平时的着装。为了吸引更高的回头率，有很多女人喜欢穿着袒胸露背的衣服，殊不知，这样做非但是不礼貌的，也是不符合品位的行为。试问，有谁见到贵妇人在公众场所穿得非常暴露呢?最后，女人还应该注意用语文明。很多女人说话的时候都有口头禅，殊不知，无意间随着话语流淌出来的口头禅也是不文明、没有品位的表现。另外，还需要注意的是，大凡有品位的人，都是尊重他人且自尊的。尤其是对于残疾人，女人们一定要做到足够的尊重，千万不要因为对方身体上的残疾而耻笑、挖苦对方。

一直以来，大家都以为萌萌是个很有品位的女孩子。然而，一次偶然的事件，改变了大家对萌萌的看法。

那次，单位组织所有职员在一家西餐厅进行自助式的会餐。在就餐过程中，萌萌没有充分估计自己的饭量，就迫不及待地拿了很多好吃的东西，摆满了面前的桌子。吃了一会儿，她就不想再吃了，而是想去取新的食物。看着这一桌子食物，坐在萌萌对面的丽娜心疼地说："萌萌，先别再取餐了，等咱们把面前的食物吃完了再取吧。"谁知，萌萌非但没有采纳丽娜的建议，反而不屑地说："管它呢，不吃白不吃。这是自助，又不是点餐，吃不吃可都是这么多的钱啊，那咱们为什么不捡自己喜欢的吃呢？"就这样，会餐结束的时候，公司所有的职员中，只有萌萌面前还剩下堆积如山的食物。

因为一次会餐，大家改变了对萌萌的看法，使萌萌在大家心目中的美好形象受损。也许，萌萌在其他方面都做得很好，但是唯独这件事情，让大家意识到萌萌并非如大家所想象般的那么美好。这样的一个举动，对于萌萌来说真是得不偿失啊。

## 品位，体现在细枝末节

有很多女人非常在乎自己的整体，例如，她们很讲究服饰的搭配，很注重给自己买一些贵重的首饰以提升自己的身价，甚至还不惜花费重金去美容，改变自己的形象。但是，她们却很容易忽视一些细节，从而导致自己的努力变成了一场空。

很多时候，大的方面是很容易引起我们注意的，反而是那些细节性的问题，使得我们功亏一篑。所以，为了使自己精心打造的形象更加完美，为了使自己的品位没有丝毫的漏洞，女人们一定要注重细枝末节的完善。只有细节趋于完美，我们才能更加完美。

为了参加一家外企的面试，杜鹃可谓下足了工夫。首先，她不惜花费一个月的工资为自己购置了一身职业套装。上身是笔挺的西装，下身是到膝盖的一步裙。这既符合来自法国的主管一丝不苟、严肃认真的精神，也符合法国人浪漫热情的特性。杜鹃还为自己买了一双黑色小羊皮的高跟鞋，在这双质地优良的皮鞋衬托下，她的身材显得更加亭亭玉立、婀娜多姿。然而，使杜鹃万分沮丧的是，她精心准备的面试并没有通过，尽管她对法国主管提出的每一个问题都对答如流。这是为什么呢？问题就出在杜鹃的长筒丝袜上。

原来，面试那天，杜鹃以为一切都会很顺利，因此并没有为自己准备备用的丝袜。在赶赴公司面试的途中，一切也的确很顺利。然而，在等待面试的过程中，杜鹃却惊讶地发现自己的丝袜被公司的凳子刮了一个大洞。杜鹃当时很纳闷："这么大的公司，凳子怎么这么粗糙呢？"杜鹃原本想去再买一双丝袜，无奈时间已经来不及了。她也想过向公司的女职员借一双，但是又因为自己是面试者而羞于张口。直到面试结束之后，法国主管才面带笑容地问杜鹃："如果是去会见一个重要的客户，你也会任由自己穿着这样一双破了大洞的丝袜吗？"

看来，杜鹃是败在了一双丝袜上。假如她能够提前为自己准备好一双替换的丝袜，或者想想其他的办法，那么，她精心准备的这场面试就一定能够获得成功。遗憾的是，她并没有准备备用的袜子，而是一直穿着破了洞的丝袜直到面试完，而对于最注重礼仪的法国人而言，这无疑是不能接受的。

## 丝巾，系出女人的无限风情

现在，有很多女人把自己打扮得就像是个琳琅满目的货架一样，其实，很多时候，我们无须给自己过多的装饰，甚至只需要一条丝巾，你就能拥有无限的风情。对于女人而言，那些金银珠宝的首饰固然重要，但是，举重若轻的丝巾也是同样重要的。

因为材质的特性，可以说，丝巾是女人身上最温情的饰品。一款精致的丝巾，瞬间就可以让一个身穿职业装的女人显示出无穷的女人味。甚至，原本硬邦邦的职业装，也会在丝巾的搭配下表现出无穷的魅力来。虽然丝巾的款式非常简单，但是富于变化的图案设计却赋予了丝巾无穷的变化，除了图案之外，丝巾还能够表现出一定的历史和文化的内涵。即使是一个不苟言笑的女人，当系上丝巾以后，也会表现出无尽的温柔与魅力。丝巾，简直就是服饰搭配的一个神奇魔术师。只需要一条简简单单的丝巾，就可以让一件普通的服装变得无比惊艳。丝巾除了系在颈部之外，还可以系在身体的很多部位。有的时候，不同的搭配方法，不同位置的系法，往往能够让你呈现出与众不同的独特魅力。

孔艳萍拥有很多条丝巾，她对丝巾的痴迷与热爱，甚至远远超过了一般女人对于珠宝首饰的热爱。不管在哪个季节，孔艳萍都有足够多的丝巾来搭配各种款式和风格的衣服，甚至，其他的同事私下里都称呼孔艳萍为“丝巾女神”。

昨天，孔艳萍穿了一件白色的连衣裙，出乎大家的意料，她的丝巾没有像往常一样系在脖子上，而是系在了腰间。结果，孔艳萍给了大家难以想象的惊艳。有的时候，孔艳萍还会把丝巾当成发饰系在长发上，无不给自己增加了许多柔美的风情。甚至有的时候，孔艳萍还会把丝巾系在包上，使自己钟爱的包包也多了几分摇曳的风姿。当然，大多数时候，孔艳萍会把丝巾系在脖子上，变换各种系法，或者是飘曳的长条，或者是鲜艳的花朵，给予大家很多新奇的感受。

因为丝巾，孔艳萍变成了同事们心目中的“丝巾女神”，展示出了自己无限的风情。在追求那些高档的装饰品的同时，你也完全可以用丝巾来装饰和装点自己。毕竟，丝巾是一件唾手可得的装饰品，而且能够起到很好的装饰效果。

## 手包，无声之中彰显的品位与气质

女人的各种需求似乎总是远远地多于男人，例如，不管是冬天还是夏天，男人似乎只有那几种款式的衣服，无外乎质地和颜色会产生些许的变化。而女人则不同了，不管什么季节，女人的服装都在各大商场和卖场上承担着主要的角色，占据着多半壁的江山。除了各种各样的服装和饰品之外，女人一年四季都要拥有一个随身携带的包包。有的时候，男人会很奇怪，女人每天都拿着一个或大或小的包，里面到底装着什么呢？其实，里面无外乎是女人需要随身携带的一些小零碎，诸如化妆盒、纸巾、手机等。假如一个女人随身从不携带包包，那么我们几乎可以断定，这个女人一定不是一个有品位的女人。

手包，对于女人有着特殊的意义。首先，手包是一个装饰品。从某种意义上来说，女人对于手包的热情完全不亚于对金银珠宝的热情。甚至有些女人宁愿不买金银珠宝，也要买一个包来装饰自己。其次，手包能够彰显女人独特的品位，衬托女人的气质。就像衣服一样，如今，手包的款式和质地也是越来越多，使人目不暇接。在众多的手包中选择最适合自己的那一款，成为很多女人乐此不疲的事情。的确，手包作为女人必不可少的装饰品，从很大程度上体现出了女人的品位与气质。当然，每一个随身携带手包的女人都有自己的想法和初衷，但不管怎样，手包都以必不可少的形象出现了。

在茫茫人海中，林峰之所以关注小乔，完全是因为被小乔随身携带的那个包吸引住了。可以说，林峰是先注意到了小乔的包，然后才注意到了小乔的人。当然，能够博得作为主考官的林峰的吸引，小乔自然而然地距离工作的机会更近了一些。谁说每一个身居高位的人都是铁面无私的？林峰不就因为一个包而对小乔青睐有加吗？

那天，所有来面试的女性都挎着昂贵的真皮包包，只有小乔，就像大树底下的一棵小草一般丝毫不引人注意，而且，她的包也和她有着同样的风格。小乔的包是一个亚麻的包，淡淡的灰色，上面甚至连装饰都没有。包很大，几乎遮挡住了小乔的上半身。看到包的第一眼，林峰就想：包的主人一定是一个低调、宽容的姑娘。再抬眼看看小乔，林峰对小乔的好感油然而生。果然，林峰代表公司录用了小乔，而小乔，则在两年后成了林峰的女朋友。

看一个女孩的包，我们往往能够看出这个女孩的性格、气质和品位。这是因为，女孩在为自己选择包的时候，往往于无形中遵从了自己的心。

## 鞋子，无法取代的“压轴戏”

通常，在观察一个人的时候，我们习惯于遵循从上到下的顺序。然而，即使一个人的重头戏在头部，也依然无法取代鞋子“压轴戏”的戏份。很多女人都会说，看一个男人，首先要看他的皮带和鞋子。同样的道理，看一个女人，我们也要看她的鞋子。不管是男人还是女人，如果他的鞋子肮脏不堪，那么即使他打扮得再怎么光鲜亮丽，也是无法博得他人的好感的。一个真正爱干净的人，一个真正注重自己外在形象的人，一定会把自己的鞋子整理得干干净净。

当我们煞费心机地装饰自己的时候，千万不要疏忽了鞋子。从人的身体部位来讲，脚是支撑人们站立的重要器官，因此，鞋子也就成了人们穿着打扮的时候不容忽视的细节。一双合适的鞋子，不仅要做到样式美观、做工精细，也要做到合脚。对于每天都要行走的人而言，假如一双鞋子只是好看却不舒适，那么就无法支撑人们走过漫长的人生。与此相反，假如一双鞋子只是合脚却不好看，那么也无法称得上是一双合格的鞋子。一双好鞋子，既要舒适，又要美观。

在上次的聚会上，莉莉的水晶鞋出尽了风头。这双鞋子，使得莉莉就像灰姑娘一样赢得了白马王子的青睐。宴会上，很多女孩子都穿着晚礼服，莉莉并没有特别抢眼之处。然而，因为那双水晶鞋，莉莉瞬间就成了舞会的“皇后”。她穿着那双水晶鞋在舞池中不停地旋转，使自己变成了一只翩翩起舞的白天鹅。

宴会过后，很多男孩子都打听莉莉的消息，他们想找到那个穿着水晶鞋的“公主”，使自己成为赢得公主芳心的“白马王子”。

在水晶鞋的衬托下，莉莉变成了一只翩翩起舞的白天鹅，赢得了无数青睐的目光。这双鞋子的确很好，不仅漂亮美观，而且非常贴合莉莉的脚，使她能够毫无顾忌地翩翩起舞。

每个女人，都应该拥有一双自己的“水晶鞋”，因为只有它才是最适合你的，能够带领你走向自己的幸福。

## 胸针，使人眼前一亮的绝妙配饰

胸针，是一种装饰品，是现代社会女性常用的装饰品之一，质地通常为白金或者白银，再镶以钻石、珐琅、珍珠或者其他宝石。把胸针别在衣襟上，不仅能够彰显女性美好的身材，而且还能够体现女性的身份或者是地位。对于那些服饰得体的女性而言，一枚色彩、造型与服饰相称的胸针总是能够起到“画龙点睛”的惊艳效果，使女性表现出婀娜多姿的无穷魅力。

如今，随着饰品的不断发展，胸针的品种和类型也越来越多。然而，万变不离其宗，不管怎么变化，装饰功能始终都是胸针的主要功能。当然，现在也有的服饰会用胸针来起到连接的作用，使服装更多了几分新意。此外，还需要注意的是，胸针的套装佩戴是有搭配原则的。作为喜爱胸针饰品的女性，在根据自己的喜好选择胸针的同时，也要根据自己的服饰来选择适宜搭配的胸针。

在昨天的同学婚礼上，周茜出尽了风头。虽然大家都穿着款式大同小异的礼服，但是，周茜的礼服却使人有耳目一新的感觉。实际上，周茜的礼服在所有的礼服里并非最昂贵的，也并非是最新款。但是，仅仅因为一枚胸针，周茜的礼服变成了全场的焦点。

原来，周茜的礼服是西式的，有着高高的开衩，样式非常简洁。而周茜，把自己的头发高高地挽起，配以窈窕的身材，使自己有了鹤立鸡群之感。最重要的是，周茜还在礼服裙的开衩处别了一枚别致的天鹅胸针作为装饰。想想吧，在全身的线条最流畅、最丰腴的地方别上一枚精致的、展翅欲飞的天鹅，因为这只小小的天鹅，周茜也成了宴会上的天鹅，展翅欲飞！

只是一枚天鹅胸针，却为周茜的整体服饰搭配起到了画龙点睛之感。在让人耳目一新的同时，大家也不得不佩服周茜的独具匠心。其实，把胸针别在礼服的开衩处当成装饰，并非是周茜的首创。周茜这一招，也是和很多欧美的大牌女星学来的。胸针有很多妙用，要想使其更大限度地发挥自己的妙用，我们就应该多多开拓自己的思路，这样才能时常做出创新之举。

# 第18章　未语先香，香水让女人的气质沁人心脾

香妃因其独特的、天生的体香而迷倒了九五之尊的皇帝，从而留下了一段千古佳话。虽然天生带有异香的女人或许只是一个美丽的传说，但是香水的发明却令每一个女人都可能成为未语先香的“瑰丽宝贝”。

## 用香味来彰显你的性格与内心世界

爱好经典影片的女人们都知道一部名叫《闻香识女人》的电影，奥斯卡影帝艾尔·帕西诺在影片中饰演一位因战争而双目失明的军官，他脾气暴躁，曾一度对生活与生命失去了信心；但是他聪明、幽默、富有正义感，尤其是他虽然双目失明，但是却能够根据女人所使用的香水或香皂的气味，准确地判断出对方的身高、皮肤、头发甚至眼睛的颜色，令人印象深刻。

其实这并不是神话，也不是导演脱离生活实际而编撰的情节。因为女人的脾气、秉性、性格不同，所以通常喜欢的香味不同，而不同气味的香水反过来也能反映出女人的脾气、秉性与性格。因此对于一个双目失明的人来说，他虽无法看见对方的穿着打扮，也无法看见对方的行为举止，但是却可以根据对方身上所散发出来的香气来判断对方的性格，因此这其实是影片中军官对生活的深刻理解与感悟。

小唐要去相亲，侄子小飞非要跟去。没办法，小唐只好带着小飞来到茶室。

还好，小飞一直在旁边安安静静地看着小人书，不吵也不闹。小唐一下午见了三个女孩，直到天黑才回家。

一到家，父母就急着问："怎么样？看上哪一个没有？"

小唐搔了搔脑袋，笑着说："这么短时间，哪能做决定？再说这三个女孩长得都挺好看的，你们不是早就把关过了吗？"

老唐急了："那你到底喜欢哪一个？总不能三个同时交往吧？虽然谈的时间不久，但心里终归也有个数吧？我看你真是读书读呆掉了！"

"我觉得最适合小叔的是第二个阿姨。"小飞突然开口。

"哦？你怎么知道？"大家一听，都来了兴趣。

"因为第二个阿姨身上擦的香水最好闻，淡淡的，像茉莉花的味道。小叔不是最喜欢文静的女孩吗？"小飞像个小大人似地说。

大家全都笑了起来，小唐也笑了，仔细一想，好像还真是第二个女孩最适合自己，文文静静的，话不多，笑起来也很温婉。于是小唐亲昵地拍了一下小飞的头："好吧，那你就替小叔做主，交往第二个女孩吧！"

如果说《闻香识女人》中军官对女人的判断是源于丰富的阅历、对人性深刻的洞察与敏锐的判断，那么小飞根据香味对女人的判断就是一种孩子的本能，因为不同的香味带给人的感受是不同的：浓香有妖艳、张扬的感觉，淡香有含蓄温婉的意境，而冷香则有清雅、高贵的韵味。当一个女人摇曳着从你的身边经过时，无须言语，只要细细闻她身上散发出来的香气，就可以初步判断出她有着怎样的性格与内心。同样，作为女人，你也可以选择不同的香水来彰显你的性格与内心世界。

## 香水，女人的隐形时装

没有哪个女人不喜欢香水，香水对于女人来说，就如同是一件隐形的时装，是"女人的第二层肌肤"。

曾经有人问玛丽莲·梦露："请问您穿什么睡衣睡觉？"梦露娇媚

地笑着说："我只是抹几滴夏奈尔5号而已呀！"而夏奈尔小姐则更是果断地宣称："不使用香水的女人是没有未来的女人。"可见，香水，从它诞生的那一天起，就和女人结下了不解之缘。

用香水并不难，难的是怎样恰到好处地使用香水。所谓"闻香识女人"，假如你选对了香水并能恰如其分地使用香水，那么你的性格、个性与气质，旁人一闻之下便有所了解。因为聪明的女人常会根据自己的职业、性格与年龄选择不同的香水，以彰显品位、突出个性。

希尔是一位很有个性的职业漫画家，她除了画漫画，没有什么别的爱好，生活简单、爱好单纯，就连香水，她也是独爱一款——VoldeNuit。

这是娇兰世家的第三代调香师雅克娇兰所设计的香水，中文名为"午夜飞行"。20世纪初，一个名叫圣埃克苏佩里的男人从12岁时开始漫步云端，后来成为王牌飞行员。1944年，他在一次飞行中神秘消失。他的小说《夜航》描写了开拓南美新航线的勇士，而他的命运似乎恰好符合了小说主人公的宿命。这一故事打动了雅克娇兰，他把飞行员的勇气、爱情甚至孤独都融入了香水之中，调制出了这款香水。

这款香水的前调以柑橘味为主，体现女性特有的清新与优雅；中调则带有东方香料的特有神秘气质；而后调则以香草、安息香、白檀香、龙涎香、皮革香为主，洋溢着冒险与刺激的韵味。这与希尔的个性十分相似，不仅如此，她所创作的漫画作品，也都充满了清新、冒险与华美的贵族气息。

假如你是一个成熟而稳重的职业女性，那么最好选用香气清朗而不浓烈的冷香水。冷香水有一股天然的高贵气息，最能体现知性、独立、有主见的女人的性情，大卫·杜夫的冷香水就是一款不错的选择；假如你是一位甜美、俏丽的时尚女孩，你可以选用安娜苏的许愿精灵，清新甜美的花香调，周身萦绕的柔美香氛使你成为一个人见人爱的小天使；假如你是一个热情、性感的个性女人，那么圣罗兰的鸦片香水则更可以突出你的个性，它那馥郁、神秘而又华丽的香味，最能传递令人沉醉的诱惑气息；假如你是一个贤惠的家庭主妇，也可以拥有自己的香味，如妮娜瑞茜的"光阴的味道"，康乃馨、玫瑰与丁香的气息使你充满了女性的温柔与温馨。

总之，不同的香水适合不同的女人，千万不要选错了你的"隐形的时装”或“第二层肌肤”，要让香水最大可能地、恰如其分地反映你的身份、地位、性格与气质。

## 香水，让女人的气质美化作香气

“女人对香水文化的狂热程度，一点儿也不逊于男人对足球、股民对股市的热情。当男人在高喊足球文化的同时，女人则举起了香水文化的大旗。香水是女人品位的延伸，是女人心灵之语的外在流露，女人只有在自己的香氛中才能感觉自己是女人中的女人。”

以上的话是日本香水调香大师本田隆史在《香水与女人的约会》一文中有感而发的。随着时代的发展、社会的进步，香水已渐渐从上流社会走进了平常百姓的家。现代女性，有几人的梳妆台上没有一瓶或几瓶自己喜爱的香水呢？香水带来的不仅仅是好闻的味道、好的心情，更是女人隐形的气质、外显的性情。

林总自爱妻去世后一直单身，很多人为他介绍对象，但他始终不为所动。

这天早上，林总上班时，刚走出家门便闻到一股淡淡的清香，是绿茶香水的味道。林总的心突然跳动了一下，这香味一直伴随着他走进电梯，走出单元的大门才渐渐消失。

自那以后，林总每天都会闻到那熟悉的香味，林总知道，肯定是他的对门搬来了一位新邻居。虽然从未谋面，但是林总常常在心里想象她的模样：她一定有着长长的头发、细腻洁白的肌肤、修长的身材，性情温和恬淡、宁静自然。

果然，两周后的某一天，林总在电梯里见到了这位新邻居，和他想象中的几乎一模一样。见到她的那一刻起，林总沉寂多年的心突然“砰砰”直跳起来，他知道他期盼已久的爱情又终于来临了。

当他得知对方依然单身时，林总展开了一场热烈的追求，最后终于抱得美人归。

香水无形无色，却能准确地传达出一个女人的内心世界，让人感受到她独特的气质与魅力。从稚嫩到成熟，从甜美到优雅，从淡雅到馥郁，每一种味道都向人们无声地诉说着与之相关的每一个女人的性格、气质与内心。喜欢用玫瑰基调香水的女人必定是有着温柔妩媚性情的女人；喜欢用木质香调的女人必定是干练、成熟、稳重的女人；喜欢用浓烈、个性香水的女人一定是有着叛逆的性格、魅惑眼神的女人……香水，这种被称为"上帝的圣水"的神奇液体，将女人的自信、桀骜、优雅、淡泊、娇羞、野性、妩媚、坚强……全都化作了一丝丝、一缕缕的香气，令人不由细细品味、自由遐想。

所以，作为女人，即便你买不起名牌香水，只要保持身体清洁干净，没有异味既可，千万不能选用劣质香水，否则在他人的印象中，你必定是一个粗俗鄙陋、庸俗不堪的女人。

## 用香水"设计"自己的味道

曾经有这样一个笑话：

有个中国女人嫁给了外国人，于是中国媳妇发牢骚说："洋鬼子什么都好，就是身上老有一股膻味。"而外国老公则说："中国女人什么都好，可就是身上老有一股大白菜味道。"

这虽是一个笑话，但是说明了体味这东西是确有其事，并且是"身在此山中"，往往自己并不察觉。体味不仅与遗传、健康有关，还和饮食习惯、运动习惯等有关，但是改变遗传或习惯是旷日持久的工作，而使用香水则可以立见奇效。所以女人常常用香水来掩饰自己的体味，有人笑称这或许就是香水为何在国外如此受欢迎的原因。其实真正聪明的女人是用香水来"设计"自己的体味，而并非单纯地掩饰，她们是通过有意识地"养"，来形成属于自己的独特的"味道"。

金韵蓉，国际芳香疗法治疗师学会大中华区首席代表、主任讲师。在谈到对香水的看法时，她说自己不仅是个“不折不扣的香水爱用者，而且是个顽固的香水爱用者”。她自从使用香水以来，已有25个年头，从来没有一天间断过使用香水，并且很少更换品牌与型号。到目前为止，她只更换过一个型号，那是因为原先使用的那款型号停产了。

因此，金韵蓉的身上总有一种属于她自己的、独特的气味，这气味已融入她的身体，与她合二为一。“凡走过必留下痕迹”，这是金韵蓉身上最写实的体现。而她所走过的地方，熟悉她的亲人与好友也几乎都能够“寻香而至”，这独特的香气就仿佛是她的招牌。正如那个美丽的句子所说：“香水可以预告一个女人的来临，也可以弥补她走后的空虚。”

当香水还没有发明出来时，古代的女人就已经想方设法通过其他方式使自己遍体生香：如杨贵妃常沐香汤浴，口含沉香或丁香；武则天饮用狄仁杰进献的“龙香汤”；慈禧则喜饮“驻香露”；而《红楼梦》中的薛宝钗更是服用“冷香丸、玫瑰香露、木樨露”等，使自己成为人羡人爱的香美人……

而现代的女人则少去了这许多麻烦，她们只要长期使用一种香水，就可以慢慢使之变成自己身体的一部分。当你将每日喷洒属于自己的香水当成必做的功课之一时，这香味便会随着时日逐渐侵入你的身体、肌肤甚至发丝，无论你走到哪里，都会留下你特有的香气，令人久久难以忘记。无怪乎人们将香水称为“女人独一无二的名片”。





## 香水的选择与正确使用

有人将香水比作女人的情人，幽幽的芳香如同情人温存而又多情的双手，将女人柔柔地环绕，一辈子不离不弃；而女人则将香水比作一生的知己，若是能相知相惜，则每一天都过得开心舒适，甚至欢呼雀跃。

女人要学会选择香水，如同选择自己的情人与知己，学会从无数的、令你眼花缭乱的香水中选择真正适合自己的那一款。

香水的选择是有讲究的，每一次到商场去，每一次选择香水的味道一般不要超过两到三款，因为假如闻多了，香味就会混淆，令你无从分辨、无从选择。而且香水如同美酒，也要细细品味才能渐入佳境，发掘出它与众不同的韵味。香水分前调、中调与后调，一般而言，前调比较冲；中调时间较长，比较柔和，而后调则最富有韵味。所以最好的方法是将香水涂抹在手腕的皮肤处，等到30分钟后再确定你的感觉。若是有可能，最好去别处逛一逛，过数小时后再闻一闻香水的味道，然后再作出最后的选择。

丽洁是商场香水专柜的销售小姐，每年她的业绩都是最好的，这里面是否有诀窍呢?

原来，丽洁每见到一位客人，首先会根据对方的年龄、穿着、气质来进行初步判断，其次再和客人亲切地交谈，了解对方的职业、性格与喜好，最后才根据所得出的印象给客人推荐一两款适合客人的香水。并且和其他急于做成生意的销售员不同，丽洁从不建议客人闻过香水之后立刻作决定，而是会建议客人先到别处逛逛，过一段时间，等香水的气味充分发挥出来后再闻闻，确定自己是否喜欢这个味道，如果喜欢，再购买。如果不喜欢，则可以第二天再试其他款式。这样，客人不但非常信任丽洁，而且一般都能挑到适合自己并且自己也十分喜欢的香水，从而成为丽洁的老客户。

香水的涂抹也要讲究方法，有人纯粹用香水来掩盖体味，所以直接喷洒在腋下，其实这是使用香水的大忌。因为腋下等部位出汗较多，如果与香水的气味混合，则会发出一股刺鼻难闻的味道。所以，香水一定要避开容易出汗的部位。

香水是一种有灵性的物品，一次不可喷得太多。最佳的方法是往空中喷洒，然后身体从香雾中穿过，这样香水就会均匀地粘在周身，散发出淡淡的清香，优雅而又得体。

假如你的皮肤不过敏，香水也可用“点”的方法，用指尖蘸上一点香水，擦于手腕、耳后、手肘内侧与膝盖内侧等脉搏处或体温较高的地方，这样，香水的香气就会随着你的举手投足而弥漫开来，给人留下难忘的印象。

## 香水，社交场合中身份的象征

有人说，在社交场合中，不化妆的女人是对他人的不礼貌和不尊重；那么香水，作为女人的第二层肌肤，也是如此：若不精心挑选、恰当使用，不但无法显示女人的品位与气质，同样也是对他人的不礼貌或不尊重，因为没有人会喜欢有着难闻体味的女人。

现代生活节奏快，女人通常需要不同的香水来衬托自己的气质。因为在不同的场合，女人们往往扮演着不同的角色，而不同的角色则需要恰到好处的体香：有时清爽，有时甜美，有时温柔，有时性感……若是在某一特定的场合，你用错了香水，哪怕你所使用的香水是价值不菲的世界名牌，结果也会适得其反。因此，专家常说："用错香水，不如不用香水。"正是这个道理。

小美中专毕业后应聘到一家大公司做打字员，因为接触的都是高级白领，小美生怕被别人瞧不起，因此拿到第一个月的工资，小美就买了一瓶高档香水——LadyGaga的首款个性香水。

可是，自从她用了这款香水之后，小美发现大家看她的眼神有些怪怪的，还时常有人在背后悄悄地议论她，等她一转脸，又什么都不说了。小美不知道问题出在哪里。

这天，小美的表姐来看她，一进门就夸张地吸着鼻子问："小美，你用的什么香水？怎么这么奇特？"

"LadyGaga的首款个性香水，还有她的亲笔签名呢！"小美得意地将香水拿给表姐看。不料表姐一看这香水便变了脸色："你难道天天喷着这个香水去上班吗？"

"是呀！不过不知道为什么，好像没有人欣赏哎！真是没水准。"小美悻悻地说。

"真是个傻丫头！这款香水据说是血液与精液的混合体味，是LadyGaga的惊世骇俗之作，最多只能在酒吧等场合使用，你天天喷着这个去上班，人家不说你才怪呢！"

"啊？"小美呆住了。

难怪有人说香水用错了场合就如同衣服穿错了场合，不但引起别人的误解，还会暴露自己的无知与庸俗，成为社交场合的一个笑话。所以，女人一定要根据自己的性格与气质，出席不同的场合时，搭配不同的香水，令自己成为一个处处显示着优雅与魅力的气质女人。

一般来说，在职业场合所选用的香水应该是知性、高雅、清爽的，配以得体的职业装，能给人留下干练、优雅的视觉印象；出席盛大宴会或晚间约会时，女人应选用成熟神秘香型的香水，充分显示出女人的性感、妩媚，带一点点令人欲罢不能的魅惑力，再搭配能充分展现曼妙体态的晚装，你必定是星空下最娇艳的那朵玫瑰；而在露天聚会、野餐、运动时，舒适、大方的休闲服，加上明朗、清爽的香水，你会如同雨后的草地一般带给人们清新、怡人的感觉。

总之，不同的社交场合需要搭配不同的香水，它可以充分展露你的性情、个性、喜好、修养等不为人知的内心秘密。若是能够得体地使用香水，你必定能成为社交场合中最引人注目的新星。

# 第19章　甜美嗓音，女人裸露感性的灵魂



声音，是女人的另一张名片，是女性身体中最美好的旋律。拥有一副迷人嗓音的女人是幸运的，因为她可以轻易得到他人的喜爱、获得人们的信赖。所以，气质女人不但要懂得穿衣打扮、化妆美容，更要懂得善用声音，为自己的形象加分。

## 学会听懂女人声音中的表情

翻开乐谱，你会发现音乐有许多表情记号，音乐家通过这些表情记号来表达乐曲的欢乐、哀愁、愉悦、痛苦……人的声音也同样具有表情，人们通过声音的高低起伏、抑扬顿挫来表达内心丰富多彩的情感。

一般而言，人们即便看不见对方，通过对方声音的变化，如语气、语调、语速的变化等，也能感受到对方的面部表情及心理感受。比如，尖锐高亢的声音一般是发怒时的声音，而抑郁低沉的声音则多为心情低落；轻快活泼的声音表达出内心的喜悦和开心，而带着哭腔的声音则自然充满了悲伤与担忧。可以说，人的一切情感：快乐、悲伤、哀愁、兴奋、蔑视、愤怒、坚强……都可以通过声音得到完全的呈现。

黄先生到外地出差，刚到宾馆便给妻子打了个电话。电话铃声响了好久，妻子才接电话。

“小凤吗？”

“……是。”妻子迟疑了一下，回答道。黄先生感到有些奇怪，他们两个人刚结婚不久，妻子每次接他的电话都是浓情蜜意，为何今天这样硬邦邦、干巴巴呢？

“你没事吧？”黄先生不由得担心地问。

“没事。”妻子好像是脱口而出。

“想我了吗，宝贝儿？”

“……嗯？哦，想的，想的。”妻子愣了一下，慌慌张张地回答，然后接着说，“你还有事吗？没事的话我就挂了，我要去洗澡了。”

“好的。”黄先生回答。但他挂了电话后，立刻拨通了他家当地的110电话。果然，他妻子小凤被歹徒劫持了，若不是黄先生报案及时，不仅财物会遭洗劫，小凤说不定也会性命不保。

当警察问黄先生如何知道歹徒进入他家时，黄先生回答：“虽然小凤没有透露一个字，但是从她的声音中，我听出了不安、恐惧与担忧，所以我判断家中一定进入了什么令她害怕却又不敢说的人，除了歹徒，还会有谁呢？”

黄先生真可谓是“听话听音”的高手，他从妻子反常的声音中听出了端倪，读懂了妻子内心的恐惧与不安，从而救了妻子一命。可见，人的声音是有生命、有表情的，能够反映出说话人真实的心理与感受，只要认真、仔细倾听，就能够读懂对方的内心，了解对方的感受。

所以，有人说：“声音是女人裸露的灵魂。”作为女人，一定要时刻记得善用声音来表达你的内心、传递你的感受，并且让人们从你悦耳、动听的声音中感受你美好的心灵、温柔的性情、淡定的情绪。

## 声音，透露出你内心深处的灵魂

俗话说：“千人千面。”每个女人所拥有的声音也各不相同，而这千差万别的声音则反映出每个女人截然不同的性格、性情与素养。

声音高亢尖锐的女人一般性格也比较偏激，情绪容易波动，对人或物的好恶感十分明显。拥有这样的声音的女人一般比较强势，不喜欢低头认输，说起话来常常滔滔不绝，通常喜欢将自己的意志强加给他人。

声音柔和低沉的女人一般性格比较内向，善于倾听，富于同情心，是一个让人容易产生倾诉欲望的女人。这样的女人比较适合做知己。

声音慵懒而略带磁性的女人通常比较性感妩媚，她们看起来随性，但实际上却有着自己的主张，聪明，而且极富女性的魅力。

声音娇滴滴并且甜得黏腻的女人不是有所图谋，便是故作可爱，她们试图通过声音来吸引异性，引起对方的好感。殊不知，做得太过反而会遭到别人的排斥与反感。

声音较粗并且从腹腔发出的女人一般属于乐善好施型，她们喜欢热闹，喜欢发号施令，但是为人性格比较爽朗，好说话，容易相处。

小刘从小患有小儿麻痹症，但是上天垂怜，却赐给了她一副好嗓子。于是她便迷恋上了配音，常常一人在家中模仿电影人物的角色进行对话。

有一天，一位朋友来看她，还没进门便听见有人在屋内大声地争吵。朋友悄悄躲在屋外听，不由得吃了一惊，原来那间小小的屋子竟然有七个人：一个濒临死亡的老者、一个极端自私的女人、一个高傲自大的富二代、一个憨厚老实的打工仔、一个凶神恶煞的打手、一个端庄贤淑的女人，还有一个活泼可爱的孩子。

朋友一直在门外听着，直到声音平息下来，才推门而入。一进门才发现，哪里有七个人，明明就只有小刘一人。原来刚才的声音全是小刘一个人模仿出来的。

当朋友把角色和小刘一分析，小刘就乐了："这是我自己写的剧本，你又没看过，怎么把人物的性格分析得这么准确呢？"朋友感叹说："哪里是我分析得准确，是你的声音将人物演活了。透过你的声音，一个个性格迥异的人物形象跃然眼前。小刘，你真应该去做配音演员。"

果然，后来小刘通过自己的努力，成为一名非常出色的配音演员。

可见，声音可以准确地反映出一个人的性格，透露出内心深处的灵魂。正如精神分析师穆萨·纳巴蒂所说的那样："人跟自己声音的关系是一种想象关系，这中间有他对自身形象的一种期待。因为通过声音这个沟通工具，表达出来的是人内心深处的状态。”而人们则通过声音走进你的内心，了解你的为人、性格与性情。

## 声音，无法掩饰的真相

随着年龄的渐长，人们在复杂的社会中渐渐学会了掩饰。在日常生活与人际交往中，女人们常常会用伪装的表情或动作来掩饰内心真实的想法与感受。但是，有时脱口而出的一句话、一个词甚至一声尖叫或者一声轻笑，都有可能暴露她们内心真实的想法，令女人们善于伪装的面具应声而落。

有人说：声音是情绪和个性的扩音器。恐惧时颤抖的声音，愤怒时尖利的声音，为了克服胆怯而特意提高的声音……无论怎样变化、怎样刻意掩饰，只要用心，总可以寻到一些蛛丝马迹，猜中女人的心事、搞懂她们的情绪。所以人们常说：“锣鼓听音，说话听声。”正是这个道理。

韩欣为价格问题与对方代表张蕊进行了第三次谈判，但是对方坚决不肯让步。于是韩欣假装无奈地说：“既然如此，我只有请我们的老总亲自和你谈了，但是他可没我这么好说话。说实话，老总给我的价格比我所给你们的价格还高0.5个百分点。我原本还犯愁该怎样去说服老总呢，你知道我是真心想做成这笔生意的。”

“哦……”张蕊没抬头，看不清她脸上的表情，只是简单地哼了一声。

走出谈判室的大门，助理担忧地问韩欣：“真的要叫老总过来亲自谈判吗？”

“不用。”韩欣自信地说，“她很快就会叫我们进去了。”

“你怎么知道？”助理惊奇地问，“她可是一个字也没说呀！”

“她只说了一个字，但这就够了。”韩欣笑笑，说，“假如她立场足够坚定，那么那一声‘哦’就应该是淡定而从容的。但是她的声音充满了焦虑与迟疑，她肯定担心老总真的亲自来谈判。她以前和老总打过交道，知道他比较难对付……”

话音未落，谈判室的大门又打开了，张蕊探出头来冲韩欣喊道：“等你们老总来肯定来不及，我们下午还得赶回去哪！你赶紧进来把合同签了吧！”

韩欣与助理相视一笑，露出了胜利的神情。

有人认为，相对于语言内容与肢体动作而言，声音的假装更加困难。就像眼神之于面部表情，无论伪装得多么巧妙，那深邃的眼神总能轻易地泄露你心底深处的秘密。

人与人之间的交往多数依赖于语言，而声音则是语言的载体。无论你的语言内容有多么动人，假如你的声音透露出虚伪、不满、轻视或者其他一些不好的内容，那么就很难让人接受与信服。声音能够表现个性、传递情绪，所以女人说话时，一定要尽量让自己的声音听起来柔和、温婉。

## 用声音谱写爱的乐章

几乎所有的人都喜欢拥有美好嗓音的女人，尤其是恋爱中的男人，若是有一个声音甜美的女友，则更是一种难求的福气。声音是最能体现女人味的一种途径，而男人对于充满女人味的声音来说，常常是毫无抵抗力的。自吹钢筋铁骨的男人们在温顺柔和的女人声音面前，会如同孩子一般乖乖地卸下盔甲，还原本色，沉浸于女人的温柔乡中不肯醒来。

现代社会，男人背负着太多的责任和压力，而女人柔和的声音、善解人意的话语则是缓解男人压力最好的良方。哪个男人不渴望在疲惫、困顿的时刻有一双温柔的手轻轻环绕着自己，耳边轻声呢喃着醉人的话语。而更有甚者，很多人在并未谋面的情况下，只听过对方的声音就迷恋上了对方，这样的爱情故事时常发生，并非神话。

孔迪是在一个阴雨绵绵的天气接到小柔的电话的。当话筒里传来一声轻轻柔柔、羞羞怯怯的“喂”时，孔迪的心突然就跳动了一下，一时间心神荡漾。

小柔打错了电话，但是孔迪突然就不肯放下电话，而且还有一种很强烈的冲动，想与小柔继续交谈下去。“……好吧。”小柔迟疑了一下，轻声地答应了。

小柔的话不多，大多数时间都是孔迪在说，她在听。但是她那温柔、甜美的声音深深地吸引了孔迪，让他不由自主地想一直说下去、听下去。那一次，他们整整聊了一个半小时。

自那以后，孔迪常常主动打电话给小柔，目的只为听她那轻柔得如春风一般的声音。孔迪常常在心中想象小柔的模样：一袭白裙如柔柳扶风，披肩长发若瀑布轻垂，一举手、一投足，都透着雅致与清新。

就这样，孔迪爱上了小柔——一个他从未谋面的女孩。后来，他终于见到了小柔，虽然她的五官并不十分出色，但她柔美动听的声音、娇怯温柔的神态依然深深吸引了孔迪。在孔迪不懈地追求下，小柔最后成为他的妻子。而如今，孔迪依然每天都要打电话给小柔，只为听听她那温柔的声音。有时候，哪怕是小柔一两句话，也能使他浮躁、疲惫的心灵突然安定下来。

有人曾作过调查：在长相与声音之间，你更倾心于哪一方面？大多数男人还是选择了声音。男女相爱时，声音有着催化剂或催情剂一般的效果，撒娇、耍赖、调情……女人可以用妩媚和充满诱惑的声音将情人之间的打情骂俏发挥到极致，充满致命的杀伤力，从而令男人融化、亢奋、彻底交出自己的真情甚至灵魂。

对男人而言，女人的声音就是一面镜子，能让他看清自己在女人心目中的分量到底有多重。男人还可以通过声音判断女人的真情或假意，来决定自己究竟该投入还是撤退。这是一件很玄妙的事情，只有恋爱中的男人才能体会。

## 如何拥有动听的声音

很多人认为，女人的容貌可以改变、气质可以提升、举止可以修炼，但唯独嗓子是天生的，是爹妈给的，无法改变。其实这是一种错误的观念。虽然女人声音的好坏与先天因素有很大关系，但若是经过有意识的后天训练，也能够得到很大的改观。

有人说，女人的声音就像音阶，有无限的组合能力，也有很大的潜力可以去开发、去改变。现在满街都是训练女人体形、美化女人肌肤的机构和美容院，但无论社会也好，女人自己也好，都没有意识到声音对于自身形象的重要性。其实，无论是男女之间的爱情，还是普通人之间的交往，声音都起着至关重要的作用。尤其对于女人来说，动听的声音往往比说话的内容更加重要。一个声音好听的女人，即便说话的内容简单，人们也会乐于接受，并美其名曰“单纯、可爱”；而假如一个女人很有思想，但是一开口便是令人不忍猝听的破锣嗓、沙哑音，人们就会“紧闭”自己的耳朵，而忽略她说话的内容。

晴儿人长得很美，但是天生一副沙哑的嗓音，小时候经常被同学嘲笑是“公鸭嗓”。晴儿渐渐地变得自闭，尤其在人多的场合，从不轻易开口说话。

父母察觉到这点后，很着急，便带她去看心理医生。心理医生知道，要想改变这一状况，就必须先改变晴儿的声音。于是他请一位著名的声音培训师给晴儿上课，制订了一套改变声音的方案。

首先是练气。俗话说，练声先练气。气息是人发声的动力，是发声的基础。培训师让晴儿不断地练习深呼吸：吸气时，深呼吸，小腹收紧，胸部打开，尽可能深地吸气；呼气时，把牙齿合上，留一条小缝，让气息缓缓呼出。

然后是练声。首先声带要放松，然后再进行张闭口练习，活动嚼肌，最后再练习胸腔、鼻腔这两个共鸣器。晴儿之前的发音只是单纯地凭喉咙发声，因此声音单薄，音色较差。

最后是吐字。吐字清晰、字正腔圆，是清晰表达思想的前提。所以培训师让晴儿练习每一个音节的发音：把发音的力量放在字头，利用字头带动字腹和字尾，而字腹发音的口型要端正，字尾发音要完整。

这样，经过半年的训练后，晴儿的声音得到了很大的改观，虽然音色还有些沙哑，但是却融入了女性的柔和与妩媚，听起来格外性感。晴儿再也不会为自己的嗓音而感到自卑了，渐渐地性格也变得活泼开朗起来。

可见，好声音也是可以通过后天的训练来获得的。女人不要因为自己天生的差嗓子而感到失落、难过甚至自卑。假如按照晴儿的练声方法，并坚持不懈、持之以恒地练习，就一定可以改善自己的声音。

影片《窈窕淑女》中那个卖花的乡村女孩，不也是从训练声音开始，一步步变成一位上流社会的贵妇人的吗？

## 女人要懂得呵护自己的嗓子

法国临床心理学家马克·斯邦曾经在对声音研究后得出这样的结论："在人际交流中，占第一位的是姿势（55%），其次就是声音（38%），而人们最为留意的语言、措辞只占到7%。"的确如此，人们的耳朵对说话的声调、节奏、语调的变化等十分敏感，会直接影响到对说话人的态度与印象。

假如你天生具有一副好嗓子，那么这是件值得庆贺的事；假如没有，也不要紧，通过后天的训练，也可以令原本的声音人为改观。但无论是天生的好嗓子，还是后天获得的好声音，都需要女人的精心呵护，就像呵护自己娇嫩的容颜一般，这样才能永久地保持女人声音的魅力。

桑桑是学校出名的"百灵鸟"，每一场文艺演出都少不了她那动听的歌喉。但是在高三的毕业典礼晚会前，桑桑突然感冒了，喉咙发炎、肿胀，嗓子也变得有些沙哑。当老师对她说："要不，这一次你还是别唱了，要注意保护嗓子。"桑桑急忙摇头说："没关系，这是高三的最后一次晚会，是人生中最美好的记忆，我怎能因这一点轻伤就下'火线’呢？”

于是，桑桑不仅和往常一样在晚会上大展歌喉，晚会结束后还和一些要好的朋友去KTV唱了一夜的歌。朋友开玩笑地说，桑桑的嗓子虽然哑了，但声音听起来反而更有磁性了。于是桑桑得意地唱了一首又一首。

到了第二天早上，桑桑的嗓子又红又肿，疼得连话都说不了。妈妈催她去医院看看，她却不以为然地说：“没事，多喝点水就好了。”可是，日子一天天过去了，桑桑的感冒也好了，嗓子也不疼了，但是往日那清脆动听的声音却再也没有回来。桑桑这才着急了，到医院一检查，医生说：“用嗓过度，声带遭到了破坏。可以治疗，但恐怕以后的声音会大受影响。”

桑桑这时才后悔莫及，但为时已晚。

其实女人的嗓子十分娇嫩，也十分脆弱，若不加以细心的呵护、细致的保养，就很可能遭到损坏，并且难以恢复。女人在日常生活中，一定要注意嗓子的保护，这是发出好声音的前提。

嗓子的养护多半取决于良好的生活习惯。无论何时，都要记得切不可用嗓过度，尤其是当嗓子不适、发炎时，更要注重嗓子的保护，能不说话就尽量不要说话，要多休息、多喝水，少吃辛辣食物，保证充足的睡眠。即便是平常说话，女人也一定要尽量柔和，这不仅仅是形象问题，也是保护嗓子的一个重要方面：因为声带是娇嫩且脆弱的发声器官，用气过猛或用力过大都有可能使之损伤。





## 声音，是女人的另外一副容颜

很多人大概都有过这样的经历：当你听到一个很有特色的嗓音时，即便看不到对方，也会在心中不由自主地想象、描绘对方的容貌、体形与形象。看过电影《佐罗》的女性朋友们，即便没有见过配音演员童自荣，也会通过佐罗那华丽而又富有儒雅贵族气息的声音而将他想象成一位帅气十足、风流儒雅的高贵男士。这就是声音的神奇作用。

声音可以说是女人的第二副容颜，也是女人的另一张名片。你的声音如何，会直接影响你在他人心目中的形象。所以，在日常生活与人际交往中，女人一定要注意自身的声音形象，这张名片运用得好，可以为自己的形象加分，甚至可以改变自身的命运；运用得不好，则会带来负面影响。

这天，某保险公司来了一位中年人和一个双目失明的老太太。老太太对公司的负责人说，她要找一个女孩，“有着蜜糖一般声音的女孩”。但是老太太并不知道那女孩的姓名，那么多电话业务员，到底哪一个才是老太太要找的女孩呢？

后来，负责人想出了一个办法，他让公司的每个女孩都通过电话跟老太太说上几句话，当云容说完话后，老太太激动地喊了起来：“就是她！就是她！”

原来，这位老太太是富商的遗孀，因为老伴去世，自己悲伤过度而导致双目失明，患上了抑郁症。一天下午，当她准备好安眠药正想结束自己的生命时，接到了一个电话。虽然这只是一个推销保险的电话，但是电话那头女孩清脆悦耳的语音、爽朗活泼的笑声如阳光一般驱散了老太太心头的浓雾。她从女孩的声音中感受到了她的热情、亲切以及诚恳，并突然产生了对生活与生命的眷恋。于是老太太放弃了自杀的念头，但她对儿子说，一定要找到那个姑娘，感谢她无意中挽救了自己的生命，并问问她是否愿意做自己的陪护。

云容接受了这份工作。老太太的眼睛一直没有好转，但去世前，她拉着云容的手说：“你是一个像阳光一般明媚可爱的女孩，心地善良、待人诚恳，我能感受到这一点，因为你的声音。所以，我走后，请你协助我的儿子做好企业，你的为人我相信。”

老太太将自己股份的一部分转赠给了云容，云容也因此改变了人生。

是的，很多人通过声音来想象一个人的面容与形象，也根据声音来判断一个人的素质与涵养。声音所透露出来的信息，比一般人所想象的要多得多。

声音是人与人之间交流的媒介，女人的声音不仅可以让人们感知到自己的年龄、职业、性格，还能真切地传达自己的思想、情感与态度。所以，女人在讲话时除了要注重音质，让自己的声音听起来优雅悦耳，更要注入自己的真诚与真心，要带有真实的情感，这才是真正能够打动人心的核心。

## 女人柔和的嗓音是世间最优美的音乐

女人都知道，好听的、悦耳的声音能为自己的形象加分，但是究竟怎样的声音才是女人最迷人、最动听的声音呢？翻开辞典，你可以看到很多形容女人好声音的词，如燕语莺声、委婉动听、银铃般清脆、慵懒性感、千娇百媚，数不尽数。

其实，每个人的喜好不同，对女人声音的偏爱自然也各有差异。有的人喜欢周璇那样柔媚、甜腻的声音，带着一点点旧上海的魅惑，令人沉迷；有的人喜欢蔡琴那富有磁性、略带中性的声音，浑厚、圆润，如同一杯陈年的老酒，直击人们的心底；还有的人喜欢邓丽君那清甜、柔美的声音，如一朵莲花开在水里，那样纤尘不染、超凡脱俗，令人们浮躁、迷惘的心灵刹那间获得平静、舒缓。

台湾地区有一位著名的女性食疗专家，她经常在世界各地开讲座，虽然每次参加的人都很多，但是现场的气氛却始终活跃而不失秩序。令人印象最深刻的是她与听众的互动做得相当出色，与很多善于煽情、用慷慨激昂、声嘶力竭式的演说来煽动听众热情的演讲者、培训师相比，她的声音自然、柔和，甚至有些略微低沉，但令人很难想象的是她竟然能把现场的气氛调动得如此积极、和谐、融洽。

其实，吸引人们的正是她那充满女性魅力的声音，她那轻柔而亲切的声音充分显示了她的知性、真情与善解人意，人们从她那毫不做作、自然柔和的声音中感受到了她的关爱与温暖，因此在心灵深处便产生了共鸣与默契，让人不由自主地想靠近她、聆听她的声音，从而真正地实现情感上的沟通与信任。

可见，虽然女人的音质千差万别，但是都离不开“柔和”这一基本要素。同样的内容假如以不同的声音说出来，那么相对于尖声高叫、声嘶力竭的声音，人们更容易接受温柔、亲切的话语。

女人柔和、圆润的声音就如同一把圣洁的乐器所弹奏出来的音符一般，令人感到真正的愉悦；就像春天里的细雨，从每个人的心田涓涓流过，恰似生命中最美的音乐。

## 修炼内心，使你的声音更优美

哪种女人的声音最难听？想必这个问题的答案也是仁者见仁、智者见智。有的人不喜欢尖细的嗓音，如同指甲划过玻璃的声音，令人浑身起鸡皮疙瘩；有的人讨厌粗哑的声音，如同粗鲁的男人，毫无女性的娇柔；还有的人不喜欢语速过慢、吞吞吐吐的声音，让人觉得沉闷、不耐烦。但无论哪种声音，女人说话时都必须要融入自己的真情实感，否则就算音质再好，也无法引起别人的共鸣，反而会变成拿腔捏调，令人反感。

有一些女人一开口便让人倒胃口，其罪魁祸首不在音质，而在于她的语气和语调。一般来说，声音尖利、刻薄的女性是让人反感的；颐指气使、命令式的语气也令人难以接受；而如狂风暴雨的“河东狮吼”则更让人听而生畏。所以，女人在说话时，一定要注意掌控自己的语气和语调，不要让它成为一柄伤人的利刃。其实，女人声音的好坏更多地取决于性情，一般而言，性情温顺、柔和的女人说话声音也比较温柔文雅，令人容易接受、容易亲近。

小玫结婚前是个火爆脾气，说起话来像锣鸣，铿锵有力，带着金属的音质，令人耳膜极不舒服。很多人背地里叫她“破锣嗓”。小玫心里很苦恼，但是不知道该如何改变。

后来，小玫结婚了，丈夫是一个文弱书生，小玫很爱他，什么事都顺着他，性格和脾气也慢慢地变得柔和起来。小玫渐渐地改掉了说话喜欢大声嚷的习惯，平常说话尽量让自己的声调放低、语速放慢，改用低缓、柔和的声音。大家觉得很奇怪，问小玫是不是去做了声带美容。小玫笑着说："我没有做声带美容，我是做了性格美容。"

可见，女人的性格、性情与脾气对于女人的声音是否优美动听有着十分重要的影响。一个性格温和的女人，说话的声音必定也是温顺柔和的，而一个脾气火爆、刁钻蛮横的女人，一开口声音便会尖利、刻薄，令人心生不快。

所以，世上最难听的声音和人的音质、声线其实并无多大关系，假如你的声音中充满了讥讽、嘲笑、鄙视、挖苦、谄媚与敌意，那么无论你的声线、音质多么优质，都不可能成为优美动听的声音。因此，女人若想令自己的声音变得优雅迷人，改变表面上的音质是次要的，最主要的是改变自己的内心，修炼内涵，提升素质，做一个温柔、优雅、善解人意的气质女人。

# 第20章　如水美肌，让女人散发柔婉气质

对于女人来说，拥有柔滑、娇嫩的肌肤绝对是气质美女的必要条件之一。有人说，肌肤是女人最大的一张脸。所以，作为女人，一定要了解自己的肌肤、呵护自己的肌肤，做一个水嫩的雪肌美女！

## 了解肌肤，才能美肤

据《中国美容时尚报》的调查，女人最关心的美容项目是肌肤保养；每年的美容院消费调查报告也显示，女人在肌肤保养上的消费金额是最高的；女人们聚在一起，最关心的话题也是肌肤保养。由此可见，肌肤保养是每个女人都关心的问题。

每个女人的肌肤各有不同，没有哪一种保养品或保养方法是适合任何一个女人的。若想找到适合自己的护肤品，让肌肤护理发挥其最大的功效，首先就要了解自己的肌肤性质，对症下药，这样才能打造完美的如水肌肤。

小薇到表姐家玩，一进门，表姐就惊叫起来："你的脸怎么了？"

"哦，可能是季节性过敏。"小薇不在意地说。

"不对。"表姐拉过小薇，在阳光下细细一看，肯定地说："你这是护肤品过敏。"

"怎么可能？"小薇叫起来，"我这套护肤品可是才用的，是男朋友

从法国带回来的高端品牌。”

“高端怎么了？那也不一定适合你的皮肤。”表姐很认真地说，“你看，你的肌肤角质层很薄，容易起疹子和红肿块，一看就是敏感性肌肤。敏感性肌肤最怕乱用护肤品，一定要经过测试才能用。你肯定是没测试就直接抹脸上了是不？”

“是的。我想，国际大品牌总不会有问题呀，谁想还真过敏了。那么多钱可全浪费了！”小薇懊恼地说。

“肌肤护理不是讲究品牌，更不是讲究价格越贵越好，而是要充分了解自己的肤质，选择最适合自己的产品。比如你的过敏性肌肤可以试试药妆，不但性质温和，而且价钱适中。”

小薇听了，不由地竖起大拇指：“表姐，你可真是个护肤专家。以后我可得好好向你学习。”

护肤品越用越好，美容院的皮肤护理也越选越贵，可是为何肌肤的质地却越来越差，越来越没有光泽，甚至出现了各种肌肤问题？这或许是每个女人都会遇到的困惑，其根本原因就在于她们没有了解自己的肌肤性质与状况，盲目选择、跟风，所以才导致问题的出现。

女人养护肌肤首先要从了解自身的肌肤状况着手。一般而言，女性的肌肤可分为五大类别：干性、油性、中性、混合性与敏感性肌肤。每一类肌肤所适用的护肤品与保养手法各不相同，女人在选择购买护肤品之前，一定要了解自己皮肤的属性。现在可以通过专门测试肌肤状况的仪器来确定肌肤的性质，同时发现肌肤所存在的问题；也可以咨询资深的美容师或化妆师，不仅可以更加清楚地了解自身肌肤的质地，还可以深入了解各种产品与保养手法的利弊，从而选择最适合自己的护肤系列。





## 肌肤，女人最大的那张脸

谈及肌肤护理，大多数女人会在第一时间想到自己的脸。的确，几乎所有的女人都很爱惜自己的脸，舍得在脸部肌肤的护理上花时间和本钱。但是，女人的肌肤保养绝不仅仅限于脸部肌肤，女人的每一寸肌肤都应该受到同等的待遇，得到细致的呵护。

很难想象，一个拥有精致美丽脸庞的女人，却有着一双粗糙干裂的手、一身干燥得起皮屑的肌肤，或者一双蜕皮蜕得斑斑驳驳的双脚，这样怎么可能会给人以美感、给人以视觉上的享受？真正精致的女人，不仅要注重那张巴掌大的小脸，更要注重女人那张最大的脸——全身的肌肤。一个拥有全身绸缎般细腻娇嫩肌肤的女人，才能称得上是真正的美女。

石梅是公认的大美女，大大的眼睛、挺直的鼻梁、性感的嘴唇，特别是她那吹弹可破的嫩白肌肤，引得无数女人艳羡、男人爱慕。

有一天，单位组织去旅游，到了一处著名的温泉景点，女人们纷纷换上艳丽的泳衣，扑向温暖、清澈的泉水之中。石梅依然是众人瞩目的焦点，她那凹凸有致、曲线毕露的身材让无论男人还是女人的眼中都几乎喷出火来。

当大伙泡够了温泉，坐在岸边的长椅上休息时，石梅平日里的“死敌”魏萍突然大惊小怪地叫起来：“哎呀！石梅，你的脚！”

众人被她的叫声吓了一跳，全都不由自主地朝石梅的脚看去。这不看不知道，一看还真吓一跳：石梅的脚上全是老皮，被温泉一泡，发白的皮屑有的脱落下来，有的没有脱落，看上去黑一块、白一块的，甚是难看。

石梅窘迫地四处找遮盖的东西，但是那不雅的双脚早已被人们看了个遍。看着幸灾乐祸的女人、窃窃私语的男人，石梅这才深深懊悔自己平常只注重脸蛋的保养，而忽视了身体其他部位的养护。

石梅的尴尬或许不少女性都曾经历过：长满痘痘的脊背、起皮脱屑的手肘、长满老茧的双脚，当褪去遮盖物时，这一切就会突然暴露在众人的面前，从而使女人原本光彩照人的形象大打折扣，甚至令人大倒胃口。所以，女人平日注重肌肤的养护，一定不能忘记身体护理这一细节，假如你对身体其他部位的肌肤护理漫不经心，它就会在关键的时刻让你丢脸、出你的洋相。

追求身体每一寸肌肤的嫩白、光滑是每一个追求完美的女人不可忽视的细节。完美的女人，就必须要有完美的身体肌肤。现在的美容院除了脸部保养之外，几乎都有身体保养这一项目。闲暇时做做身体SPA，不但可以养出一身娇嫩的肌肤，还可以在精油的芳香中放松心情、舒缓情绪，也可算是一举两得了。

## 美肤的最后一课——卸妆

很多女人都喜欢化妆。的确，化妆是令女人容貌得以迅速改善的最快手段，也能够帮助女人在顷刻之间打造出完美的肌肤。但是，无论化妆的技巧有多高明，通过化妆得来的肌肤只是暂时的，若是不注重卸妆，就会给肌肤带来极大的损害。

很多女人平常很注重肌肤的保养，高档护肤品涂了一层又一层，但是皮肤不但没有变好，反而越来越糟，其罪魁祸首之一就是没有认真卸妆。且不说护肤品，尤其是彩妆，很多都是由化学物质制成，就是每天空气中的污染、灰尘、电脑辐射、空调折磨以及自身肌肤所分泌出来的汗水、油脂等，都会在肌肤的表面覆盖厚厚的一层，令肌肤无法顺畅呼吸。而肌肤是有生命的，夜晚是肌肤新陈代谢最活跃的时刻，肌肤无法得到彻底的清洁，就无法顺畅地呼吸，久而久之，不但肤质会变差，出现各种肌肤问题，如炎症、痘痘、过敏等，而且就算使用了昂贵的保养品，肌肤也无法吸收其中的营养，达不到保养的最佳效果。

美玲一向标榜自己是素颜美人，所以从不化妆。可最近她发现皮肤的状况越来越差，不但脸色暗沉，而且还长了不少痘痘，令她十分苦恼。

有一天，她到专柜去买护肤品，销售小姐热情地向她推荐卸妆乳。美玲没好气地说："我从来不化妆，连洗面奶都不用，怎么可能还要用卸妆乳？"

销售小姐仔细看了看她的皮肤，问："你的肌肤最近好像问题不少呀？"

"可不是嘛，所以这才来买好一点的护肤品啊。"美玲着急地说。

“其实光用护肤品是不够的，还必须要做好卸妆这一功课。”销售小姐娓娓道来，“即便不用彩妆，日用与夜用的护肤品功效也是有很大差异的。若想要夜用的护肤品发挥最大的保养功效，最重要的一步便是清除日用护肤品残留的痕迹以及白天所残留的汗液、油脂、灰尘等。单凭清水，这些是无法清除干净的；而假如垃圾不能及时清理，久而久之就会堵塞毛孔，你脸上的痘痘就是这一原因造成的。”

“啊？原来不化妆也要卸妆呀！”美玲恍然大悟。

对于“卸妆”，很多人都有像美玲一样的错误认识：以为平时不用彩妆，就可以忽视卸妆这一步骤，只单纯地用清水洗脸就可以了。其实，脸上的污垢分为水溶性和油溶性两种，油溶性的污垢用清水是无法洗干净的，更不用说彩妆之类了。而且现在的洗面奶或卸妆乳有些性质非常温和，不但能有效地清除一般污垢，而且还有补水、护肤的作用，完全不必担心对肌肤会有损害。至于比较难以卸除的浓妆，如睫毛膏、眼线液等，则可以用清洁能力较强的卸妆乳或卸妆水，小范围、小面积地使用，也不会伤害肌肤。

无论你多晚睡觉，都请务必记得在上床前彻底地清洁面部、卸去妆容，这样才能做一个清丽透明的本色美女！





## 完美肌肤的日常防护

肌肤的保养有一个非常重要的环节，那就是肌肤的日常防护。

女人的肌肤娇嫩而又脆弱，现代社会，随着环境污染的日益加剧，大气中的臭氧层也日益遭到破坏，有的地方甚至出现了臭氧空洞。而臭氧层则是紫外线的天然防护层，据科学监测，臭氧层中的臭氧每减少10%，紫外线的穿射率就会高出15%~20%，而皮肤癌的发生率就会增加20%。除了这可怕的疾病，紫外线也是公认的女性肌肤的第一杀手，肤色不均、斑点皱纹、皮肤松弛等，都与紫外线的伤害有着密切的关系。因此，女人肌肤的日常养护一定要做好防晒工作。

或许有人说，防晒主要是夏天的工作，冬天太阳照射没有那么厉害，就可以省去这个步骤了。其实这是一个非常错误的观念。紫外线一年四季都存在，都会对我们的皮肤造成伤害。即便是阴天或下雨天，也会有相当于晴天80%的紫外线能穿过云层，到达地球。假如因为看不到太阳而不注意防晒的话，肌肤就会在不知不觉中受伤。所以，防晒绝不仅仅是“夏季工程”，而是“四季工程”。

青儿天生肌肤似雪，用她自己的话说：“我是天生的‘晒不黑’，而且越晒越白。”果真，青儿的皮肤晒过太阳后，会透出淡淡的粉红，皮肤看上去更加粉嫩、白皙。因此，青儿对市面上的防晒霜从来都是嗤之以鼻。

去年夏天，青儿作为医护人员到非洲进行支援工作，临行前，很多朋友劝她要注意防晒，可青儿却不以为然地说：“没事，我的皮肤不怕晒。”在非洲工作的半年时间内，青儿除了偶尔戴戴草帽，几乎从来没使用过防晒霜。

回来后，青儿明显黑了许多，但她依然毫不在乎地说：“捂一个冬天就白过来了。”果真，到了第二年，青儿的皮肤又恢复了白皙，这令许多人羡慕不已。

但是最近，青儿的皮肤上出现了许多斑点，黑黑黄黄的，在白皙的皮肤上显得特别扎眼。青儿以为是内分泌出现了问题，于是去看中医。医生很仔细地察看后说：“你这不是黄褐斑，而是晒斑。”

“晒斑？”青儿大吃一惊。

“是的。虽然你天生皮肤白，但是紫外线过度暴晒后，黑色素就会沉积在真皮层内，然后慢慢浮现在皮肤表面，形成晒斑。皮肤越白的人越容易出现晒斑，而且晒斑很难消除。”

青儿此时才懊悔自己平时太马虎，没有做好防晒工作，从而出现了这恼人的晒斑。

斑点狗很可爱，但没有哪个女人愿意做斑点妹。如果不注意日常防晒工作，脸上不但会布满难堪的黑斑，还会造成干纹、细纹的出现，造成皮肤松弛，甚至会引发过敏性皮肤病。所以，女人平时一定要做好防晒工作，选择适合自己的防晒产品。防晒产品的防晒能力一般以SPF（防晒系数）值来表示，SPF值越高，防晒能力就越强。女人上班、外出购物或逛街时可选用SPF15以下的防晒用品；出外游玩时可选用SPF20左右的防晒用品；游泳或做日光浴时用SPF20~30的防水性防晒用品，并且别忘记及时补充涂抹。

## 肌肤想要嫩滑，排毒是关键

近些年来，“排毒养颜”这一名词众人都不再陌生，而许多冠以“排毒养颜”之名的保健品也异常走俏。的确，随着工业的发展，环境污染日益加剧，空气中充满了大量的粉尘、重金属等有害物质，会随着人们的呼吸而进入体内；人体摄入的蛋白质、糖、脂肪等物质在新陈代谢的过程中也会产生许多废物与残渣，在细菌的作用下，产生大量恶性毒素。这些都是人体内毒素的来源，若是得不到及时清理，这些毒素就会在体内沉积下来，久而久之，不但有害身体健康，还会引起各种肌肤问题，如肤色暗沉、不均，长出许多痘痘、粉刺等。因此，女人若想保持肌肤的美丽与嫩滑，就必须要想办法将体内的毒素清除出去。只有肌肤洁净了，肌肤后期的保养才能获得最好的效果。

大S徐熙媛是台湾著名的“美容大王”，同时也是出名的素食主义者。对于肌肤保养，她格外推崇一款排毒养颜餐。做法其实很简单，就是先将燕麦用开水泡软，然后与葡萄干和水煮蛋混合在一起，作为早餐。这一款食物里通常不加水，所以可能刚开始的时候会觉得干巴巴，很难吃习惯。但是不要紧，只要你坚持吃三天，就能看到奇效：不但大便通畅，体内的废物和毒素随之排出，而且肌肤也会变得嫩滑、白净。假如连续吃上一段时间，就会感觉自己的身体开始“无毒一身轻”，连骨骼也变得日益健壮起来。

大S的排毒养颜餐其实就是利用植物纤维加速肠胃蠕动，从而缩短食物停留在体内的时间，并将毒素排出体内。可见，食疗是排毒养颜最好的方式之一。很多女明星还会选用各式水果来制作排毒养颜饮品，不但可以补充维生素，还可以加快体内废物与毒素的排出。

此外，出汗也是很好的排毒方式之一。大量的运动会加速身体的新陈代谢过程，排出的汗液则会将体内的垃圾一同带出体外。女人不但可以通过运动来排毒，还可以通过沐浴、泡澡等方式加速流汗，以达到自然排毒的目的。若是能在泡澡时加入适量的浴盐，则效果会更好。因为浴盐不但可以帮助打开毛孔，将废物排出体外，还可以舒缓疲劳、润泽肌肤。

精油按摩也是肌肤排毒的好方法之一。精油中的有效成分可以进入体内，无论通过嗅觉器官还是通过身体肌肤，精油中的微细分子都可以进入体内，作用于血管与淋巴，将滞留在体内的二氧化碳及各种毒素排泄出来。所以，女人也可以利用精油，配合柔和的按摩进行身体与肌肤的排毒。

## 气血是女人的美丽之源

记得前些年有一句广告词特别火，大街小巷、男女老少都会这么一句："白里透红，与众不同。"的确，对于东方女性来说，拥有白里透红的水嫩肌肤是肌肤美丽的最高标准，也是每一位女性追求的终极目标。但是假如只依靠腮红或胭脂来取得白里透红的效果，那是最愚笨的方法，真正白里透红的肌肤要由内而外、气血双补才能获得，也才能维持长效。

气和血是人体生理活动的基本物质基础。气血不足的女人通常面色苍白无华，眼圈发黑，嘴唇无色，整个人看上去病恹恹的，毫无生气与活力。所以，美容单靠护肤品的外部滋养，是无济于事的，正如《圣济总录》中所说的："驻颜色，当以血气为先。"而血液对于女人来说，更是尤为重要，因为血液能将气的功效传递到全身各个脏器，正如中医所说："血为气之母。"或"血能载气。"只要活血、补血，人体中的气——这种精微物质，就能充分发挥其活力与作用，为女人带来白里透红的如水肌肤。

于女士最近肤色很不好，不但没有光泽，而且苍白、憔悴，还长了不少痘痘。她认为是护肤品不好的缘故，于是拿了奖金，便去商场买高档护肤品。

在路上，于女士碰到了在中医院做妇科主任的老同学。老同学一听她要去买护肤品，便摇头说："你这是治标不治本。你的皮肤问题根本不是护肤品能够解决的，而要看中医。"

"中医？"于女士哑然失笑，"这和中医有什么关系？"

"当然有关系。"老同学认真地说，"你最近是不是月经不调？"

"是，而且有几年了。"

"你看，你面色无华、嘴唇青紫，并且连头发也枯槁，毫无光泽，很显然这是气血两虚的表现。女人体内血液与精气的盛衰不但影响身体的好坏，更能直接在面部肤色和头发上反映出来。你月经失调、阴阳失和，自然会导致气血亏损。所以，要想美肤，首先要调经理血，这才是根本。"

"原来如此。"于女士恍然大悟，"那我明天去找你，给我看看，再给我开个方子补补气血。"

"没问题。"老同学爽快地答应。

气血，是女性的健康之本，也是肌肤光泽、红润的必要条件。女人平常不仅要关注肌肤的保养，更要注重气血的调理，这样肌肤才能由内而外散发动人红晕。

女人补气益血可以通过食疗和药疗来实现。多吃含铁、蛋白质及维生素的食品，如木耳、龙眼、猪肝、菠菜、红枣、黑芝麻、海参、乌鸡等，也可以找中医开一些补气血的中药，此外，运动也是调养气血必不可少的一个环节，瑜伽、太极等舒缓运动可以使女人气血运转顺畅，肤色红润。另外，女人还可以经常做一些按摩，如头部、脸部、足部的按摩等，也可以补中益气、延缓衰老。

## 女人该如何为肌肤补水

为肌肤补水，是一个老生常谈的话题，也是每一个女人非常关注的话题。肌肤保养，无论寒冬或是酷暑，补水都是必不可少的关键一步。

随着女人年龄的日益增长、外界环境的不断变化，都会造成肌肤内部水分的大量流失，若是不及时补充水分，肌肤的细胞就会萎缩，毛孔便会粗大，从而导致皱纹、干燥、暗淡、脱屑等一系列肌肤问题，给女人带来无尽的烦恼。难怪有人说，打造完美肌肤，补水是关键。

42岁的李嘉欣为人母后再度复出，屏幕前的她不但身材丝毫没有变样，而且肌肤也依然水嫩光滑、吹弹可破。所有见到她的人都不由惊呼："又一个美人不老传奇！"

对于这位不老美人的保养秘诀，众人自然十分好奇、关心。禁不住再三追问，李嘉欣终于吐露了她的保养秘诀。其实很简单，归根结底就两个字——补水。

李嘉欣认为保养皮肤的关键在于补水。一切肌肤问题的出现都与缺水有关，而要解决这些问题，最根本的做法就是要及时为肌肤补水，无论何时何地，都丝毫不能疏忽。她说自己"每天都会观察肌肤状况，特别会加强做美白或补水。女人到了一定年龄，要特别注重日常保养。"因此，她每天早晨起床后的第一件事就是为肌肤补水，这是她多年以来从不改变的习惯。

李嘉欣认为，完美的女人要内外兼修，内在的气质同样需要靓丽的外形来映衬。做好补水功课，李嘉欣的肌肤一如少女般水嫩弹滑、饱满剔透。怪不得就算有了孩子，老公的宠爱依然不减当年，还抢着和孩子争美丽妈妈的宠呢！

可见，补水保湿是养出水嫩肌肤的关键所在，但是怎样才能正确地为肌肤补水，令肌肤水嫩晶莹呢?

首先，每天喝6~8杯水，这是必不可少的。身体的各个部位经过漫长的睡眠之后，都会面临缺水的问题，肌肤自然也不例外。晨起第一件事便是喝水，这能迅速为肌肤补充水分。而且要记住，千万不要等到感觉口渴再去喝水，那时候，肌肤的细胞早就处于缺水的状态了。

其次，要选择适合自己的护肤品，尽量选用性质温和、有补水功效的产品，无论是清洁用品还是保养品，都要充分注意到这一点。假如你是干性肌肤，就一定要使用锁水保湿的产品；假如你是油性肌肤，也要注意保持水油平衡，不能一味只想着去除油光，而忽略了补水保湿。

再次，要通过饮食来为肌肤补水。各类蔬菜、水果中不但含有大量水分，还含有丰富的维生素与矿物质。鱼、瘦肉、核桃、银耳、雪梨等滋阴润燥的食物也是滋润肌肤、润泽容颜的好来源。另外，要少吃辛辣、刺激性和油煎、油炸等食品，它们都是令肌肤缺水的元凶。

最后，要养成随时随地补水的习惯。无论是干燥的秋冬季节，还是炎热的夏天，都不能忽视肌肤的补水工作。有人认为夏天肌肤容易出汗、出油，根本无须补水，这是非常错误的观点。油多不等于水分充足，因缺水引起毛孔粗大，会加剧肌肤出油现象。而且夏天空调使用频繁，反而更容易造成肌肤缺水。爱美的女人们最好在身边常备一瓶补水喷雾，这样就能随时缓解肌肤的缺水现象。

## 防止肌肤老化，聪明女人有高招

拥有永不衰老的如花容颜是每个女人梦寐以求的，然而时光流转、岁月无情，任何人都不可能逆转时光、留住容颜。衰老是人生不可违背的规律，任何人都逃避不了生老病死的结局。但这并不意味着女人在时间面前就应该束手无策、任由摆布。我们既然无法改变衰老，那就延缓衰老。对抗衰老，聪明的女人自有办法。

首先，维持正常的生活规律是对抗衰老最基本的要素。肌肤在夜间时的新陈代谢是最活跃的，细胞在这个时候也在抓紧做修复工作、吸收营养，假如经常熬夜，肌肤得不到充足的休息，就会肤色暗淡、粗糙，出现衰老的征兆。

其次，肌肤的日常保养要做好防晒与补水工作。紫外线是造成肌肤老化的罪魁祸首之一，产生晒斑、松弛等各种肌肤问题。而肌肤的含水量若是下降，就会出现干纹、粗糙、蜕皮、过敏等一系列问题。

再次，女人一过25岁，就要选用含有抗衰老成分的护肤品，单纯的补水保湿等基础护理已经满足不了肌肤的需求，只有蕴涵丰富营养的护肤品才能获得良好的保养效果。肌肤保养要日夜兼顾，夜间注重肌肤的修复，彻底清洁皮肤之后，一定要用修复力度较高的精华、晚霜等产品；而白天则要注重肌肤的防护，防止环境对肌肤的侵害。

最后，预防衰老要养成良好的生活习惯，要多吃含有富含维生素、矿物质、蛋白质的食品，如西兰花、黑木耳、胡萝卜、豆制品和鱼虾类食品等。这些食品有的可以清除体内的自由基，有的可以补充体内的胶原蛋白，是抗衰老的好食物。

胡姐刚刚年过40岁，平日生活十分优越，老公很有钱，所以用的护肤品都是高端产品，平常也很注重肌肤护理，每周定期到美容院做保养。但是近几年来，胡姐看上去衰老得很快，好像任何护肤品对她都不起效，这是为什么呢?

原来，随着年龄的增大，胡姐对老公越来越不放心，每日忧心忡忡，总是担心老公被外面年轻漂亮的“狐狸精”勾引走。这种担心甚至到了夜不能寝、食不知味的地步。老公一旦回家晚一点或者接到女性的电话，胡姐便大吵大闹、寻死觅活，不仅老公被她搞得十分厌烦，她自己也似乎到了神经质的地步，整日生活在担心与恐惧之中，不知笑容为何物。渐渐地，胡姐的头发开始脱落，皮肤暗淡，皱纹如雨后春笋般冒出来，无论用多高级的护肤品都无济于事。短短几年，胡姐就像衰老了十几岁。

可见，无论外部保养有多讲究，假如心情不愉快、不舒畅，女人一样衰老很快。所以，每个女人都要记住，保持良好的情绪也是抵抗衰老的最有效方法之一。年龄是女人最不愿向别人透露的秘密之一，女人若想让自己看起来比实际年龄更加年轻，就要从现在做起，内外兼修。早一天行动，晚一天衰老。

## 美肤，要由内而外地进行

提到美容护肤，大多数女人便会立刻想到瓶瓶罐罐的护肤品、到美容院做皮肤护理，甚至医院做整形美容等。其实，有一种最健康、最廉价也是最有效的护肤品就在我们身边，那就是厨房里的各种食物。

现代科学研究发现，科学、合理的营养饮食，有助于提高皮肤的新陈代谢与功能，可以润泽、美白肌肤。但是不同性质的肌肤，对于美肤食物的选择也应有所区别。比如，中、干性肌肤的女人要多吃豆类、蔬菜、水果等碱性食物，少吃鱼虾、贝类等酸性食物，以补充体内水分，加速皮肤的新陈代谢；油性肌肤则应多吃凉性、平性食物，如冬瓜、萝卜、白菜、竹笋、莲藕、兔肉等，而少吃温热性以及油脂过多的食物，以解决皮脂分泌旺盛、雄性激素分泌过多等问题；而敏感性肌肤则一定要避免辛辣、有刺激性的食物，如烧烤类等。

女明星最注重肌肤保养，而谈及肌肤保养秘诀，可以发现大多数女明星都有一个共同的爱好，那就是——煲汤。

莫文蔚曾一脸幸福地谈到老爸给她煲的各式靓汤，既能补充足够的营养，又能保持身材，保养皮肤，成为一个体质上和艺术上都健康的艺人。

刘嘉玲最爱的汤则是番茄猪肝汤，很简单，但是营养却很丰富。她认为，要想气色好，身体干净最重要，而猪肝清血排毒，番茄补充维生素与番茄红素，抗衰老，两者组合，对皮肤最好不过。

舒淇在被问到肌肤保养的秘诀时曾说："我不爱运动也不做SPA，所以身材还好可能和饮食有关，我不吃油腻的，不吃煎炸的，也不喝甜的、碳酸型饮料，我唯一喜欢的就是喝汤。"身为煲汤高手的她，最爱喝、最拿手的便是猪舌胡萝卜玉米汤。

范冰冰也有自己最爱喝的汤。她说："香港的朋友总是说，与其把时间花在涂脂抹粉上，倒不如食补，比如燕窝、煲汤，现在我终于明白了，美丽是可以吃出来的。你只要到书店随便买本煲汤的菜谱回家照着做就行。"

靓汤，给了女明星们光滑洁白的肌肤，这也是她们看上去比同龄人要年轻许多的秘诀之一。其实煲汤花的不过是一点儿工夫和时间而已，制作起来并不复杂。现代社会，无论买什么材料都很方便，大多数汤所需的材质都比较简单，到任何一家超市或药店都可以买到。所以，有句老话说得对："没有丑女人，只有懒女人。"花一点时间，为自己煲一锅汤，由内而外地调理肌肤，肌肤才能由内而外地散发出迷人的光彩，这可是任何护肤品或彩妆都无法达到的效果。

# 第21章　调控情绪，别让坏脾气毁了你的形象

美丽的女人内在与外在兼修，而很多时候，女人的美丽就因为一些不良情绪而大为失色。每个女人都有情绪，但有修养的女人会为自己的情绪把好关，做情绪的主人而绝非奴隶，然后找个出口释放这些不良情绪，而不是将坏情绪传染给身边的人，让别人为自己的不良情绪埋单，这样的女人不会有人爱。情绪是女人修养的外衣，有修养的女人将自己的坏情绪关在心里，如不会拿别人的过错来惩罚自己，也不会让自己做个怨妇，这样的女人才是有修养的女人，也是真正美丽的女人。

## 别因愤怒玷污了你的形象

有修养的女人心胸宽广，自然也就不会因为一点点小事愤怒，她们会以微笑和包容对待侵犯她的人。

生活中很多女人特别容易情绪化，遇到不满很容易愤怒，很多不文明的举动相继出现，使自己的形象一下子跌入谷底。

有一天，小魏带儿子一起去超市，在正常过人行横道时，她发现几米远的地方有一辆红色小车开过来，她心想还有段距离，过去是来得及的，更何况驾驶员看到有人在走人行横道应该会让行的。可是让她意想不到的是这个驾驶员非但没有减速，反而加速行驶过来，当她反应过来的时候就听到一阵急刹车声，驾驶员将车停在距她30厘米距离的位置，而且已

经压在人行横道的线上了，这时她心跳加速，要知道她还带着儿子呀！她下意识抬头一看，开车的竟然是一个比较漂亮的年轻女性，而当她准备离开时，没想到这个女人从车上下来，指着小魏就骂："长没长眼睛啊，没看见车啊？"这时的小魏真觉得是莫名其妙，明明是她差点儿撞了自己和儿子，却反咬一口，真是没道理，而这个时候，马路边上已经聚集了一堆人，对这个女人指指点点的，似乎是在说她不对，小魏本打算把儿子带到安全的过道上与其理论，可一想这样实在影响不好，事情又不大，理伦也毁自己形象，于是拉着儿子离开了。剩下那个女人在那里破口大骂，围观的人还没有散去。

小魏的做法是对的，而那个女人则在公众场合丑态百出，可能她自己还没意识到，想从小魏那里赢得一个胜利，而小魏则明智地离开，保全了自己的形象。面对他人的冒犯，我们都可能愤怒，可是要注意一个度，别让愤怒玷污了你的形象。

有修养的女人心胸宽广，自然也就不会因为一点点小事愤怒，她们会以微笑和包容对待侵犯自己的人，而相反的是，很多女人总是以牙还牙，骂到脸红脖子粗，还不肯罢休，其实她们不知道，背后已经有很多人在议论自己了，自己的形象早已荡然无存。小徐是一家医院的护士，在一天的日记中，她这样写道：

"周六那天早晨来了一个女人带小孩来挂水，那女人穿着很有品位，没想到素质很差。那天天气一点都不热，大概只有27度。她一来就把输液室的空调打开了，全然不顾其他病人。开就开了我也没讲什么，但是她倒好，开空调后却把我们的门窗全开了。我就说'你开空调至少要把我们窗户关一下。'我也没觉得我说的有什么过分的话，那女的立马来一句"不应是你来关了吗？你自己的事情不做，要我做啊？"听到这话，我真气得够呛，但是我还是忍了，毕竟有其他病人在，吵起来对其他病人也不好，我没讲话就走了。过了10分钟，陆续有病人换地方挂水了（都嫌冷），有的病人就讲那女的素质差。可能是她听到了病人的议论或是自己冷了，就把空调关了。关了之后，刚好我在给一个病人挂水，她趾高气扬地来一句'哎，等你弄好，过来帮我窗户开开。'我很生气，她一副命令的口气，好像是应该的。刚好那会很忙，我自然是没理她。我也生气，凭什么帮她开窗户啊，她又不是病人，何况那么傲气。又过了10分钟，她居然很没修养地冲到我们治疗室来了，冲着我就来了句‘你忙好了吗，忙好了还不帮我来开窗户。我们客人到你家来还要我开窗户啊！’当时真的很想骂她，想想算了，跟这种没有修养的计较只能显出我的修养也不高。说实话上班这么多年这种女人还第一次碰到，素质太差了。”

从小徐的日记中，我们能知道，她的确很生气，可是她没有对那个女人发火，没有愤怒，从而保全了自己的形象；相反，如果面对这样一个素质差的女人，两人“对着干”，或许小徐能泄一时之气，可是事后呢，医院的人会认为小徐的修养不好，品质不好，也给人留下一个“泼妇”的形象。

生活中，令我们生气的事实在太多，我们根本不必要去愤怒，别让愤怒玷污了我们的形象，做个好修养的女人，培养自己的良好品质。

## 学会为自己的情绪把好关

女人似水，而有修养的女人似溪水，缓缓地流着，快乐而不张扬；而有修养的女人似一杯清茗静静地等待品茗人，芳香而不浓烈。

“人非草木，孰能无情”，女人更是情绪的代名词。当你开心的时候，你会开怀大笑；当你悲伤的时候，你会掩面哭泣；当你害羞的时候，你会面红耳赤。这些都是女人的情绪，但真正有修养的女人不会让这些情绪肆意膨胀，会把自己的情绪控制在一定的范围内，不会让情绪扩大化。这就是把好情绪的关。

修身养性，谓之修养。对于女人的修养，更多的体现在外在气质上，即言谈举止上，一个会意的微笑胜过千万句语言的传递，在公共场合中处世不惊的态度等；而在情绪上，更能表现出不多一分、不少一丝的大方之举，这个度的把握就是一种修养，比如面对喜讯，有修养的女人就能面对喜讯会毫不夸张，绝对不会把喜悦之情过多地表现在脸上，否则就是失态。

女人似水，而有修养的女人似溪水，缓缓地流着，快乐而不张扬；女人似茗，而有修养的女人似一杯清茗，静静地等待品茗人，芳香而不浓烈。有修养的女人温文尔雅，不会过多地暴露自己的情绪，善于把不好的情绪关在门外。

女人对情绪的把关是提升修养的一个重要部分，很多时候，情绪的失控成了女人的修养和品质的败笔。

薇琪是一家外企公司的职员，她心地善良，也受到很多同事的欢迎，可是令她不明白的是，为什么许多和自己一起进公司的同事都晋升了，而自己还在原来的位置上原地不动。

有一次，公司准备派一个女职员去接待合作公司的代表，薇琪想："这次该是我去了吧，我是公司外语最好的，该没有理由不让我去了。"可是，第二天，公司还是没让她去，而是让一个新手去了。这让薇琪很不舒服，她这次再也忍无可忍了。她准备找主管问清楚，当她正准备进主管办公室时，她在门外听到主管和经理的对话。

"经理，这样不好吧，薇琪的确能力挺强的，这次是不是太伤她的心了。"

"就她那个火爆脾气，万一她和合作方的代表两句话不对头吵起来都说不定，我可不能让她砸了公司的生意，你们有时间也多去劝劝薇琪改改自己的脾气，能力好也总不能工作情绪化。"

这些话被门外的薇琪听见了，她终于知道自己的致命弱点了，怪不得以前大家都说在这这家公司必须得有好脾气，否则别想升职，她算是明白了。

后来，薇琪尝试着控制自己的情绪，读了很多修身养性的著作，一段时间以后，她的谈吐果然不一样了，整个人的气质也由内而外改变了很多。不到几个月，这些改变都被领导看在了眼里，她的晋升梦实现了。

修养是一个女人综合素质的重要部分，女人的美丽需要外衣来包装，而女人的气质和品质则需要修养来包装，修养好的女人总能让人眼前一亮，似春风般温暖着周围的人，而一个让情绪的野马肆意乱闯的女人就是一颗炸弹，随时会爆炸，伤着自己，也伤害别人。

在生活中，一个女人若能控制好自己的情绪，操纵好情绪的转换器，不仅会显出大家风范，获得尊重和敬仰，也会收获到很多快乐。

小张最近刚刚结婚，听说娶的媳妇非常漂亮、贤惠，公司的朋友就想去小张家里感受一番。

这帮朋友一到小张家里，就把他家当成了自己家，也不换拖鞋就直接冲到客厅，坐到沙发上玩起了牌。这时候，小张媳妇端上来瓜子、水果等食物，大家也不客气，就边吃边玩。烟灰缸里的烟头也越来越多。

几个小时之后，同事小李突然叫了一声："妈呀，张哥，你看我们都抽了一包烟了，嫂子也不管吗？"

这时候小张媳妇说："大家好不容易有时间聚在一起，何必在乎那么多呢，玩得尽兴就好。"

小张说："她对我很好，我也只是偶尔抽抽，我可不能让自己早死几十年，让她独自活在世界上。"

大家都笑着说，真是一对恩爱夫妻，而地上的瓜子壳、水果皮越来越多，桌子上到处都是洒落的饮料，地上还有鞋印。小张媳妇看见这些，丝毫不生气。当朋友们离开后，她只是默默地收拾着。

其实这些脏乱的局面都是同事们故意弄出来的，没想到小张媳妇还真是个有修养的女人，小张回到公司上班后，同事都羡慕不已，说他娶了个好妻子。小张在公司的人缘也越来越好，不管大小聚会都在他家举行，这其中的原因就是因为他的妻子是个大度、修养好的女人，大家不用顾虑那么多。

修养好的女人不会为一点点小事大发脾气，不会把自己的情绪传染给身边的人，她懂得如何让自己拥有吸引力，懂得如何让自己的世界充满祥和的氛围。

而生活中很多女人过于感性，总是情绪化，把什么都写在脸上，这是缺乏修养的表现。女人不仅要用感性的一面来体味生活，还要用理智的一面操纵好情绪的转换。女人的感性和理性应互为依托，如果女人失去理智，情绪就成了脱缰的野马，缺点也就暴露无遗，修养何存？因此，女人要学会控制情绪，操纵好这一特殊的转换器，才能提升自己的修养。

## 不要沦为情绪的奴隶

对于万千烦恼事，我们不必太过计较，大度一点，坏情绪就不会爬上眉梢，也不会影响我们，我们就能更显淡然和优雅。

我们常常对身边那些沦为金钱奴隶的女人不屑一顾，甚至鄙夷她们的品质。而其实我们呢？我们又是什么的奴隶？我们经常被生活中的一些小事烦恼着，产生各种各样的坏情绪，做出各种不理智的举动，致使女性的修养尽失。而此时，我们也成了情绪的奴隶。一个修养好的女人不会任凭坏情绪在心中滋长，她知道如何割除这个毒瘤，如何培养自己良好的情绪修养。

情绪，是一把双刃剑。当情绪被我们牢牢地掌握时，情绪就成为我们驯服的奴隶，我们便随时可以让坏情绪远离我们，无论顺境、逆境，成功、失败，得意、失意，我们始终能保持冷静的头脑从容面对，泰然处理眼前的事。但当坏情绪占据了我们的生命而挥之不去时，我们便沦为了情绪的奴隶。此时，坏的情绪可能使我们变得盲目、冲动、急躁、易怒，生活的常规被改变，人生的帆船在飘摇，于是失落、伤感、沮丧、绝望接踵而至，甚至歇斯底里，我们不再是有修养、品质好的女人，而成了一个怨妇。

其实，对于万千烦恼事，我们不必太过计较，大度一点，坏情绪就不会爬上眉梢，也不会影响我们，我们就能更显淡然和优雅。

“风吹屋檐瓦，瓦坠破我头；我不恨此瓦，此瓦不自由。”的确，砸到我们头的那片瓦，是被风吹落的，并不是有意为之，生活中的那些触犯你的人何尝不是如此呢？不必要生气，多为对方考虑一些，你能赢得尊敬和赞美。

而沦为情绪奴隶的女人往往意志薄弱，控制不了自己，面对生活中的不如意，战胜不了情绪之敌，一时冲动犯下了无法挽回的错误，受到道德的谴责，甚者还有法律的制裁，成为反面教材，修养和品质荡然无存。

王霞是个农村妇女，从小没受过什么正规教育，只读了几年小学，但她心眼儿很好，周围的邻居都很喜欢她，丈夫在外打工的这些年，家里很多事情都是邻居们帮着做的。虽然说照顾孩子和公婆有点累，家里收入也不高，但是日子过得很幸福。

但所有的平静就在王霞发现了丈夫出轨的事情后打破了。一次，她给丈夫打电话，丈夫支支吾吾，说了几句就挂了，然后王霞再打过去的时候，居然听见女人的声音，她也没多想，可能是一起打工的朋友。

但是后来又一次，她去隔壁胖婶家串门，胖婶对她说："霞啊，你可多注意点，听人说你家男人在外边养了个女人，也不知道是真是假？"这些话让王霞想起了电话中的女人，还有令她奇怪的是，为什么丈夫这么长时间也不往家寄钱了？她把这些事儿都跟胖婶说了。

"你还是去那边看看吧，把事情弄清楚，你也就放心了。"胖婶劝她。

王霞觉得胖婶说的对，于是第二天她就买票，来到了广州，按照以前丈夫留的地址，她找到了他所在的工厂宿舍。但她敲门后出来的是一个女人，王霞明白了，那个女人自称是他的未婚妻，王霞只好离开，后来她打听到，这个女人已经和丈夫同居一年多了，她感觉自己是被欺骗了，心中的怒火始终无法熄灭，她要找他问清楚。第二天她推门而入，然而她看见的是昔日和自己亲密的丈夫正和那个女人亲热，当时她的第一反应是："狗男女，你们不得好死！"

她已经无法控制自己的情绪和想法，于是她趁工厂食堂无人的时候，在他们平时用的饭缸中下了毒药。第二天，他们就被毒死了。而不久，警方就将在老家的王霞抓获，此时的王霞已经万念俱灰。

王霞的本性并不坏，甚至可以说是个好女人，可是她没有控制住自己愤怒的情绪，反被情绪控制，将背叛自己的丈夫和情人杀害，自己也难逃法网。

面对这种情况，女人应该理智地分析自己下一步该怎么做，是离婚还是不计前嫌？绝不该把思绪往犯罪上带，做出不明智的举动。

所以，有修养的女人要控制好自己的情绪，战胜坏情绪，才不会沦为情绪的奴隶，才不会自食情绪带来的苦果。著名教育家苏霍姆林斯基说过："人类每一次小小的克制，都会是一次巨大的进步。"人类最大的敌人永远是自己，坏情绪就像弹簧，假如你的勇气一次又一次地后退，坏情绪就会一次又一次地前进，直到最后占据你心灵的高地，全盘操纵你的一切，你的正义、勇敢、上进、积极、坚毅的品格全都遭受最无情的蹂躏和践踏，直至这一切消失殆尽。

当一切失意和内心的不快开始变成坏情绪进入我们的心灵时，我们要从心里喊出：“克制，我要战胜它！”而当你因为自己的克制战胜了坏情绪的袭击时，你会感受到一种前所未有的喜悦。

女人无一例外地会受七情六欲的影响和支配，都会被各种情绪所困扰。而我们要像船夫一样，会掌握自己的舵，当惊涛骇浪袭来时，我们得勇敢面对，以自己的智慧战胜一切险境。而在这个过程中，我们必须冲破坏情绪的包围，用自己的理性去支配魔鬼般的情绪，成为勇敢的斗士，不要让自己成为情绪的奴隶。

## 指责别人的游戏不好玩

女人的修养表现在生活中的一举一动，多发现别人的优点，多去赞美别人能让你赢得更多的赞同，而指责别人的不是，挑剔别人的缺点同时也是让自己暴露缺点。

青梅虽香，需要人来嗅；千里马虽好，也需伯乐赏。同样，一个人也需要别人的赞美。而不知你发现没有，现实生活中，有很多女人为了表现自己的优越感，或者是为了一己之私，她们往往乐此不疲地挑剔别人的缺点，暴露别人的短处，或者指责别人。无形中，女人也渐渐变得刻薄。

女人无论碰到何种事，都不要把矛头指向别人。在儒家的克己宽人之道中，孔子认为，严己宽人，即对自己要求严格，对别人宽容大度，这样的人才可以远离怨恨！当你用一个指头指责别人的时候，至少有三个指头在指向自己。要知道，这个世界上是没有人喜欢被别人指责的，谁的言行都是有道理的，尽管这个道理你可能不接受，但这始终是个理由，当你与对方的理由相互不欣赏、相互不接受时，指责就产生了，而矛盾也就跟着来了。假如对方能够大度地容纳你当然最好，可是万一这种矛盾激化了，那么只能是两败俱伤。

而很多时候，当你指责别人的时候，你的这种低修养会被第三者看在眼里，这时候，你将留给他们不良的印象，甚至会被别人职责。

玛丽和凯丽是同事，在一家轮船公司上班。有一次，公司让她们把公司的货物送到码头运出去。快到码头的时候，车突然坏了。凯丽抱怨说："你出门之前怎么没有让司机把车检查一下，要是不能按时送到，我们要被扣奖金的。这可怎么办？"

玛丽说："离码头也没多远了，我提着吧。让司机找人修车，等车修好，船就开走了。"于是玛丽提着邮件，凯丽一路小跑，终于在船未出发前赶到了码头。当玛丽让凯丽把邮件接一下的时候，凯丽去看一只飞翔的海鸥，分散了注意力，没接住邮件，邮件掉在地上，古董被摔碎了。两个人一时都愣住了，她们都明白古董碎了意味着什么，不但要赔偿损失，很可能会丢了工作。

凯丽恼怒地说："你怎么搞的？我没接你就放手。"

玛丽辩解说："我已经告诉你要接住。"

回到公司，老板对他们进行了严厉的批评。凯丽趁玛丽不注意，偷偷溜进老板的办公室，对老板说："老板，都是玛丽造成的，我没准备好她就松手了，而且也不提前告知我。"老板平静地看着凯丽说："谢谢你告诉我，我知道了。"

凯丽离开后，老板又把玛丽叫进办公室，询问事情的经过。玛丽说明事情的原委，最后说："这是我们两个人的失职，我愿意承担责任。"

凯丽和玛丽提心吊胆地等待着公司的处理结果，结果出来后，两个人都很意外。老板将她们俩叫到办公室，对她们说："公司一直对你们俩很器重，准备从你们两人中选择一个人担任客户部经理，没想到却出了这样一件事，让我们更清楚哪一个人是合适的人选。我们决定聘任玛丽为客户部经理，而凯丽，你明天不用来上班了，并且要赔偿客户大部分的损失。"

后来，老板把这件事告诉了所有的员工，他说凯丽自身修养有所欠缺，遇到事情只会指责别人，这种人不是公司需要的。

凯丽和玛丽因为这件事给人留下的是不同的印象：凯丽是个素质不高，只会指责别人的女人，而玛丽则是个能勇于承担责任、有修养的女人。而凯丽在指责玛丽的同时，她的这种小肚鸡肠也被老板看清楚了，自然她也就丢了饭碗。

女人的修养表现在生活中的一举一动，多发现别人的优点，多去赞美别人能让你赢得更多的赞同，而指责别人的不是、挑剔别人的缺点同时也是让自己暴露缺点，即使你身边最亲的人，也不希望你总是指着鼻子说他的不是。

周女士已经快40岁了，可是却和丈夫闹起了离婚，他们是经历了几年的恋爱才走在一起的，照说应该是有很深厚的感情，可是这两口却闹离婚，周女士为此很是烦恼。

这几年，周女士的丈夫发现老周越来越挑剔了，很多事情两人无法谈到一起，她觉得他好强，不了解她；他觉得她太固执，不了解他。各有各的理由，只是他们都有一个共同点，谁都不会认输！最重要的是，周女士总是说丈夫这个不对，那个不对，导致战争经常爆发。

周女士的生日到了，早上她被手机铃声给吵醒，像平常一样，看了一下手机，是乡下老母亲打的，每年的生日总是母亲第一个打给她，然后母亲会打丈夫电话，告诉他今天她过生日。而今天，她跟母亲聊了几句后，就对母亲说不要打丈夫手机，他知道她的生日，然后挂掉了。接着哥哥也发来信息，姨妈、干妈……今年的生日比往年多了一些人祝福，公司的人前一晚就闹着说让庆祝一下，但是到了晚上吃饭的时候，她都没看见丈夫的礼物，本来她还在猜测丈夫会给她什么惊喜呢。吃完饭，丈夫拿出一条丝巾，她这下子更生气了，因为那条丝巾看上去就像是个地摊货，她气呼呼的，又指责起丈夫的小气，加上平时那些鸡毛蒜皮的事一起骂起来……

其实，生活中哪有那么多的浪漫，走过婚姻中的风风雨雨不容易，为一点小事开始指责家人实在不应该，时间长了，被你指责的那个人总会觉得压抑。

女人要控制好自己的情绪，别总是指责别人，它永远是你与别人产生矛盾的一个重要原因。多一些赞美和称赞的声音，那样你举目全是笑脸，行处皆是绿灯，而且你的修养和品质也得到了提升，你的生活自然很惬意。

## 别拿别人的过错惩罚自己

生气就是拿别人的错误惩罚自己，女人要完善自己的情绪修养，别动怒，别生气，做个有教养的女人。

女人的情绪就如同万花筒一般，当你转一下，不同的情绪就产生了。有人说，女人翻脸比翻书还快，当然这是一个很偏激的比喻，但是现实生活中的确有很多女人太感性，任凭情绪恣意膨胀，修养尽失。一个有修养的女人不会把什么都写在脸上，不会把生气和愤怒传染给身边的人，因为生气是拿别人的错误惩罚自己。

那生气何以就是对自己的惩罚呢？首先，生气会影响人际关系。人生气时，难免出言不逊，言辞过激，伤及对方，甚至伤及无辜。其次，生气给人留下不良印象。一个女人最大的不幸就是被人评价为没有教养。最后，生气对身体不利。很多研究表明容易生气的女人比一个心态随和的女人易老，最重要的是，生气会伤身体，有个美国生理学家艾尔玛做了一个试验：把一根玻璃管插进一个有水的容器里，然后收集人们在不同情绪下的“气水”。同一个人，在平和状态的“气水”是澄明的，在悲伤时的“气水”是有白色沉淀的，而生气时的“气水”是有紫色沉淀的。然后，艾尔玛将紫色的“气水”注射到小白鼠身上，几分钟小白鼠就死了。这说明人在生气时，身体会产生有毒物质。

所以，不管从哪方面说，生气就是拿别人的错误惩罚自己，女人要完善自己的情绪修养，别动怒，别生气，做个有教养的女人。小荣是街坊邻居中公认的有修养的女人，因为她以理服人，从来不会对身边的人发火。

有一天，她和老公去购物，走进一家裤行。她走近一位售货员：“有靴裤吗？”售货员本来低着头，瞟了小荣一眼，不耐烦地说：“长靴还是短靴？”小荣说：“长靴。”“中间一排。”小荣看了看，看中一条条绒布料的，就伸手去拿，这时，从背后传来了叫喊声：“别拽别拽。”小荣就停了下来，那个售货员正在给另一位顾客拿裤子，并牢骚满腹：“烦死我了。”随后鼻子不是鼻子、脸不是脸地对小荣说：“哪条？”一见那架势，小荣着实有点生气了，但还是忍住了，不值得计较。于是她不买了，迅速走向门口，丈夫正在那等她。正好，店主人也在门口，看见了刚才发生的事，找了另一位售货员，要为小荣服务，这个服务员说：“你可真是海量啊，一般去她那买衣服的人，没有不和她吵架的，你的修养可真是少见。”小荣一听，倒也挺开心。

小荣面对这样的售货员，没有和她理论，而是离开了，她获得了别人对她修养的肯定。其实，本应该如此，何必生气呢？她能改变那位售货员吗？她态度不好，你可以转向别家去买，你能损失什么呢？损失的是她，因为她的营业额没有完成。

俄国大文豪屠格涅夫曾劝告与人争吵、情绪激动的人：“在开口之前，先把舌头在嘴里转十圈。”对于女人，生气就是毁坏美丽的杀手。

女人的愤怒经常会写在脸上。如果在地铁或公交车里，你留心看看身边的女子，会发现有些女人脸上的线条很柔软：她的嘴角微微上扬、眼尾像弯弯的月亮，也像浅浅流淌的小溪。而你还会发现另一种女子，或许她长得并不差，但原本弧线完美的嘴角因僵硬而下垂，原本清澈的大眼睛因愤怒而干涩，她的下颚因倔犟而紧绷，肩胛因生气而弓起，你看不见属于女子的柔软线条，只看见压抑着的满腔怒火蓄势待发。这样的女人美丽吗？





## 给不良情绪找个出口

做个有修养的女人，首先就要管好自己的情绪，给不良情绪找个出口，这种出口的寻找并不是一件难事。

情绪每个女人都会有，但是有修养的女人就善于以正确的方式排解心中的不快，而不是将情绪传染给身边的人，让他们成为我们情绪发泄的对象，面对情绪，我们要给它找个出口，否则，就会产生一个“情绪链”，也就是人们经常提起的“踢猫效应”。而我们就是这个循环反应的罪魁祸首，我们的品质和修养也就被抛至九霄云外。

老板骂了员工小王；小王很生气，回家跟丈夫大吵一架；丈夫觉得很窝火，正好儿子回家晚了，“啪”给了儿子一耳光；儿子捂着脸，看见自家的猫在身边，不分青红皂白就狠狠地给猫一脚；那可怜的猫不知所措，转身就跑，冲到外面街上，正遇上街上的一辆车，司机为了避让猫，却把旁边的一个小孩撞伤了。

这就是“踢猫效应”，这就是我们的不良情绪带来的结果，这跟一个有修养的女人的作为实在不相称，一个有修养的女人在单位如果遇到不如意的事情后，会在回家的路上把不良的情绪“放走”，不会带回家中，一个丈夫不希望看见自己的妻子给自己一副难看的脸色，一个孩子也希望母亲是温柔美丽的。

做个有修养的女人，首先就要管好自己的情绪，给不良情绪找个出口，这种出口的寻找并不是一件难事。

小彭和小李在同一家公司上班，两个人关系很好，可是两个人在公司的人缘却不一样，小彭在公司里的人缘很好，待人和善，同事几乎没人看她生过气。可是，小李确是个把喜怒哀乐都挂在脸上的人，为此和很多同事都闹过矛盾。

有一次，小李准备去小彭家玩，却发现她正在顶楼上对着天上飞过来的飞机吼叫，于是就好奇地问她原因。

她说：“我住的地方靠近机场，每当飞机起落时都会听到巨大的噪声。后来，当我心情不好或是受了委屈，遇到挫折想要发脾气时，我就会跑上顶楼，等待飞机飞过，然后对着飞机放声大吼。等飞机飞走了，我的不快、怨气也被飞机一并带走了！”

怪不得她脾气这么好，原来她知道如何适时宣泄自己的情绪。这下子小李明白了，小彭还告诉小李很多可以发泄自己情绪的方法，从而不把这些情绪带到公司和其他场合：第一，与友人倾心交谈。当苦恼时，找自己信任的、谈得来的、同时头脑也较冷静的知心朋友倾心交谈，将心中的郁闷及时发泄出来。通过自己的倾诉和朋友的疏导，一肚子的气也会随之消散。第二，高歌泄尽心中烦恼。唱歌，尤其是高歌，除了愉悦身心外，它还是宣泄紧张和排解不良情绪的有效手段。第三，摔打安全的器物，如枕头、皮球、沙包等。通过狠狠地摔打，我们会吃惊地发现身体的发泄对缓解压力是多么有效。第四，利用环境调节情绪。心情不好或感到压力大、郁闷不快时，如果投身到大自然的怀抱，我们的心绪往往就能很快得到舒缓；如果有条件，还可以进行短期旅游，从而彻底放松自我。第五，转移注意力。当出现不良情绪时，可以将注意力转移到其他活动上去，忘我地去干一件自己喜欢干的事，如练习书法、打球、上网等，从而将心中的苦闷、烦恼、愤怒、忧愁、焦虑等不良情绪通过这些有情趣的活动得到宣泄。

每个女人都有不良的情绪，这很正常，我们不要把这些情绪压抑在心中，因为一味地压抑心中不快，只能暂时解决问题，负面情绪并不会消失，久而久之，就可能填满我们的内心世界，使我们的身心越来越疲惫。因此，除了自我调节和消化外，我们还应该给不良情绪找个宣泄的出口，让它尽快释放出来，正所谓“堵不如疏”。女人应当学会将负面情绪减小到最低程度。

一个有修养的女人能权衡好不良情绪给自己和他人带来的不利影响，因此她知道如何排遣这种心中的不快，给不良情绪找个出口，并且不让这种发泄影响到周围的人，而这样的女人也能得到他人的认可，因为她不会让自己的负面情绪伤害到身边的人，如此她便成就了自己好的修养和品质。

## 爱抱怨的女人没人爱

爱抱怨会让你得不到爱情，甚至来之不易的婚姻也会从你身边溜走，因为一个男人不愿意伴着自己妻子的怨气过日子。

不同的女人给人不同的感觉，热情奔放的女人让你和她一样激情澎湃；端庄安静的女人是你的智囊团；可爱玲珑的女人让你和她一样永远年轻。可是，不知道你发现没有，不管你是什么样的女人，如果你爱抱怨，看到的都是这个世界的刺，你即使再美丽，也没人爱。因为不会有男人爱上一个“怨妇”，不会有男人愿意让一个没有修养的女人把一腔怨气发到自己身上。

所以，女人要让自己成为一个魅力女人，让自己成为一个有修养的女人，就不要抱怨，不要让抱怨赶走身边爱你的人。

曾经有这样一个笑话：

有个女人，长得十分可人，可是到了该结婚的年龄，还是没有人对她求婚，因为她总是喜欢抱怨，从她口里跳出来的词语无一不是抱怨“真是的”“烦人”“鬼天气”等。后来，镇上有个小伙子想捉弄她，就主动约她到公园中散步。

月夜，公园中。

姑娘：“再也没有比我更不幸的女子了，谁也不爱我。”

小伙：“但是有非常爱你的人。”

姑娘：“啊，是谁？”

这时，姑娘紧紧握住小伙子的手。

小伙：“上帝！”

这只是个笑话，可是却让我们看见一个爱抱怨的女人的自卑，没有人愿意去爱她，她说她是世界上最不幸的女子。其实，她的不幸完全是自己造成的，归结为她的抱怨，一个爱抱怨的女人哪里有修养可言？谁又愿意爱一个没有修养的女人？

爱抱怨会让你得不到爱情，甚至来之不易的婚姻也会从你身边溜走，因为一个男人不愿意伴着自己妻子的怨气过日子。一个好修养的女人面对不如意会调节，或者和丈夫共同解决，而不会把怨气发给家人，这样的女人才值得男人爱。

张阿姨年纪并不大，今年刚满40岁。她年轻的时候，圆润白皙的脸上是很柔和的五官线条，看到邻居小孩的时候，总是要伸手来拧一下孩子的脸，然后说“有空的时候到我家来，给你吃糖”。

刚结婚那段日子，她把家里打扫得非常整齐干净，逢人也总是笑嘻嘻的。在他们那个年代她是非常出色的，相貌端庄，出身好，人也非常能干。

她对丈夫特别好，手也特别巧，结婚之后，全家老小的毛衣都是她织的。那时候，丈夫也对她特别好，不管春夏秋冬，他都坚持给在单位上班的妻子送“爱心午餐”。她的名字里有个“娇”字，每天中午，单位的人都会听到丈夫叫“娇，午餐”，他们单位的人给她娶外号叫“娇午餐”，那段时间他们真的很恩爱，所有人都坚信这两个人一定会白头偕老。

丈夫是做销售的，现在是个不错的职业，20世纪80年代初却并不是很容易做。但他很有韧性，拿出当年追她的劲头，硬是把一间快倒闭的小厂的产品弄活了。她们家成了周围亲朋好友羡慕的对象，他们的房子换大的了，买了车，女儿进了学费高昂的私立学校，然而很多矛盾也跟着来了。

张阿姨开始喜欢上了有钱人的生活，每天不是上美容院就是和一群麻友们在一起，女儿的学习不管，丈夫回来也是冷锅冷灶。

还不止这些，她成了典型的“怨妇”，丈夫和女儿听见的就只有她抱怨美容院的服务态度不好，怎么最近股票又跌了，快要成穷光蛋啦！看见女儿一片红的试卷，马上就又打又骂。丈夫一回来张阿姨就训他，这个月的营业额怎么那么少？

刚开始，女儿和丈夫还受得了，可是时间一长，他们父女俩就提出要搬出去住，后来丈夫提出和她离婚的时候，女儿居然没反对。

这都是抱怨惹的祸，这样的女人怎么会有人爱？

可能，你薪水太少、职务太低、工作不顺心、任务繁重，这些都会成为抱怨的理由。但是，不会因为有了抱怨，薪水就会涨，职务就会升，工作就会顺心，任务就会轻。由于有了这些抱怨，我们活脱脱成了怨声载道的人，事业上不求进取，工作上不求上进，而在生活中，没有了希望，没有了阳光，怎么会给身边的人带来快乐呢？这种女人自然没有人爱，而一个有修养的女人不会让抱怨成为自己修养的杂质，知道如何控制自己的不良情绪，让自己更有魅力。

在这纷纷扰扰的世界上，每个女人都有着一颗不甘寂寞的心，而每个女人也都有自己的真命天子，可以说，抱怨就是挡在女人与一切美好中间的一道墙，爱抱怨的女人永远看不见墙这边的你是多么优秀，因为她看见的只有抱怨。

所以，我们要完善自己的情绪修养，凡事不要抱怨，你就不愁没有人爱。其实，当你走过去，你会发现前面风景更好；当你抬起头，你会发现世界更加美丽。不要让抱怨挡住自己的幸福，不要让抱怨吓走了爱你的人。“花开堪折直须折，莫待无花空折枝”。抱怨不会给我们机会，只会让我们更加寂寞，破坏我们美好的品质和修养。

## 别让男人牵引你的喜怒哀乐

有修养的女人是独立的，除了让自己胜任一个好妻子的角色并经营好家庭以外，还要有自己独立的空间，而不是做男人的附属品，不会让自己的情绪跟着男人走。

女人是美丽的，就如同各种美丽的花儿：高贵而忧郁的绛紫的牡丹，那一畦热烈而优雅的朱红的芍药，那一片娇弱而明艳的鹅黄的玫瑰，那一树烂漫而凄丽的粉艳的樱花……花儿虽美，但需要绿叶的陪衬，但一个有修养的女人应该独立，不要让男人牵引你的喜怒哀乐。

曾经有句广告词：“我很听话，但我只听自己的话！”这句广告词告诉女人们，不要让自己成为男人的附庸，要控制自己的情绪，不要让情绪跟着男人走。一个有修养的女人遇到问题时，会多听听自己内心的声音，保持自己的本色。她们不管走到哪里，都是落落大方，没有一点傍依男人的痕迹，像雪地上的阳光清新明亮，是人群中最耀眼的明星。

有修养的女人的世界不只是男人，而更多的是自己，因此，她们是独立的个体，男人的举动并不能左右她们的情绪。不管男人如何，她们始终能做到处世不惊、从容对待。

而相反的是，一个把男人当作天的女人毫无主见，把感情和婚姻当作是生活的全部，当男人有一点情绪的变动或者在情感方面遇到一点事就乱了阵脚，控制不好自己的情绪。这种女人也只会让男人感觉很累，因为男人从她那里获取不了任何理智的建议，解决不了问题；而在很多时候，男人的异常表现纯属女人的猜测，但女人会因此经受心理折磨。

32岁的销售部经理吕芳常常因为工作压力大而感到疲劳和沮丧，每当她向丈夫金明诉苦并希望得到一些温柔安慰的时候，金明却总是建议她去看心理医生。理由很简单：“我知道你的工作非常繁忙，但是我不能总是这样听你抱怨。你的沮丧给我和孩子都带来压力。”可是没过多久，她怀疑金明与一位年轻的女同事有了亲密关系。痛苦的吕芳问自己：“是不是我的诉苦吓跑了丈夫呢？”

于是，她很担心丈夫真的会离开她，整天疑神疑鬼，也不认真上班，只是注意丈夫的举动。有一次回家，她看见丈夫在打电话，而且她分明听见电话那头是个女人，于是她很生气，抓起电话就骂起了金明，然后不分青红皂白地哭起来了：“我一直为这个家忙里忙外的，工作压力大的时候，只是想得到你的一点安慰，可是你却让我去心理医生那儿，现在你还在这边和公司那个女人卿卿我我。”

金明笑了笑，对妻子说：“你想多了，方芳的哥哥是个心理医生，我只是让她帮忙联系一下，带你过去看看，你看你想哪里去了。”吕芳这才破涕为笑。

丈夫的好心被吕芳怀疑成是移情别恋，于是她担心、愤怒、哭泣，其实这些是多余的，她不应该让自己的情绪以丈夫为转移，为此经受了很多痛苦和折腾。

好修养的女人是独立的，除了让自己胜任一个好妻子的角色并经营好家庭以外，还要有自己独立的空间，而不是做男人的附属品，不会让自己的情绪跟着男人走。

凯丽今年28岁，刚结婚不久，在一家家具公司做设计，刚结婚的日子很幸福，公司的人都羡慕不已。可是度完蜜月回来以后，她仿佛变了一个人，整天沉浸在婚姻中，不再全心全意地工作，经常拿办公室的电话和丈夫煲电话粥，凯丽也变得情绪化，经常抱着手机在走廊里不是哭就是笑，然后回到公司还把自己和丈夫的事情说给同事们听，说她的丈夫又怎么怎么了。时间长了，她由一个淑女变成了八卦的“长舌妇”，什么事都说。大家也开始反感起来，可是毕竟都是同事，也不好说什么。但是，凯丽的情绪已经影响到了周围的同事，一封解聘书就送到了她手里，可是凯丽并不难受，收拾东西就回家了，原来她想做个全职太太。

可是一段时间后，公司居然传来凯丽离婚的消息。这让大家很难相信，因为同事们觉得他们夫妻的感情似乎很好，但后来同事们之间又传开了一个消息：凯丽的丈夫受不了凯丽太黏人，经常打扰他工作，而且不许他和别的女性接触，一发现就一哭二闹三上吊，闹得不可开交，他最终受不了凯丽的种种，而他当初和凯丽结婚就是因为凯丽是一个好修养、独立的女性。

凯丽自从结婚后像换了一个人，她什么都依赖丈夫，而且变得小心眼，最终丈夫和她离婚了。

被男人牵引的女人，就会以男人的喜为喜、忧为忧，完全失去了控制自己情绪的能力。一旦身边没有男人，一切都黯然无光，话题离开了男人，就觉得烦躁不安。一个有修养的女人为自己活着，有自己的朋友，自己的生活空间，而绝不会完全让男人牵引着自己的喜怒哀乐。因为被人牵引的情绪绝不会完全走向喜，而只会让女人变得纠缠、黏人，并且猜疑、恐惧，最终，连牵引你情绪的男人都将离你而去。凯丽就是一个典型的例子。

因此，有修养的女人不会把情绪的掌控权掌握在别人手里！在女人的一生中，爱情很重要，但是如果为了爱，失去了掌控自我情绪的能力，就有点得不偿失了。女人自身的价值是靠自己来实现的，而不是依附于男人而存在，女人不必让男人来牵引自己的情绪。

## 自卑是女人快乐的隐形杀手

自卑，是一个贪婪的杀手，只能让你更加觉得不如人，还往往会使你通过其他方式来填补自己这种自卑心理，从形式上缩小和别人之间的差距。

女人如画，本诗意盎然，自卑成了她的缺口；女人如花，本可和群芳竞艳，却自卑地低下了头；女人如水，本可一泻千里，却自卑地成了一潭死水。自卑就是女人的杀手，生活中你可以发现这样的女人，她们总是低头不语，给人的感觉是娇羞，可很大一部分原因是来自于她们的自卑，不能以自信的心态面对周围的人和事，认为自己处处不如人。而相反的是，一个有修养的女人必当很自信，在任何场合中落落大方，没有半点忸怩之态，丝毫看不出自卑的情绪。

有修养的女人有一种大气之美，举止谈吐清雅自如，说话不骄不躁，更不会自卑，能很坦然地面对自己的缺点和不足，而自卑的女人之所以自卑，就是因为她们不敢正视甚至是逃避自己的缺点，而这种自卑的情绪往往会让女人内心产生挥之不去的阴影，也会影响女人各方面的发展。

她是个各方面都很优秀的女人，长得也很漂亮，在一家外企公司上班，外语很好，很多人都羡慕她的工作，可是她却有着自己说不出的苦闷，那就是她身上的那些疤。

上学的时候，她的父母带她去烤肉，在烤肉的过程中，她没发现自己的脚太靠近炭火，火苗就这么从她的长裤烧了起来，一时情急之下，她又用穿着长袖衬衫的手去拍打身上的火苗，接着连手臂上也着了火，就这样，她误伤了自己。虽然火苗在很短的时间里就被扑灭，但还是在手脚处留下了烫伤的痕迹。

她什么都好，唯独对身上的伤疤非常介意，那些伤疤让她自卑，让她觉得自己不好看。所以，除了她自己，她无论如何都不愿意让别人看到。一年四季，她永远穿着长袖和长裤，即使到了夏天，室温直逼40度，她还是坚持穿着长袖长裤，不肯脱下来。很多同事还开玩笑说她很保守，其实她何尝不羡慕那些身上没有伤疤的女人，可以穿着自己喜欢的吊带和短裙。

一次，一个同事问她："天气这么热，为什么不穿裙子呢？"她当时就很生气，对她说了一句："你爱穿自己穿去，少管我！"这个同事被回得莫名其妙。每年的夏天就是她最痛苦的时候，因为像这样问她的人太多了。

后来，公司开始有男性喜欢她，开始追她，尽管她也对这些男性中的一些感兴趣，但她还是都拒绝了，因为她怕人家会因为她身上的这些疤嫌弃她。而她给别人的印象就这样定格了：她是个高傲的女人，装保守，没修养，不可一世。

她也在这种痛苦中受着折磨。

她的那些疤痕就是她的痛处，也是她自卑的根源，其实她大可以不必在乎这些外在的缺点，每个人都有缺陷，不存在完美的女人，有缺陷且优秀的女人更值得人怜惜和尊敬，她大可以大方地告诉别人她的伤痛，以坦然的心面对这些疤痕。

归结起来，女人自卑产生的原因有很多种，身体缺陷导致的自卑，还有一些外在自卑的原因，比如，技不如人，贫穷，“附带品”的自卑（丈夫、孩子），但似乎这些都是一些外在原因，女人大可以忽略不计，做个落落大方、有自信、有修养的女人，你才能真正摆脱自卑。

而自卑是一个贪婪的杀手，只能让你更加觉得不如人，还往往会使你通过其他方式来填补自己这种自卑心理，从形式上缩小和别人之间的差距。

婵娟是个农村女孩，父母含辛茹苦地把她送进大学，每年的学费也是东拼西凑才攒齐的。即使这样，父母每学期还是给足她生活费，因为他们怕女儿在学校吃苦。

婵娟从小就是个要强的孩子，处处与别人争，别人有的，她一定也要得到，这种心理发展到了现在就成了虚荣。而生在农村贫苦家庭的她，开始在学校自卑起来，因为身边的同学都是城里的孩子，吃穿不愁不用说，还能穿高档名牌，买电脑、手机，她更显自卑。她没办法让自己和这些有钱人相比，于是，她不和他们交往，独来独往。可是，自从她遇到了社会青年小智以后，她改变了自己，她和小智有说不完的话，相识不到一个月，两人就谈起了恋爱。小智的父母是城里的干部，这让婵娟更加自卑起来。为了能跟小智继续下去，她开始改变自己。为见小智的父母，她开始买高档衣服，用高级化妆品，而她父母给她一学期的生活费，她不到一周就花光了。她又是个爱面子的人，没有把这些告诉男友，于是她决定自己去赚钱，把花掉的钱挣回来。

一个女大学生哪里能挣到钱，于是就有社会上的人找上门了，让她做模特儿，没有接触社会的她差点被骗，当她被带进一家宾馆时，她看见一些男人对她坏笑，她就明白了。当时，她也不好给男朋友打电话，因为她是瞒着他才出来赚钱的，这时候，她借故回家取东西，才逃脱了。

事后，当她想起这些事时，她还觉得浑身冒冷汗，这都是自卑和虚荣惹的祸。

婵娟因为自己是个农村来的女孩而自卑，她觉得自己不如人，她想通过自己外表的光鲜亮丽来填补自己自卑的心，当自己的生活费花光后，只能想办法来填空，而最终差点被人骗。

自卑情绪会产生一系列不良情绪，如虚荣、愤怒、嫉妒等，这些都是女性修养的大忌讳，一个有修养的女人不会把自卑这个杀手寄生在身体里，及时地清除它，才能为人处世自信而不傲，落落大方，坦然、从容。

## 让负面情绪为你所用

我们要把握好自己的情绪，善于让负面情绪为我们服务，成功地让负面情绪转化成我们的动力，这是一个有修养的女人具备的品质。

水可以覆舟，亦可以载舟。这是句古训，告诉我们任何事情都有它的两面性。对于女人来说，负面情绪也是一把双刃剑，只要我们控制好了它，并将它成功转换，负面情绪也可以为我们所用，成为我们良好修养的一大表现。

情绪本身并没有好坏，只是看我们如何对待，面对不如意，我们如果哭丧着脸，事情的状况不会因为我们的情绪而改变；而相反的是，如果我们将这种负面情绪中的积极因子挖掘出来，反而会比正常情绪更具挖掘潜力。

面对别人的挑衅，一个有修养的女人，会生气，但是她会把这种“生气”转换为“争气”；面对压力，一个有修养的女人会做好转变为动力之前的准备，因为压力就像弹簧一样，压得越紧，弹力越大；面对痛苦，一个有修养的女人会大胆面对，因为勇敢、从容是她人生的标签。

负面情绪具有高能量，当我们遇到不如意的事情时，能让我们快速地对眼前的事作出反应，并立即采取行动，使我们能够克服那些本不可逾越的障碍和困难。这是正常情况下的情绪无法达到的。

林灵今年22岁，是林业专业三年级学生，成绩平平。来自祖辈都是林业工人的东北地区，对于能到省城上大学，她感到万分高兴。随着年龄的增长，对异性的倾慕与日俱增，盼望早日有位白马王子出现。当她把自己的感情向本专业另一男生诉说时，遭到婉言拒绝。寒假期间她忍不住又写了一封信给那位男生，但他顺路约同学一同返校已离开家了。回学校后，她听同学说原来是那男生为了躲避她才提前到校的，因为那男生是一个学习上的尖子生，她怎么可能喜欢林灵这样普普通通的女孩呢？林灵听了这些后，很伤心，可是那男生的身影总是在她的脑海里闪现，于是她决定让那男生改变对自己的看法，接受自己。而她必须要做的就是努力学习，和他一样优秀。

于是，从此以后，图书馆多了一个人，实验室多了一个人，半年以后的评优过程中，她被评为三好学生，而同时，她也拿到了学校的年度奖学金。她说："学习让我充实了自己，原来学习也可以这么快乐！"而当那个男生拿着当初那份情书出现在她面前的时候，她也收获了爱情。

林灵在被喜欢的人拒绝时非常难受、伤心，可是这种情绪过后，她静心地思考，从此努力读书，让自己获得了学习的乐趣，提升了自己的修养，最后也收获了爱情。而如果她在遭拒绝时，任凭伤心的情绪滋长，或许她现在仍在沉沦。

我们要把握好自己的情绪，善于让负面情绪为我们服务，成功地让负面情绪转化成我们的动力，这是一个有修养的女人具备的品质。而相反的是，如果我们任凭负面情绪滋长和宣泄，那么只会让自己成为情绪的努力，给身边的人带来影响，也会让自己陷入不良情绪的泥潭。

以往大家看"灰姑娘"的故事，看到的只是王子的英俊和灰姑娘的幸运；但实际上，回到生活中，很多"灰姑娘"心中的那份忐忑与自卑绝对不是可以轻易消除的，毕竟，越是经济状况不佳的人面对钱就越有一种敬畏感。所以说，很多嫁入豪门的“灰姑娘”最终也是以离婚而告终，因为要全心投入到自己从来未曾经历过的生活环境中，要承受的心理压力是巨大的，但米儿却战胜了自卑，成为一个有实力的灰姑娘。

米儿的男友是富家子弟，她和男友在一起已经两年，该见家长了，可是米儿却为这事发起了愁，她很自卑，因为她是个农村女孩，他们又是两个不同省份的人，虽说男友平时对她很好，但有时她觉得配不上男友，这可能就是家境不同的问题吧，她怕男友的父母反对。

但是米儿不想放弃这段感情，因为毕竟几年的感情，她也很爱他。她自卑的情绪持续了一段时间。后来，她想到了可以解决的办法，那就是用行动证明自己是优秀的，配当他的妻子，而她一直的理想也就是在一所名牌大学读研究生，于是她重返母校，开始考研的征程。考研的日子很苦，可是她为了实现自己的理想，她拖延了和男友家长见面的日期，努力学习。皇天不负有心人，当录取通知书送达她手里的时候，她流下了激动的泪水。

而在男友父母面前，她很自信，落落大方，他们也对她很满意，至于是不是农村的，其实在男友父母眼里已经不重要了。

负面情绪往往产生在一念之间，如果你不能将这种负面情绪转化并为己所用，那么产生的便是一个负面效应，而一个有修养的女人会掌控自己的情绪，充分吸收这种负面情绪的能量，挖掘负面情绪的内在潜能，从而产生一个积极后果。

情绪本身就是一种推动力，上帝为我们安排的所有情绪总是有正面意义的。我们所认定的“负面”情绪也许不是我们所认为的那样讨厌，问题也并不在情绪本身，而是如何去拓展你情绪上的选择空间，也就是情绪运用的能力。当你感到你在情绪上没有选择的余地，那么，“负面”情绪似乎往往要占上风，它将主宰并控制你的思想及行为；当你有了情绪上的运用能力时，你就能对这些情绪产生新的想法并赋予它们新的价值。

任何人都无法选择发生的事情，但我们可以做个有修养的女人，可以选择我们的情绪状态；虽然我们无法调整环境来完全适应自己的生活，但可以调整情绪来适应一切的环境；毕竟你的生活并非全由生命中所发生的事所决定，而是由你自己面对生命的态度和你看待事情的态度来决定。

# 泰然面对他人的咆哮

面对别人对你的指责、咆哮、叫嚣，如果你无法做情绪的主人，在某些时候，你最好学会做个聋子。

俗话说，闭门家中坐，祸从天上来。多数情况下，女人的坏脾气不是自动爆发的，不是你想去生气，而是有时别人无缘无故地招惹你，使你心烦意乱，甚至大发雷霆。在这种情况下动怒，极为常见。

周末时，跟闺中密友逛街吃饭，回忆学生时代的美好时光，本来惬意无比，但一次无意碰撞，别人对你大声咆哮，满是埋怨，即使你一再告诉自己不要在意他说什么，甚至不跟他计较，但你内心的平静和良好的情绪不免毁于一旦，这一天都会因为这件事情而耿耿于怀。

心理学家说，面对别人对你的指责、咆哮、叫嚣，如果你无法做情绪的主人，在某些时候，你最好学会做个聋子。

美国芝加哥的一家大百货公司在前台设立了咨询处，其中的一项主要任务就是受理顾客提出的问题和抱怨。每天，都有许多女士排着长长的队伍，争着向柜台后的那位年轻小姐诉说她们所遭遇的困难，以及这家公司不对的地方。

在这些投诉的妇女中，有的十分愤怒且蛮不讲理，有的甚至讲出很难听的话，柜台后的这位小姐，接待了这些愤怒的妇女，丝毫未表现出任何憎恶。她脸上带着微笑，指导这些妇女们前往相应的部门，她的态度优雅而镇静。

站在她身后的是另一位小姐，她在一些纸条上写下一些字，然后把纸条交给站在她前面的那位小姐。这些纸条很简要地记下妇女们抱怨的内容，但省略了这些妇女原有的尖酸刻薄的话语。

原来，站在柜台后，面带微笑聆听顾客抱怨的这位小姐是位聋子，她的助手通过纸条把所有必要的事实告诉她。这家百货公司的经理之所以挑选一名耳聋的人担任公司中最艰难而又最重要的一项工作，主要是因为他一直找不到其他能够面对别人的抱怨甚至是咆哮时，仍能镇定自若、面带微笑的人。

柜台后面那位小姐脸上亲切的微笑，对这些愤怒的妇女们产生了良好的影响。她们来到她面前时，个个像是咆哮怒吼的野狼，但当她们离开时，个个却又像是温顺的绵羊。事实上，她们之中的某些人离开时，脸上甚至露出了羞愧的神情，因为这位年轻小姐的好脾气已使她们对自己的行为感到惭愧。

站在柜台前，面对客户的埋怨和咆哮，仍能平和对待的女人实属不多。也许你能勉强工作一天、两天，长期如此，如果不是一个聋子，或者在心里不能把自己当成一个聋人的话，干这份工作只会自找麻烦。

在别人的咆哮面前做一个聋子，使你不至于失去对情绪的控制力，像一个没有罗盘的水手，每次激情澎湃的风暴，都会改变心情的方向，让你疲惫不堪。

但对于女人来说，只是沉默地对待别人的坏情绪还不够。心理学家分析说，人的情绪的好坏和人的性格有关，而人的性格又和人的德行有关，而德行是不可能装出来的，德行是要靠自己一点一滴去积累的。只有似海洋一样广阔心胸的人，才能容忍生活中那些看似不公平的事情，守住内心的平静，不让别人的坏情绪摧残自己。

一天，一位德高望重的法师吃完午饭，正要开门出来，不料，迎面撞进一位身材肥胖的妇女，说时迟，那时快，只听得“砰”的一声，刚巧撞在法师的眼镜上，眼镜戳青了他的眼皮，然后跌碎在地上，镜片摔得粉碎。

此时那位胖墩墩的妇女毫无愧疚之色，反而理直气壮地说：

“你出门怎么不注意点，还戴着眼镜！”

法师此时心想：“世间法多由因缘合和而生，有善缘，亦有恶缘，解决恶缘之道，唯以慈悲待之，因此便以豁达的心胸来接受这项事实。”

肥胖的妇女见法师以微笑慈容回报她的无理，颇觉讶异地问：

“喂！和尚，为什么不生气？”

法师借机开示说：“为什么一定要生气呢？生气既不能使破碎的眼镜重新复原，又不能使脸上的淤青立刻消失，苦痛解除。再说，生气只会扩大事情，如果我生气，对您破口大骂或是打斗动粗，必定造下更多的恶缘，甚至伤害了身体，仍不能把事情化解。

以世间因缘果报来看这件事情，我早一分钟或迟一分钟开门，都可以避免相撞，而我们却撞在一起，或许这么一撞化解了我们过去的一段恶缘，因此，我不但不生气，反而还要感谢您助我消除业障哩！”

妇女听后十分感动，她问了许多佛法和法师的称号，然后若有所悟地离去。

这位法师道行深厚，在被人欺负的情况下仍然心平气和，面对别人的咆哮依然不动声色，平凡人恐怕没有几个人能够做到。

人与人之间相处，当矛盾当头时，往往以愤怒相向，殊不知“生气是不能解决问题的”。法师以豁达的心接受横逆，不但化解一段恶缘，并且点醒了妇人，令她知道忏悔。

对于女人来说，在别人对你咆哮时，人有五种处理升腾起来的怒气的方法：一是把怒气压到心里，生闷气；二是把怒气发到自己身上，进行自我惩罚；三是无意识地报复发泄；四是发脾气，用很强烈的形式发泄怒气；五是转移注意力以此抵消怒气。其中，转移是最积极的处理方法。当怒火中烧时，你最好先“三十六计，走为上策”，迅速离开使你发怒的场合，做些能让自己高兴的事情，如逛街、吃小吃、听音乐等，让情绪渐渐地平静下来。

对于很多女性来说，怒气冲上心头，特别是面对别人的欺负、挑衅时产生的愤怒是很难控制的。在想发脾气的时候飞快在心里给自己按一个“暂停键”，在脑子里想一下发脾气过后的自己要承担的后果和是否会后悔，然后再决定怎么做。

在日常生活中尽量去避免生气，用宽大的心胸去容忍别人的错误，在提升自身修养的同时，对自己的身体和面容也是天然的滋养。

## 何种心情，换来何种生活

有什么样的情绪，就拥有什么样的生活。女人生活的天空拥有丰富多彩的颜色，哪抹最靓丽，由女人自己决定。

或许生活中有许多令你不开心或是非常担心的事，或许你觉得上天不公，把所有痛苦和不美好都给了你，又或者你的人生从一开始便有一丝缺陷，你觉得自己天生比别人差一些……但是世界上没有不弯的路，人间没有不谢的花，哪个人的生命旅途是一帆风顺，没有丝毫风雨的呢？生活是艰难的，你无法逃避，积极面对才是解决问题的办法。然而，当挫折和逆境让我们感到无能为力时，换一种心情，换一种思考方式，该在意的要在意，该放下的就放下，或许问题便迎刃而解了。

从前有一个老太太，她没有儿子，只有两个女婿，大女婿是个开染坊的，二女婿是个做油伞（古时候的伞是木杆布面的，在布面上刷上油，一般只在下雨遮雨用）的。这个老太太整天愁眉苦脸的，总是忧心忡忡。

这天有个货郎路过，见到她整天忧心的样子，就好奇地打听原因。

老太太说："我没有一天不发愁，我为女婿的生意担心啊。晴天我惆怅，我二女婿的油伞卖不出去，他不能开张；雨天我也发愁，你看，我大女婿的染坊晒不成布他也不能开张。哎呀，愁死我了！"

货郎听后，哈哈一笑，"您为什么不换个角度想呢？晴天，你应该高兴，你看，你大女婿的染坊生意红火了；下雨天儿，你也应该高兴，你二女婿的油伞都卖出去了。"

老太太一听，对呀，是这个道理。从此，她天天快乐，精神好了，日子也红火了。

生活中像这个老太太一样想问题的女人着实不少，她们希望自己的老公有本事多赚钱，又怕老公有钱了就去外面拈花惹草；她们想减肥又怕自己吃太少营养不良，想吃红烧肉又怕热量太高会长胖……整天这样忧心忡忡的，怎么可能过得开心呢？其实，像那个货郎说的那样，换个角度想问题，让自己的思想彻底解放，你想美好的事，生活便是美好的，心情也会舒畅很多；你想发愁的事，你的困难也不会减少。

一美国人着泳装在撒哈拉大沙漠游玩，一群非洲土著人好奇地盯着他。

"我打算去游泳。"美国人说。

"可海洋在800公里以外呢。"非洲土著人提醒道。

"800公里！"美国人高兴地说，"好家伙，多大的海滩哪！"

在悲观的人眼里，沙漠是葬身之地，800公里是遥远，人生是痛苦；在乐观的人眼里，沙漠是海滩，800公里是享受，人生是希望。

乐观使人经常处于轻松、自信的心境，情绪稳定，精神饱满，对外界没有过分苛求，对自己有恰当客观的评价。乐观的人在受到挫折、失败时，常会看到光明的一面，也能发现新的意义和价值，而不是轻易地自责或怨天尤人；而悲观者一般是敏感、脆弱、内心情感体验细致、丰富，一遇挫折就会比一般人感受得深，体验得多。

心理学研究证实：如果我们想的都是快乐的念头，我们就能快乐；如果我们想的都是悲伤的事情，我们就会悲伤；如果我们想到一些可怕的情况，我们就会害怕；如果我们沉浸在自怜里，大家都会有意躲开我们；如果我们想的都是成功，那结果又会怎么样呢？答案是我们会成功。乐观与悲观部分是与生俱来的，但天性也是可以改变的。乐观与希望都可学习而得，正如绝望与无力也能慢慢养成。

要想摆脱忧愁，使自己乐观起来，女人要尽可能和快乐的人在一起，你是否有过这样的经历？在一个地方，或是和一些人相处，你会感到焦虑不安、脖子酸痛、疲惫不堪，你不知道到底是哪里不对劲，但就是觉得不舒服；但是和另一些人相处时，你就会觉得精神百倍，身体上的不适感也慢慢消失。在这些人的陪伴下，你觉得事事如意，这些人所散发的正面能量，让你感到更快乐、更安详、更有信心。

面对人生的诸多波折，诸多不如意，如果我们无力改变现状，也不要烦躁、焦急或是暴跳如雷，做这些无济于事的举动只会给自己徒增烦恼。学会放下无谓的执著，换种心情，以欣赏的心态耐心等待，柳暗花明的一刻也许更会早些到来。

对于聪明的女人来说，变幻莫测的世界和残酷的现实，怎能只用一种心情面对呢？换一种心情，不做无谓的挣扎，忘记悠远的愁思，你的天空会更蓝，你的人生将更加精彩！

## 情绪健康造福女人一生

高情商的女人更具创造力，更会调节和控制情绪来积极地工作，她们总能灵活自如地调动自己把事情办得更出色。

我们对客观事物态度的体验称之为情绪，情绪的好坏对我们的身体及事业发展有着极其重要的影响。积极的情绪是促进人精神和身体健康的前提条件，也是轻松规划事业的必需；反之，消极的情绪会促使人的心理活动失衡，导致神经活动失调，对健康产生不利的影响，继而影响事业的顺利展开。

生活中总有烦心琐事影响着女人的心情，聪明的女人应该主动摆脱不良情绪，恢复到健康情绪的状态中。当你为一些事情烦恼时，应当畅所欲言、尽情排解，切不要闷在心里、自怨自艾；当事业发展不顺利时，不妨尝试放下心中的包袱，暂时改变一下生活环境，适时放松心情，也许当你再投入工作的时候，一切便都迎刃而解了；当你一时间要处理的事情很多时，应先做最迫切的事，集中全部精力投入其中，一次只做一件，把其余的事暂时搁在一边；当你感到烦闷不堪、郁闷压抑时，试着帮助她人做些事情，使你的烦恼转化为助力，也许会产生愉悦的心情，能继续开展工作。

女人若是学不会营造健康的情绪，那将很难缔造幸福的生活，工作也难以做得出色。

刚刚走出大学校门不久的王颖，就是因为消极情绪的影响，而葬送了自己原本大好的前途。

王颖在大学期间各门功课成绩都非常优秀，还曾经获得过一等奖学金，外语水平在全班也是名列前茅。但她毕业后被却被分配在一个偏远闭塞的小镇。从梦想的象牙塔，进入平庸、烦琐的现实，她觉得像从天堂掉进了地狱。

为了重新书写自己的前途，她把全部的希望都寄托在研究生考试上，并将此看成她生活的唯一出路。但是，由于诸多的烦恼郁闷，以及复习时间的不足，她名落孙山了。为了自己的梦想，她凭借着强大的意志一次又一次捧起书本，却因心情极度不佳而毫无成效。她坦言："一看到书本就头痛。一个英语单词记不住两分钟；一篇没有生词的短文，读完后，头脑中仍然一片空白。甚至连一些根本不用记的常识也要花一番力气，并且仍然老是忘。我的智力已经不行了，这可恶的环境一刻也不让我安宁，我恨透了这里！我是没有希望了。"

经历了第三次失败之后，她放弃了努力。悲哀、苦恼、绝望等各种负面情绪将她紧紧包围着，她开始天天酗酒，不再上班、学习，她的精神已经彻底地崩溃了。短短的几年，堕落到了如此地步！

从王颖的故事中我们看到，消极情绪具有强大的破坏力，不会对其进行调节，它就会慢慢侵蚀女人的灵魂，让女人主动放弃努力，长期生活在痛苦之中。因此，不管遭遇怎样的困境，女人都应该永葆积极的情绪，击败、征服烦恼。如何才能保持健康的情绪呢？消除忧虑，培养幽默感是第一步。

女人适应社会的有力工具便是幽默感。当你发现状况不理想时，一方面要能客观地面对现实，同时也不要使自己陷于烦闷的状态，这时，最好的办法就是以幽默的态度应付。如此，可以使本来紧张的情绪变得比较轻松，使一个难堪的场面在笑语中扭转乾坤。学会幽默可以减轻你心理上的挫折感，求得内心的安宁。幽默还是一种自我保护的方法，幽默感强的人，其体内新陈代谢旺盛，抗病能力强，可以延缓衰老，同时，也可以和周遭朋友、同事保持良好的关系。

自我调节以适应环境也是保持健康情绪的好方法。对自己所处的工作环境不满意或遇到事业挫折时，人们往往会产生忧郁、悲痛、焦虑等不良情绪，继而产生心理失衡。这时应以积极的态度，主动疏导情绪，调整自己对现实的期待、心理预期，以最适当的态度适应环境和处理问题，增长自己的承受能力。

女人的日常生活中包含着各种喜怒哀乐的生活体验，多回忆些积极向上、愉快的生活场景，能帮我们克服不良情绪。常保持健康情绪的女人，总有一天会发现，你的事业和家庭都是如此风调雨顺！

## 女人做自己的情绪调节师

亚里士多德曾说，任何人都会生气，这没什么难的。但要能适时适所、以适当的方式对适当的对象恰如其分地生气，可就难上加难。

但凡快乐的女人，都具有对情绪的调控能力。在日常生活中，你是否注意过，人的情绪是怎样变化的呢？有些日子我们感到精力充沛、心情愉快，有些日子我们的自我感觉变得特别不好，心情容易烦躁，会莫名其妙地发火，情绪低落，心情抑郁。压力变大时，我们的心情似乎就变得特别不好，因为出门的一场大雨而心情低落，因为工作的繁重而倍感郁闷，不顺利的事情似乎一件接着一件，你对生活失去兴趣，也打不起精神来工作。

情绪具有波动性和感染性，糟糕的情绪总是会不自觉地蔓延得很快，使你一整天都感觉失落。心理学家说，不同的人对情绪的把握能力有一定的差别，如果你的心是积极的，你就能更好地调控情绪。

对事物认识的不同会使我们的情绪有很大的不同。例如，不同的员工受到老板批评的时候，往往会有不同的反应。有些人认为老板是在和他作对，故意刁难他；而有些人认为老板是在帮助他认识到自身的不足。正是因为这些认识上的不同，人们才会产生不同的情绪。前者会对老板产生厌恶甚至对立的情绪，而后者会觉得和老板的关系更为亲密。所以情绪的变化有时取决于对事物的不同看法。同样是半杯水，当心境被积极情绪占据的时候很可能认为它是“半满”的，而当我们被消极情绪占据的时候却可能说它是“半空”的。

亚里士多德曾说，任何人都会生气，这没什么难的。但要能适时适所、以适当的方式对适当的对象恰如其分地生气，可就难上加难。女人要如何调节自己的情绪呢？

首先，要控制消极情绪。喜怒哀乐是人之常情，可是消极情绪常常会使你无心学习和工作，也会使你没有好的生活，失去和谐的人际关系。人是一定会有情绪的，有时候压抑情绪反而带来更不好的结果，要学会体察并控制自己的情绪。无法控制消极情绪时，我们要想办法转移一下，比如换个环境，出去走走，呼吸新鲜的空气。只要稍微转移一下，我们的消极情绪就可能缓解一点。

其次，在受到情绪困扰的时候，我们可以通过调节自己的认识方式来调节情绪。例如，没做好工作的时候，可以问自己："别人也有不成功的时候，为什么我不能有呢？"每个人都会遭到不同程度的失败，你当然也不例外。有时候我们也要以适当的方式表达自己的情绪。例如，在和朋友生气时，明确地告诉对方，你为什么不高兴，而不是自己闷在心里，影响以后的心情。

心理学家建议说，人在生气的时候，可以找一面镜子，对着镜子努力做出笑容来，持续几分钟之后，你的心情或许就会变得好起来。当然，每个女人调控情绪的方法不同，但你首先要提高对情绪影响力的认识，提升自己的情绪情商。

# 第22章 优雅的礼仪，让女人更受欢迎

随着社会的发展和女性独立的要求，越来越多的女性成为职场精英、社会活动者、商务洽谈者，礼仪在女性生活中扮演着越来越重要的角色。可以说，礼仪就是女人的第二张脸，女人的美丽与否很大一部分要看礼仪是否得体。不注意礼仪修养的女人就是没有经过雕琢的玉，即便是块宝，也有遗憾。宴会、职场、舞会、婚礼、丧礼甚至是打电话时都无不需要礼仪，礼仪是女人超凡脱俗的金资本，懂礼仪的女人才越显得有魅力！

## 礼仪是点缀女人的精灵

礼仪就是女人的第二张脸，女人的美丽与否很大一部分要看礼仪是否得体大方。不注意礼仪修养的女人就是没有经过雕琢的玉，即便是块宝，也有遗憾。

荀子云：“礼者，人道之极也。”由此可见，礼仪的重要性。对于女人来说，它是点缀女人的精灵。生活中，有这样的女人，她们回眸一笑百媚生；腹有诗书，一言一语让人回味无穷，一举一动尽显气质和涵养，因为这样的女人知书达“礼”。

何为女性美?女性美就是女性具有的关于内涵和外延的双重修养，而这种外延的重要因素之一就是女人的礼仪修养，礼仪修养让女人无论在什

么场合，都能产生一种由内而外的美，让人眼前一亮。当然，女人的外延要建立在内涵的基础上，内涵就是指的一个人的道德品质和学识修养。其实，内涵和外延这二者并不冲突，具有高尚的道德情操和高素质的女人一般也是很注重礼仪修养的人。良好的气质也不是一朝一夕能形成的，也不可能只靠礼仪知识的学习就能得来，外在包装固然重要，可是充盈内在的才是女人达到真善美的首要前提。

归结为一点，女人的美来自于内涵和外延，即内在美和外在美构成的整体上的形象美；而礼仪修养就是建立在内在美基础上的外在表现，这是女性形象的重要方面。

女人的礼仪修养是指女人在社会交往活动中形成的行为规范与准则，具体表现为礼貌、礼节、仪表等方面。礼仪修养表现在立、行、坐、语言、着装等各个方面。良好的礼仪修养是女人立足于世的一大保证，也是女人处理人际关系的重要砝码。在不同的场合，女人要学会角色转换，运用不同的礼仪应对，要得体适度，符合自己的身份，也要符合交际对象的身份。女性在不同的场合，扮演的角色不一样，角色变了，身份变了，女人交往的技巧，心态都要发生变化。首先，要做到适度，适度指的是你说话的用词，表情，语气恰到好处。其次，女人要注意细节问题，很多细节上的礼仪是决定女人形象成败的关键点。比如：一个不雅的吃饭姿势会让对方对你的印象大打折扣；一个不适合严肃场所的配饰会让你在众人面前的形象不伦不类。

礼仪的重要性自古有之，“曾子避席”就是一大典故。

“曾子避席”出自《孝经》，是一个非常著名的故事。曾子是孔子的弟子，有一次他在孔子身边侍坐，孔子就问他：“以前的圣贤之王有至高无上的德行、精要奥妙的理论，用来教导天下之人，人们就能和睦相处，君王和臣下之间也没有不满，你知道它们是什么吗?”曾子听了，明白老师孔子是要指点他最深刻的道理，于是立刻从坐着的席子上站起来，走到席子外面，恭恭敬敬地回答道：“我不够聪明，哪里能知道，还请老师把这些道理教给我。”在古代，“避席”是一种非常礼貌的行为，当曾子听到老师要向他传授时，他站起身来，走到席子外向老师请教，是为了表示他对老师的尊重。曾子懂礼貌的故事被后人传诵，很多人都向他学习。

古人尚且知道礼仪的重要性，以礼行事；但现实生活中，很多女人却将礼仪抛之九霄云外。每个男人都希望自己的妻子上得厅堂，下得厨房，这所谓的厅堂，就是指能在众人面前举止大方，说话得体等。可是小王的妻子却让小王在众同事面前失了颜面。

小王从小职员晋升到了科长，他决定在家大摆筵席，邀请自己的同事来庆贺一番。

第二天，他就吩咐好妻子买好了菜，让妻子下厨做顿丰盛的午餐。小王妻子是个能干的女人，不到一个小时的工夫，各色的菜就上桌了。这时候，小王招呼同事用餐，小王妻子也就座在了小王的旁边，可这一坐，让很多同事瞠目结舌，她居然跷起了二郎腿，下面的举止更是不雅，她喜欢吃鸡腿，就用手撕拉着鸡肉，还发出很难听的声音，小王看见了大家的神情，就暗示了妻子一下，可是小王妻子丝毫没有领会到丈夫的意思，继续吃自己的。整个晚餐桌上，小王的脸都是阴着的；餐后，他把自己的火气发泄出来，妻子这才意识到自己在餐桌上的失态。

小王妻子一点也没注意到自己的举止，不顾及自己的形象，也让丈夫的颜面尽失，而她在小王同事心中必定留下了很差的印象。其实，生活中，类似小王妻子的女人很多，这种女人太过直率，做事不经过大脑，更谈不上注意自己的形象和礼仪修养，往往事过之后才知道不顾礼仪的后果，懊恼不已。

一个注重礼仪修养的女人必当知道如何把自己美好的一面展现给别人，知道如何给自己加分，知道如何让自己成为一个人见人爱的人！礼仪是点缀女人的精灵，懂得礼仪修养的女人会让人眼前一亮，所以，女人要加强自身的礼仪修养。

## 女性必须遵循的职场礼仪

对一个求职女性来说，礼仪更显重要，恰当的礼仪是一块敲门砖，拥有它，女人才有可能打开成功求职的大门。

每家企业领导都希望拥有高素质的员工，因为一个员工的形象不仅代表的是自己，还有企业。而这种素质的高低很大程度上是靠礼仪表现出来的。一个员工是否拥有礼仪修养，直接关系到职场上人际关系处理得好与坏。所以，对于职场中的女性来说，遵循一定的职场礼仪至关重要。

女人使寂静的办公室不再死气沉沉，但办公室不是女人的私人场所，可以为所欲为，不适宜的一些举动会让女人的形象全无。而女人在交往时按礼仪规范去做，体现的是同事之间的互相尊重，并有助于友好合作关系的建立，缓和与避免不必要的矛盾冲突。一般来说，人们受到尊重、礼遇、赞同和帮助就会产生吸引心理，形成友谊关系，反之会产生敌对、抵触、反感甚至憎恶的心理。

而对一个求职女性来说，礼仪更显重要，恰当的礼仪是一块敲门砖，拥有它，女人才有可能打开成功求职的大门。

艾文是个热情而敏感的上司，在中国某著名的房地产公司任副总裁。有一天，他接待了来访的求职者小韦。这个年轻的女孩被秘书领进了艾文的办公室，秘书对艾文说："艾总，这是来面试的小韦。"艾文离开办公桌，面带微笑，走向她。小韦先伸出手来，让艾文握了握。面试结束后，艾文客气地对她说："很高兴你来我们公司面试，这样吧，你先回去，再和你联系。"小韦在几分钟内就被这个艾经理请出了办公室。几天内，小韦多次打电话，但秘书的回答是："艾总不在，你还是等等看吧。"

后来，秘书问艾总怎么没有聘用小韦，这可是名牌大学的研究生，况且这种人才不可多得，而艾文的回答是："名牌大学的研究生连基本的礼仪都不懂，我不是她的下属，居然伸手让我来握！"

我们姑且先不管那个艾总的观点是否正确，但足以见出礼仪对于职场中的女人来说何等重要。礼仪是女人能否获得认同的一个重要方面，因为它直接和女人的修养挂钩，人们往往会从修养上来定位一个女人。

礼仪对于女人的重要性体现在，它具有很强的凝聚情感的作用，是人际关系的"润滑剂"。礼仪的重要功能是对人际关系的调解。在现代职场中，女人的人际关系总是错综复杂，在平静中会突然发生冲突，礼仪有利于促使女人和对方保持冷静，缓解已经激化的矛盾。女人假如能自觉主动地遵守礼仪规范，按照礼仪规范约束自己，就容易使人际间感情得以沟通，建立起相互尊重、彼此信任、友好合作的关系，进而有利于各种事业的发展。

女人在职场中，应注意以下几个方面：

（1）分清哪是公共的区域，哪是个人的空间。

（2）工位的整洁。在办公室中要保持你的工位整洁、美观大方，避免陈列过多的私人物品。

（3）谈话声音和距离的控制。在和他人进行电话沟通，或者是面对面沟通的时候，你的音量要适当控制，两个人都能够听到就可以了，避免打扰他人工作。哪怕当电话的效果不好时也应该这样。

（4）尽量避免在办公区域用餐。很多女人为了能利用吃饭的时间和同事聊天，就在自己的工位上进行就餐。这样会使整个办公室充斥着食物的味道，整个办公环境就很差，也会招来其他同事的反感。

（5）开会时的就座礼仪。女人要记住，让职位比你高的人先就座，且要坐在你的上方。

（6）就座后，不可交头接耳，聚精会神地开会，不可开小差。

（7）办公室不是秀台，女人不必把自己打扮得花枝招展，这会引来其他同事的不满和议论。衣物不必勤换样式，但衣物的质地要好，这才能显出女人的品位。

以上这几点只是职场女性应该注意的礼仪的一部分，女人应该根据不同的工作性质和工作环境而定，这其中的礼仪修养还要女人自己来琢磨和学习。职场中，女人的礼仪修养让女人能够处理好人际关系，和同事和睦相处，避免不必要的矛盾，让女人成为魅力女人！

## 女人不可轻视的握手礼

握手是需要双方共同完成的动作，当对方握手方式不当，女人应该尽量减轻可能出现在自己身体上或心理上的不适，而且又不致使对方感到尴尬。

可能人们有个误解：握手是男人的礼仪，而非女人应该重视的，这是一种错误的想法。女人同样要注重握手礼仪，把握好和对方握手的尺度，才会不失身份，才能尽显涵养。

中国自古以来就有握手这个礼仪，握手的一瞬间，就能让人感知女人的修养如何。并从一个侧面断定许多问题：女人的个人文化修养、处世的能力与人格品性等。

握手是一种沟通思想、交流感情、增进友谊的重要方式，它也是日常交往中最常见常用的礼仪，女人要知晓握手礼，不要忽视它的重要性，拿捏好握手时的度，才能让自己的礼仪修养更加完善。

小张是一家电子公司的经理助理，一次，经理跟她说："下午有个大客户要见，中午打扮一下，别失了身份！"她自然知道助理的形象对于老板的颜面和公司形象的重要性，于是，趁中午休息的时间，她在洗手间花了很久的时间给自己化妆，当满意后，她才走出洗手间。

下午，她和老板在会议室等了一会儿，客户就来了。老板伸出手和客户友好地握了握，然后那客户把手伸向小张，小张半天才愣过来伸出手，她在想这客户居然也和自己握手。于是，为了回敬对方的"诚意"，握手的时候，她紧紧地抓住对方的手握了半天，弄得对方很不好意思，老板看在眼里，额上的汗珠都出来了。

虽然客户最终还是把项目的开发权交给了小张所在的公司，可是那个客户在走的时候撂下一句话："你们公司员工的素质不怎么样啊！"小张觉得很委屈。

这就是不知道握手礼的重要性和不会握手造成的后果，不仅让对方尴尬，也让自己落得一个不好的评价。

那么，如何才能正确地行握手礼呢?

握手谁都会，关键在拿捏握手的一个度，包括时间、力度及姿势等。比如：你用来握手的那只手正拿着东西，可以先放下东西或换一只手来拿，在一些很可能需要握手的场合，应该用左手拿东西，把皮包和笔记本放在左手或背在肩上，以空出右手；人们总认为应该由男士主动，女性方可握手，现在的交际礼仪则不然，女性完全可以不受传统观念的束缚，主动地、毫不犹豫地去与别人握手，体现现代职业女性的大方和专业化；握手的姿势不可随意，应该距离对方约一步左右，两足立正，上身微微前倾，面带微笑，伸出右手握住对方的右手，伸出的右手应四指并拢，拇指自然向上张开，紧握住对方的手，伸出手时稍带角度，双方虎口应互相接触，一旦接触，便应轻轻放下拇指，用其余四指包住对方的手掌。

总结起来，握手的礼仪可包括以下几点：

（1）与人握手时，应面含笑意，注视对方双眼，神情专注、友好、热情而又自然，口中的问候必不可少。

（2）握手时，应起身站立，不能坐着与人握手。

（3）握手前，要脱帽和摘手套，手应净洁。

（4）不允许戴着墨镜与人握手。

（5）握手时，不要太紧。

（6）握手时，不可左右摇摆，男女握手不宜上下摆动。

（7）男女之间握手时间要短些，用力要轻些。

（8）女性与人初识，可不与他握手，而以点头微笑来表示问候。

（9）不用左手与他人握手。

（10）握手时，另一只手不要拿着报纸、公文包等东西不放，也不要插在衣袋里。

（11）不要仅仅握住对方的手指尖，也不要只递给对方一截冷冰冰的手指尖。

握手毕竟是需要双方共同完成的动作，当对方握手方式不当，女性应该尽量减轻可能出现在自己身体上或心理上的不适，而且又不使对方感到尴尬。当对方握手的力度过大的话，女人可尝试着把自己的手放松，这是一种自卫的方法，此时，女性的手可以顺势从对方的手中滑出；还有一种情况，假如对方的手呈软弱无力的状态，女性这时候就应使双方的拇指关节紧贴。而假使在这种情况下，对方仍毫无反应的话，女性就可以把手放下了，因为你的举止是正确的，错不在你。此外，有时当你热情地伸出手去，而对方可能没注意到，这时只要微笑地把手收回即可。只要对方不是有意为之，就不必太在意。

## 关系成败的商务礼仪

女人在商务活动中，一定不能按照自己的意愿随心所欲地做事，而应该顾全到大局。

孔子说："仓廪实则知礼节"，在这个经济飞速发展的社会，商务活动越来越频繁，商务礼仪也就越来越显重要。女人要想使商务活动更加愉快轻松，给对方留下好印象的话，就必须知晓商务礼仪。

商务活动的目的在于宣扬自己企业的文化和企业风采，是增强企业实力的重要手段。商务活动中，礼仪修养的好与坏不仅关系到女性自己的形象，还关系到女人所在企业的形象。倘若女人不注意礼仪，对方就会有这样的结论：没素养的员工所在的公司肯定也没什么实力，文化底蕴肯定也不行，对方会从内心深处不想和这样的公司合作。那么就意味着女人的商务活动宣告失败，这就可能给企业带来巨大的损失，而女人自己也会因为这样的后果而在职场中大大受挫。

商务活动中，女人切忌不要根据自己的感觉行事，有个这样的故事：

有个地产开发商，曾经在改革开放的大潮中，捞到了一桶金，才进军地产开发事业。而地产开发，就必须和"地"有极大的关联，他准备和其他几个地产开发商一起拿到市区某地段的开发权。

那天，他带了他的秘书小郭一起赴宴，可是就在餐桌上却闹了笑话。

这帮地产商一起去了一家西餐厅，在各位都就座以后，小郭一看盘中有自己不喜欢吃的牛排，顺手就将它夹到了桌子上，当时其他很多秘书都看傻了眼，居然有这么不注意形象的人。

因为这个老板姓牛，就有很多地产商开起了玩笑："原来老牛的秘书不吃牛排啊！"玩笑归玩笑，那些地产商觉得牛老板的公司员工素质差，公司文化氛围差，就决定放弃和他合作。牛老板很生气，宴会结束后，就辞了小郭。

女人在商务活动中，一定不能按照自己的意愿随心所欲地做事，而应该顾全到大局，不然就会和小郭一样，成为众人的笑柄，还让公司损失一笔生意。

礼仪修养有很多方面，但表现在商务活动中，就有其独特的性质，总结起来，女人应该注意到以下几方面：

（1）注意穿着。黑色皮裙在正式场合绝对不能穿，这是国际惯例，给人们的感觉是不正经；正式的商务场合不能光腿；衣物不能出现残破；忌鞋袜不配套，穿职业套裙不能穿便鞋，袜子更要配套，要穿前不露脚趾后不露脚跟的皮鞋；沙发不能随意披散开来，头发长可以盘起来，束起来；腰上在正式场合时不能挂东西。

（2）尊重对方。对交往对象要进行准确定位，然后才能决定怎样对待他。国际交往中礼品包装的价值，不得低于礼品的1/3，接受外国人的礼物时，要当面把包装打开，而且要端详一会，并要赞扬一下。

（3）就餐时，不能当众修饰自己，不能为对方劝酒夹菜，不能强迫别人吃，进餐不能发出声音。

（4）接受名片时，要求是有来有往，来而不往非礼也。要是没有也要比较委婉地回答，可以告诉对方，没带或用完了。

（5）语言上要善于表达，商务礼仪是一种形式美，交换的内容与形式是相辅相成的，形式表达一定的内容，内容借助于形式来表现。对人家好，不善于表达或表达不好都不行，表达要注意环境、氛围、历史文化等因素。

（6）注意位置的选择。车座的选择上应注意：主人亲自开车时，副驾驶位子是上座；有专职司机或搭乘出租车时，副驾驶位置的后面座位是上座，这时副驾驶位置是随员座。

以上这些都是女人在商务活动中应该注意的，大到整个商务活动的安排规划，小到衣物和配饰的搭配。女人只有掌握好这些商务礼仪，才能让对方满意，也才能在商务活动中为企业形象，为自己形象加分！

## 女性不可忽视的西餐礼仪

西餐已经走入每个女人的生活，掌握好西餐礼仪，对于女人来说都是至关重要的。

随着中西文化的融合，西餐也越来越盛行起来。而很多热爱西餐的女人认为，学好刀叉的使用不就是西餐礼仪吗?其实不然，西餐礼仪远比只是正确使用刀叉复杂，掌握西餐礼仪，才能让女人在就餐时显得更有修养，才会仪态万方。

很多女人青睐于西餐却不真正了解西餐礼仪。掌握好西餐礼仪，女人都能在就餐时应对自如，不至于失态。

快到30岁的小洲是一家外企的白领，可谓事业顺利，但是她的婚姻大事却一直是她的心病，于是她的父母用上了老法子——相亲，这是最快的解决方法。

小洲的父母很快就找到了一个相亲的对象，对方也是一个白领，人长得好不说，还很有修养，小洲的父母一下子就看上了那个小伙子。相亲当天早上，小洲打扮了一番出门了，对方将地点定在了市里一家顶级的西餐厅。

见面以后，双方都很满意，小洲的身边还没有出现过这么帅气的小伙子，她一下子就喜欢上了他。随后，小洲就说自己饿了，要点菜，点了比萨以后，小洲加了一句：“我要双层的！”对方一看傻了眼，不过也没在意。用餐时，小洲切比萨的声音让对方很受不了，切着切着，小洲的那份比萨居然飞了出去，这时双方都很尴尬，于是小伙子只好又点了一份。整个就餐的过程小伙子再没说一句话。

好不容易找到自己喜欢的对象，却因为自己没有注意使用西餐餐具，让很有情调的氛围变得尴尬，让对方对自己的印象一下子跌入谷底，这不能不说是小洲的悲哀。

西餐已经走入每个女人的生活，西餐吃的是一种情调，女人不要打破这种美好的情调。西餐很多情况下体现了对他国文化的尊重，尤其在国际间的交流上。还有，西餐礼仪还体现了女人的学识和涵养。

女人应该大致注意以下几点：

在就座时，身体要端正，手肘不要放在桌面上，不可跷足，与餐桌的距离以便于使用餐具为佳；餐台上已摆好的餐具不要随意摆弄；将餐巾对折轻轻放在膝上，就座后可以不急于点菜，有什么问题可以直接问服务生，他们一般都非常乐意回答你提出的任何问题，若他们不是很清楚会询问餐厅经理或主厨。

当然，西餐礼仪中最重要的永远是刀叉的使用，中西餐的主要不同之处很大一部分也体现于此。使用刀叉进餐时，从外侧往内侧取用刀叉，要左手持叉，右手持刀；切东西时左手拿叉按住食物，右手执刀，然后用叉子将食物送入口中；使用刀时，刀刃千万不可向外；当进餐的过程中出现“插曲”需要放下刀叉时，应摆成“八”字形，分别放在餐盘边上；谈话时是可以放下刀叉的，刀刃朝向自身，表示还要继续吃；每吃完一道菜，将刀叉并拢放在盘中；不用刀时，也可以用右手持叉，但若需要做手势时，就应放下刀叉，千万不可手执刀叉在空中挥舞摇晃，也不要一手拿刀或叉，而另一只手拿餐巾擦嘴，也不可一手拿酒杯，另一只手拿叉取菜。要记住，任何时候都不可将刀叉的一端放在盘上，另一端放在桌上。

然后就是进餐的过程，吃东西要文雅。每次送入口中的食物不宜过多，在咀嚼时不要说话，更不可主动与人谈话。对于不同的食物，应用不同的方式对待：吃鱼、肉等带刺或骨的菜肴时，不要直接外吐，可用餐巾捂嘴轻轻吐在叉上放入盘内；如盘内剩余少量菜肴时，不要用叉子刮盘底，更不要用手指相助食用，应以小块面包或叉子相助食用；吃面条时要用叉子先将面条卷起，然后送入口中；吃面包时，要掰成小块送入口中，不要拿着整块面包去咬，抹黄油和果酱时也要先将面包掰成小块再抹；吃鸡时，欧美人多以鸡胸脯肉为贵；吃鸡腿时应先用力将骨去掉，不要用手拿着吃；吃鱼时不要将鱼翻身，要吃完上层后用刀叉将鱼骨剔掉后再吃下层肉，要切一块吃一块，块不能切得过大，或一次将肉都切成块；喝咖啡时，如愿意添加牛奶或糖，添加后要用小勺搅拌均匀，将小勺放在咖啡的垫碟上，喝时应右手拿杯把，左手端垫碟，直接用嘴喝，不要用小勺一勺一勺地舀着喝；吃水果时，不要拿着水果整个去咬，应先用水果刀切成四瓣，再用刀去掉皮、核，用叉子叉着吃。

能熟练掌握以上这些，女人就能在吃西餐时游刃有余了，当然，不同的西餐场合，女人应该用不同的礼仪面对。

## 夫妻之间也要讲礼仪

婚姻只有不断保鲜，才会永远年轻，才不会随着女人的年龄一起老去。使婚姻保鲜永远不变的真理之一就是：女人要重视夫妻间的礼仪。

或许很多女人认为，只有在公共场合，礼仪才派得上用场，这是一种错误的想法，家庭尤其是夫妻之间也要讲礼仪，为什么很多夫妻几十年如一日的恩爱，为什么总是相敬如宾?这就是礼仪的作用。

曾经有个这样的故事：

有对夫妻感情很好，他们一起经历了风风雨雨，可以说，丈夫的很多都是妻子给予的。后来，丈夫走上了仕途，官也越做越大，而妻子还是那个妻子。有一天回家，他一推开门，就看见自己的妻子在卫生间，拿着一本书，蹲在马桶上。他说："你怎么老是上厕所不关门啊！"妻子的回答是："又没别人，关什么门啊?"他一下子不知道说什么好了。从那以后，男人开始不回家，因为他怕看到妻子上厕所不关门，总是披头散发犹如幽灵一样在家里穿梭，妻子发现了丈夫的异常，以为丈夫背叛了自己，于是找到了丈夫在外面的住处，当她推开门进去的时候，发现丈夫正在看自己年轻时候的影集，她似乎明白了什么。

以后的日子里，她开始注意收拾自己，开始和丈夫一起找回那段逝去的美好岁月，他们仿佛一起回到了恋爱的年代。

婚姻只有不断保鲜，才会永远年轻，才不会随着女人的年龄一起老去。使婚姻保鲜永远不变的真理之一就是：女人要重视夫妻间的礼仪。虽然结婚数年，但是女人给男人表现的，还应该是有"矜持"的，因为男人很在乎妻子的形象！

可是生活中很多女人认为，两人结了婚，都是一家人了，还有什么可见外的。于是，一些夫妻彼此谈话很随便，开玩笑也没有了分寸，有时无意中伤害了对方，影响了夫妻感情。由此看来，夫妻在生活中朝夕相处，若要保持爱情的甜蜜，就应当讲究夫妻相处的礼节和礼仪。婚姻中的礼仪没有一成不变的模式，这要靠女人在婚姻中慢慢摸索，但是婚姻中有一些基本的礼仪原则是女人必须要了解到的：

（1）互敬。互敬即相互尊重，相敬如宾。互敬的要点如下。

夫妻之间最重要的是对人格的尊重。不论社会地位、职业类别、文化程度、经济收入等有何差异，都应该平等相待，互相尊重对方的人格和尊严。尊重对方的意愿、选择、个性、生活习惯和兴趣爱好。尊重对方的父母、亲戚和朋友。尊重对方的隐私，善于给对方适当的空间。夫妻双方应该互相信任，做到“长相知，不相疑”。坦然面对另一方的异性友谊与交往，坦然接纳另一方以前的情感历程。宽容对方的过失，宽容对方性格中的弱点和能力上的不足。

（2）互爱。互爱即互相体贴，温情脉脉。俗话说：“知夫莫若妻”“知妻莫若夫”。夫妻在一起生活，相互了解彼此的性格、爱好和生活习惯等。丈夫不要在婚后变得粗暴，妻子也不要在婚后变得俗气。夫妻虽然不常有恋爱时花前月下的浪漫，但体贴对方的话要常讲，关心对方的话要常说，不要忘了感情交流，一个眼神、一个手势、一声亲切呼唤无不包含深情厚谊。

（3）互学。即互相学习，取长补短。夫妻俩各有长处，不论在事业上还是在日常生活中，均要多看对方的长处，学习对方的优点，弥补自己的缺点，不断进步。

（4）互助。即互相支持，互相帮助，夫妻应共同承担家务事，各尽所能，丈夫不妨多干点力气活。夫妻在事业上更要互相帮助，互相支持，共同走向人生的辉煌。

（5）互让。即互相谦让，切莫唯我独尊。夫妻之间要提倡平等，遇事多商量。丈夫不要以“大男子主义者”自居，妻子也不要让丈夫得“气（妻）管炎（严）”“你敬我一尺，我敬你一丈”，彼此多给对方一些理解和尊重，夫妻感情会更加深厚、牢固。

（6）互谅。即学会宽容，互相谅解。俗话说：“金无足赤，人无完人。”丈夫可能做事较粗心，妻子要能够容忍；妻子或许比较啰唆，丈夫要予以谅解，彼此求同存异，互相靠拢。

（7）互慰。即互相关照，彼此安慰。人生的道路曲折、漫长，不可能事事称心如意，一帆风顺。当一方在前进的道路上遇到挫折时，另一方不要讽刺、挖苦甚至奚落，而应当多安慰对方，一起分析受挫的原因，总结经验教训，让失败变为成功之母。

（8）互勉。即互相勉励，互相鼓舞。当一方取得成功时，另一方应表示热烈祝贺，并一起分享成功的欢乐，同时激励对方再接再厉。夫妻不论在顺境还是逆境，都要互相理解，互相信任，互相支持，携手并肩，一步步走向胜利的彼岸。

以上这些就是婚姻礼仪中的一部分，女人要掌握好夫妻之间的礼仪，才能拴住男人的心，才能让婚姻生活更加的幸福长久！

## 女人恰当的着装礼仪

懂得着装礼仪的女人，即使简单的几套衣服，也能穿出不同的韵味和气质。

在古代，女人追求服装的目的比较单纯，仅仅是为了一种视觉的愉悦，而在当今社会，服装已经不是一块没有生命的遮羞布。它不仅是布料、花色和缝线的组合，更是一种社会工具，穿着它的人像是在向社会中其他的成员传递信息：“我是什么个性的人?我是不是有能力?我是不是重视工作?我是否合群?”

女人的衣柜里永远挂着穿不完的衣服，可是女人是否知道如何让这些美丽的衣服在不同的场合发挥不同的作用呢?这就是着装礼仪，懂得着装礼仪的女人，即使简单的几套衣服，也能穿出不同的韵味和气质。

随着经济的发展，女人也和男人一样，奔波于各种场合之间，和男人一样忙碌着，而女人是否注意到自己的着装是否恰当呢?有没有注意到因为你的着装可能给你带来了麻烦。

琪琪是一家财务公司的女职员，也是个财经专家，她有很好的学历背景，经常为客户提供很好的建议，在公司里也一直很努力。可是，奇怪的是，每次当她到客户的公司提供服务时，对方主管却不太注重她的建议，她所能发挥才能的机会也就不大了。

后来她的同事找出了她的问题，于是帮忙请了一位形象设计师，这位形象设计师发现琪琪着装方面有明显的缺憾：她25岁，身高160厘米，体重45公斤，看起来机敏可爱，喜欢着童装，像个二十几岁的女孩，其外表与她所从事的工作相距甚远，所以客户对于她所提出的建议缺乏安全感、依赖感，所以她难以实现她的创意。这位形象设计师建议她用服装来凸显出学者、专家的气质，用深色的套装，对比色的上衣、丝巾来搭配，甚至戴上黑边的眼镜。琪琪照办了，结果，客户的态度有了较大的转变。很快，她成为公司的董事之一。

衣服就是女人的外在“形象”，服装不能造出完人，但是别人第一印象的80%来自于着装。服装已经不再单纯的是以古时候的保暖和遮羞为目的，女人的着装也不仅仅是为了美丽，而是一种信息的传递，从女人的着装上，别人可以看出，你是个什么样的人，大概从事什么样的工作，性格怎样，是否稳重等。还有，在恰当的环境下合适的穿着，女人才不至于失态。因此，女人要注意服装是否得体。

（1）女人在职工作着装礼仪。应该与当时的时间、所处的场合和地点相协调。具体来说，可以表现为：

①时间原则。和男士不同的是，女性需要为不同的时段准备不同的服装，白天工作时，女士应穿着正式套装，以体现专业性；晚上出席酒席宴会就须多加一些修饰，如换一双高跟鞋，戴上有光泽的佩饰，围一条漂亮的丝巾，当然，还有高贵、端庄的礼服。

②场合原则。衣着要与场合协调。这一点要视场合的正式与否而定了。参加正式会议和会谈等，衣着应庄重、考究；在音乐会或者剧院，则应按惯例着正装；出席正式宴会时，则应穿中国的传统旗袍或西方的长裙晚礼服；而在朋友聚会、郊游等场合，着装应轻便舒适。

③地点原则。在自己家里，女人大可以穿着舒适整洁的休闲服；但如果是在公司或单位，穿职业套装会显得更为职业化；而在一些有风俗习惯的地方，当女人外出至此时，要根据当地的风俗来穿着，这也是对别人的尊重。

④其他方面。在衣物的质地上，切不可为了数量放弃质量，这会被认为是没有品位的表现。还有，女人不能只顾赶时髦，穿得过于光鲜和亮丽，研究证明，过于时髦的女人并不受人欢迎，因为这被认为是高调的表

现；另外，假如有比女人地位身份高贵的女人或是女主人在场的情况下，女人的穿着会有喧宾夺主之嫌。

（2）女人在生活中的着装礼仪。不恰当的着装，会给女人带来一些麻烦：

①过分的时髦。现代女性热爱流行的时装是很正常的现象，即使你不去刻意追求流行，流行也会左右着你。有些女性几近盲目地追求时髦。例如有家贸易公司的女秘书在指甲上同时涂了几种鲜艳的指甲油，当她打字或与人交谈时，都给人一种压迫感，一个成功的职业女性对于流行的选择必须有正确的判断力，同时要切记：在办公室里，主要表现的是工作能力而非赶时髦的能力。

②过分暴露型。夏天的时候，许多职业女性不够注重自己的身份，穿着颇为性感的服装。这样你的才能和智慧便会被埋没，甚至还会被看成轻浮。

③过分正式型。这个现象也是常见的，其主要原因可以说是没有适合的服装。职业女性的着装应平淡朴素。

④过分潇洒型。最典型的样子就是一件随随便便的T恤或罩衫，配上一条泛白的“破”牛仔裤，丝毫不顾及办公室的原则和体制。这样的穿着可以说是非常不合适。

⑤过分可爱型。在服装市场上有许多可爱俏丽的款式，也不适合工作中穿着。这样会给人不稳重的感觉。

云想衣裳花想容，女人爱美，天经地义，但女人要懂得礼仪修养，根据时间，地点，场合变化自己的穿衣风格，让自己穿出美丽，穿出品位，尽显大方和得体！

## 中餐宴会处处有礼仪

中餐餐桌上尽显女人的素质和涵养，如果你没有对这件事足够的重视，就会在众人面前丢了面子，给他人的感觉是一个没有修养的女人。

随着人们生活水平的提高，人们对餐饮礼仪的要求也越来越高，而中餐看似最平常不过，但用餐时却是有一番讲究的。女人要注重中餐宴会上的礼仪修养，才能在交际场合中应变自如，才能落落大方。俗话说，餐桌是最能体现一个人修养和素质的地方，尤其是中餐，因为中餐要注意的细节很多，中餐宴会上，处处有礼仪。

中餐在中国已经有几千年的文化，但是随着中西文化的融合，很多女人对中餐礼仪的重视程度已经在慢慢消减，对中餐礼仪的一知半解会让女人在中餐宴会上手足无措，甚至还会犯基本的礼仪错误，这会让女人在众人面前颜面尽失，也是一个女人没有修养的表现。

朱红是一个刚毕业的大学生，毕业以后，她很幸运，很快就在日企找到了一份工作。工作中，她也一直很卖力，就是为了能在公司有晋升的机会，可是一次小小的失误让她在公司几百人面前毫无颜面。

这家日企的老板很喜欢中国菜，几乎是痴迷，而每次公司宴会也是以中餐为主。朱红是刚来的新手，在她到公司两个月以后，老板就提议要办一次宴会。

因为她早打听了是中餐，所以朱红对这次宴会并没有在意。那天，老板带着公司员工来到了事先预订的饭店。菜一次上齐后，朱红就随便坐了下来，这时，主管提示她："这不是你的位子，这是部门经理的，你应该坐那边！"朱红却说："真麻烦，哪里不都一样！"幸好那个部门经理很有涵养，没有与她计较。而接下来，朱红犯了更严重的错误，她素来吃饭不雅，吃饭的时候居然发出很大的声音，好多女同事都在笑话她，她还不知道。这时候，老板用不流利的中文说："吃饭是不能发出声音的，这不雅！"朱红这才意识到，大家顿时被老板的话逗笑了，而朱红羞愧难当。

中餐餐桌上尽显女人的素质和涵养，朱红没有对这件事足够重视，就在公司众人面前丢了面子，她给同事的感觉是一个没有修养的女人。其实，中餐宴会上值得女人要学习的礼仪很多，大到座位的安排次序，小到水果盘中牙签的用法，而概括起来，大概有以下几个方面：

中餐和西餐最明显的区别就是在餐具的使用上，中餐餐桌上出现的是筷子，而食用西餐时则要用刀叉。

1.注重筷子的使用

（1）使用筷子，通常必须成双使用。

（2）不要拿着筷子犹豫不决，不知道夹哪道菜。

（3）用完筷子要将筷子放在筷架上，而不要架在碗碟上。

（4）不要用筷子在碗盘里翻找或者在夹汤汁多的菜肴时用筷子抖掉汤汁，更不能把筷子竖插在食物上面。

（5）用完筷子的时候，不要用舌头去舔筷子，这样的动作很不雅。

（6）和人交谈的时候，不要挥舞筷子甚至用筷子指着别人，这是很不礼貌的。

以上是筷子使用上应该注意的，中餐的餐具还有杯、盘、碗、碟、匙等。女人在使用这些餐具时，切忌力度过大，要轻拿轻放，也不要发出餐具间摩擦碰撞的声音。此外，餐具的摆放一定要整齐。

2.注重座次

很多女人以为只是吃顿饭而已，不必讲究，其实这是一种错误的想法，就座顺序体现着每个人的地位和身份，这是一种尊重。以下是女人应该记住的就座礼仪原则：

（1）左高右低的原则。一般情况下，右边的座位为上座。因为在中餐上菜时，一般都是按照顺时针的方向。

（2）中座为尊的原则。三人同坐的情况下，中间的座位优于两侧的座位。

（3）面门为上的原则。

（4）观景为佳的原则。

3.女人的仪容和装束

中餐宴会都比较正规，女人切不可穿着随便，和宴会的气氛不符，这会让女人成为整个宴会的“另类”，也会让人觉得不懂规矩。无论天气如何炎热，也不能当众脱下外套。不可有很频繁的小动作，这让人觉得女人很不耐烦。

4.切忌狼吞虎咽

一般的中餐宴会后还会上水果，女人切不可狼吞虎咽，不要把如水果、梨、苹果等稍大的水果整个拿着吃，这样很不雅。

5.女人应注意宴会结束的礼仪

宴会结束时，向宴会的主办人道谢，还要与参宴的其他人道别，不要宴会结束就匆匆离开，这样显得很没教养和礼貌。

以上这五个方面是女人在中餐宴会上应该注意的，女人应该注意的礼仪还很多，这要看宴会上的临时情况，总之，女人要本着得体、大方的方式用餐，不可忸怩作态，不然就贻笑大方了。

## 女人要注意的说话礼仪

言多必失，女人不要为了表现自己的口才或占住上风，不给对方说话的机会，这种盛气凌人的姿态会招人厌恶。

语言的表达是女人的内在修养、学识以及处世应变能力的外在体现。俗话说，“酒逢知己千杯少，话不投机半句多”，女人是否具有说话的礼仪修养直接决定了言谈的效果，就能让对方对女人的修养水平作个准确的定位。所以，女人要掌握一定的修养礼仪，切不可乱说话。

生活中，我们会发现很多女人相貌可人、窈窕多姿，可是一开口，却满嘴污言秽语，让人产生极其不好的印象。这是女人语言修养中的大忌，女人会因为几个不雅的字眼顿时形象全无。

说话的礼仪修养获得过程其实也是一门艺术能力的获得过程，说话是一门值得推敲的艺术，女人在人际交往的过程中，说话的好与坏关系交往的顺利与否。而揣测对方心理，把话说到别人的心里去，是说话得体、动听从而达到成功交往的关键因素。

《红楼梦》中的王熙凤就是个会说话的女人。王熙凤初见黛玉，笑道：“天下真有这样标致的人物，我今儿才算见了！况且这通身的气派，竟不像老祖宗的外孙女儿，竟是个嫡亲的孙女，怨不得老祖宗天天口头心头一时不忘。只可怜我这妹妹这样命苦，怎么姑妈偏就去世了！”

王熙凤的话不仅拉拢了黛玉，也说到贾母心头去了，她之所以能得到贾母的宠爱，多半和她会揣测贾母的心情有极大的关系。虽说王熙凤是个八面玲珑的女人，但是她的说话能力和“外交辞令”的确值得女人学习。

再者，说话的时候，女人还要注意要真诚、谦恭地和别人交谈。真诚的态度，是交谈的基础。谁都希望别人尊重自己，但自己首先得尊重别人。在与人交谈中，女人的态度应该是真挚、平易近人且稳重的，这样才会给别人一种值得信任的感觉，会使整个交谈过程变得轻松愉快。相反，说话华而不实或者傲慢无礼都有做作之嫌，别人也不乐意与之交谈。真诚的核心就是要态度诚恳谦虚。谦虚是一种美德，但是凡事皆有度。生活中不少交际语言，如“久仰大名，如雷贯耳”“才疏学浅，望多多指教”等都华而不实，给人过度谦虚、缺乏诚意、呆板生硬的印象。谦恭适度，应该把自己摆在与对方平等的位置上，推襟送袍，不能满口客套，假意应酬。议论问题，表达看法，不能过分谦卑，也不应自以为是；赞美别人，不能言过其实，而应恰如其分；反省自己，不能文过饰非，也不应妄自菲薄。

言多必失，女人不要为了表现自己的口才或占住上风，不给对方说话的机会，这种盛气凌人的姿态会招人厌恶。女人要给足对方说话的机会，而女人自己这时就可以当个忠实的听众，对方感到一种尊重，双方的交谈也就达到了一个很好的效果。卡耐基曾说：“专心地听别人讲话，是我们所能给予别人最大的赞美。”不管对象是谁，上司、下属、亲人或者朋友，倾听有同样的功效。倾听可以缓和紧张关系，解决冲突，增加沟通。倾听可以增进人与人之间的相互理解，使公司和人员避免不必要的纠纷，从而节约时间和费用。女人还要学会赞美别人，当然，赞美不是虚情假意的，而是发自内心真诚的赞美。

女人的说话能力往往体现在一种机敏的处世能力和灵活的变通能力上，女人要见人择言，“到什么山上唱什么歌”。生活中，女人会接触不同性格、不同行业、不同熟悉程度的人，女人就要察言观色，选择语言，甚至转移话题，因为每个人都有自己的个性和习惯等；女人还要因地因时改变说话的方式，比如：在丧葬场合，女人就不要和人大肆的开玩笑，这是对死者和死者家属的不尊重；而在喜庆的场合，也不能论调悲痛，这是破坏气氛的表现。

女人在与人交往的时候，经常会碰到一些尴尬的僵局，如何打破这种僵局，就是说话礼仪修养能力的一种升华。当女人遇到自己不想回答或不便回答而别人又偏偏紧抓不放、要执意打听的事时，这时即使心中不快，也不能表现在脸上，应冷静、沉着、巧妙地应对。在遇到语言失误的时候，随机应变力强的女人能自圆其说，补救失误。很多时候，解决这种尴尬最好的办法就是幽默，幽默不仅能化解尴尬，还能让语言具有感染力。

以上几点是女人值得注意和学习的地方，女人要掌握说话礼仪，大方得体是基础，随机应变地和别人交谈，让交谈顺利愉快。

## 面试时的礼仪禁忌

女人面试的过程可以说就是在打一场心理战，女人只有打赢这场战争，让面试官心服口服，才能成功地闯过面试这一关，才能进入职场，跨出成功的第一步。

一个女人事业的成功与否，很大一部分取决于面试的那一刻，而女人面试的成功与否，与女人是否懂得职场中的面试礼仪有着密切关系。

很多女性求职之所以会失败，主要就是因为她们触犯了一些面试时的礼仪禁忌。曾经有个伟人说，一个人求职时是否成功，就在于她给人的三分钟印象，可见职场面试礼仪的重要性。

周丽终于过五关斩六将，进入了笔试后的面试，这轮面试的成功与否决定了她能否在这家大公司一展拳脚。

那日，她穿着事先准备好的套装，精心打扮了一番后，自我感觉没有任何不妥后出门了。当她在电梯里，她拿镜子好好地照了一次，兴许这是她自我调节压力的一种方式。来到23层，她等在面试办公室外面。

当工作人员叫道周丽的时候，她的心差点从嗓子眼跳出来了。进入办公室后，面试官让她坐下，然后问她：“你以前是做什么的?为什么不干了?”她正准备回答，她的手提包中传来那首刘德华的歌：“男人哭吧哭吧不是罪……"原来是手机响了，她抱怨自己，怎么忘了关机呢?面试官的脸色一下子阴了下来，可还是很认真地问了一些问题，结果留给周丽一句话："你等通知吧，我们会通知你的。"

这个通知一般都是"无期徒刑"。

本来打败众多的求职者进入面试已经很不容易，但周丽却犯了职场面试时的大忌，给面试官留下很不好的印象。手机铃声会打断面试者的思路，因此会让面试官很反感。

女人面试的过程可以说就是在打一场心理战，女人只有打赢这场战争，让面试者心服口服，才能成功地闯过面试这一关，才能进入职场，跨出成功的第一步。

面试是否成功很大一部分是取决于面试官，很多面试官认为面试应该注意细节。当办公桌上的东西掉了，而面试官又不在现场，当求职者捡起的时候，这个求职者的面试就成功了。可是还有很多面试者认为这不是做大事的人应该关注的，于是就在这一念之间失败了。面试禁忌具体说来，可归为以下几大类：

（1）迟到失约是面试中的大忌。这不但会表现出女人没有时间观念和责任感，更会令面试官觉得女人对这份工作没有热忱，印象分自然大减。守时不但是美德，更是面试时必须做到的事。迟到者会给面试官一种女人不重视面试的错觉，无论你学历多高，资历多深，工作经验多丰富，也不能迟到，守时是职业化的表现。

（2）忌不良用语。"你们的待遇怎么样?"这是很多女人关心的问题，可是切不可在面试当着面试官的面问，这样会让对方觉得女人是一个只会关心利益且只注重自己利益的人。还有很多女人喜欢拉关系，这也是禁忌。"我认识你们单位的××""我和××是同学，关系很不错"等。这种话面试官听了会反感，如果面试官与你所说的那个人关系不怎么好，甚至有矛盾，那么你这话引起的结果就会更糟。

（3）不良态度是女人面试的最大禁忌。有的女人笔试成绩名列前茅，各方面条件也较优越，于是就恃才傲物，目空一切。面试中态度傲慢，说话咄咄逼人。这种女人注定了面试的失败，因为她给人的感觉不是用人单位在考虑用她，倒好像是已经决定了用她似的。也有女人很冷漠，对面试官的问题冷淡，没有任何自己的感情，导致面试气氛很沉闷，回答机械呆板，这样的女人也几乎没有面试成功的希望。

（4）忌一些小动作。面试时，有些女人喜欢做一些小动作，如喜欢嚼口香糖，或者是搔首弄姿，这破坏了自己的形象，使面试的效果大打折扣，导致失败。

（5）忌太过暴露和时髦的装扮。面试不是走秀，更不是为了标榜自己的个性，而是要让面试官接受你，这些服装会让面试官认为女人很轻浮或者忸怩作态，面试时的服装基本上以简约大方为准则。

以上只是一些面试中的禁忌，女人要记住，面试所有的言语和动作要以大方得体为根本原则，给面试者留下一个好印象。

总之，面试时，这些禁忌一定要注意，并自始至终保持斯文有礼、不卑不亢、大方得体、生动活泼的言谈举止。这不仅可大大地提升自身的形象，而且往往使成功机会大增。

## 打电话时看不见的礼仪

面对打错的电话，女人也要礼貌相待，要态度谦和，说明对方打错的情况，不要拿起电话，说“打错了”，就挂了。

现代社会已经是一个信息的社会。信息就是资源，信息就是财富，信息就是生命，所以人们不约而同地对信息更加重视。多种多样的现代化通讯工具层出不穷，但最快捷、使用率最高的还是电话，可能很多女人认为，接打电话是再普通不过的事了，殊不知，打电话也是有礼仪要讲究的，这是看不见的礼仪，懂得电话礼仪才能让通话更加愉快，才能达到预期的通话效果。

打电话时，一个女人的“隐形形象”就完全被体现出来，和人正面交谈体现的是“显形形象”，因为一个女人修养的好坏能通过视觉感觉出来。而电话中，对方只能通过听觉听出对方的态度，感受对方的修养。

目前各大城市新兴起一种推销方式，叫电话推销。这更体现了电话礼仪的重要性。小童高中毕业后，不愿和同伴们一起进厂干活，就来到一家电话推销公司，推销的产品是手表，通过提成来拿工资。

面试通过后，主管让她先实习一个月。第二天，她就准备拿起电话干活了。她手头上的那款手表刚刚上市，质量很好，于是，对着客户清单，她拿起了电话："李奎先生是吧，我要跟你推销一款表，很好的。你买吗?”她一口气把这些话全说完了，对方的回答是：“什么玩意儿啊?”她一听对方是在骂自己，就对对方说：“请你说话尊重点，不要表可以，别骂人啊，没素质！”“……”两人对骂起来。

接连几天，小童一款表也没推销出去，她很懊恼，为什么别的女孩都可以做出很好的业绩呢?这时候，主管过来对她说：“这几天你打电话我都听见了，你这样是不会有业绩的，顾客就是上帝，你这点都不懂吗?你不要以为顾客看不见你，就随便对待，电话销售的技巧就是要看一个人的电话礼仪，懂得这点才能让对方知道你的诚意和尊重。谦卑一点，不要跟吃了枪子似的。”

小童听着，觉得自己错了，那一天，她就专门听别的同事是如何打电话的，她学到了不少，从那以后，她也知道了如何和客户沟通，业绩也慢慢好了起来。

小童刚开始不懂得如何利用电话和客户沟通，一单生意都没成，而后来她通过学习，明白了如何电话推销，业绩明显有了增加。在职场中，女人很多商务活动都是和电话紧密相连，电话不仅仅是一种传递信息、获取信息、保持联络的寻常工具，而且也是女性所在单位或个人形象的一个载体。在商务交往中，普普通通的接打电话，实际上是在为女人所在的单位、为女人自己绘制一幅给人以深刻印象的电话形象。所谓电话形象，即人们在通电话的整个过程之中的语言、声调、内容、表情、态度、时间感等的集合。它能够真实地体现出个人的素质、待人接物的态度以及通话者所在单位的整体水平。

除此之外，电话礼仪也体现在女人的日常生活中，女人不论是打电话还是接电话，都必须以“礼”待人，克己而敬人。假如不在使用电话的过程中讲究礼貌，无形之中，将会使自己的人际关系受到损害。

女人要让自己的电话形象趋于完美的话，就应该注意以下几点：

（1）在接听电话时要迅速。生活中，很多女人有种不好的习惯，明明就在电话附近，偏偏要“沉住气”“摆摆谱”，让电话铃声先响上一通再说，这种态度无疑是怠慢对方的。在国外，接电话有“铃响不过三遍”一说。

（2）女人一定要注意自己的态度。打电话时，女人的态度与表情对方是看不到的。但实际上，对于这一切对方其实完全可以在通话过程中感受到，漫不经心、随随便便都是不礼貌的表现。在通话时，声音应当清晰而柔和，吐字应当准确，句子应当简短，语速应当适中，语气应当亲切、和谐、自然。

假如女人是帮别人接电话，一定要声明自己是替人接听的，而且不要和对方过多地闲聊，简单地了解对方的意思就可以，然后礼貌地挂断电话。

面对打错的电话，女人也要礼貌相待，要态度谦和，说明对方打错的情况，不要拿起电话，说“打错了”，就挂了。女人甚至可以问清楚对方真正的电话号码，这会让对方感觉到女人的热情，会让女人赢得朋友。

（3）在女人结束通话上，应认真地道别。而且要恭候对方先放下电话，不宜“越位”抢先。

女人的电话礼仪，就是女人的“隐形形象”，从而转换成的“显形形象”。在使用电话的过程中要讲究礼貌，先敬于人，态度谦和，让对方感受到女人的尊重和重视，女人的人际关系因此而变得良好。

## 礼貌用语注意事项

女人在讲礼貌用语时，不应该是脱口而出的，而是要发自内心地说出，真诚地表达自己的情感。

随着经济和文化的发展，当今社会已经步入了文明的时代。在人际关系日趋重要的社会，女人只有文明待人，才能拥有好的人际关系，文明的一个主要标志就是要礼貌用语，这是礼仪修养的一个重要部分。

礼貌用语是对别人的一种尊重，也是一种谦和的态度，一句“对不起”，会让双方的矛盾顿时化解；一句“谢谢”会让对方觉得助人为乐的快乐；一句“注意身体”，会让别人觉得心头暖意融融。一句“早上好”，会让对方一天心情舒畅。所以，女人要成为一个有气质、有涵养、受人尊敬的人，就必须学会礼貌用语。礼貌用语有很多，根据女人所处环境和所遇境况的不同，大致可以分成以下几种类型：

（1）见面问候语：您好；早上好；晚上好。

（2）分手辞别语：再见；再会。

（3）求助于人语：请；请问；请帮忙。

（4）受人相助语：谢谢。

（5）得到感谢语：别客气；不用谢。

（6）打扰别人语：请原谅；对不起。

（7）听到致歉语：不要紧；没关系。

（8）接待来客语：请进；请坐；请喝茶。

（9）送别客人语：再见；慢走；欢迎再来。

（10）无力助人语：抱歉；实在对不起；请原谅。

（11）礼称别人语：同志；先生；小姐；师傅；朋友。

（12）提醒别人语：请您小心；请您注意；请您别着急。

（13）提醒行人语：请您注意安全；过路请走人行道。

（14）提醒旅客语：请您再仔细检查一下，看有没有遗忘什么东西。

（15）提醒让路语：请借光；请您让一让好吗?

（16）提请等候语：请稍候（等），我马上就来。

（17）提请排队语：请大家自觉排队；请您排队好吗?

（18）接打电话语：您好，我是××，请讲话；谢谢，再见。

除了以上的18条，还有很多礼貌用语，女人在讲这些礼貌用语时，不应该是脱口而出的，而是要发自内心地说出，真诚地表达自己的情感。除此之外，礼貌用语的注意事项也很多，有很多避讳，礼貌用语的使用也还得注意场合。

除了避讳意外，女人还要注意说话有礼节、有分寸、有学识、有修养，还要避粗鄙、避隐私、避浅薄和避讳一起归结为“四有四避”。女人要语言得体，说话字里行间透着修养和学识，生活中经常使用以上的礼貌语去与人交谈，不要总是语言庸俗，例如，“去卫生间”就比“大小便”好；也切不可言语污秽，口误百出，给人一种不学无术的感觉；假若对方有隐私或是身体残疾等，不要触及，否则会伤害到他人的自尊心。

注重语言修养的女人懂礼貌，懂得如何运用语言的艺术去优化自己的人际关系，懂得礼仪修养，这样的女人才会更亲切可爱。

## 参加舞会，尽兴也须有礼

女人优美的舞姿要和优雅的举止、大方得体的语言、让人眼前一亮的着装等一起构成女人美好的舞者形象。

参加舞会是现代女性的社交活动之一，伴着旋律，女人如同精灵一样在炫目的舞池中舞动着自己的身姿，因为舞蹈，女人忘记了白天工作的巨大压力；因为舞蹈，女人可以暂时搁浅那些生活中的烦恼；因为舞蹈，女人变得优雅、动人。女人在灯光摇曳的舞蹈中尽情地展现着自我……

可是，女人不能忘却的是，舞会中不能太过随心所欲，只有掌握舞会礼仪，才能真正跳出有品位的舞，具有良好的舞者形象。真正的舞者，什么时候都不会把舞会中的礼仪抛在脑后，只顾自己尽兴。而有些女人在参加舞会时，尽情地发泄着烦恼，完全不顾自己的行为是否得体，是否已经影响了他人，而当发现自己失礼或者被人笑话的时候，就成了一只惊慌的小兔子，在舞会上无所适从。所以，女人要懂得舞会礼仪。

女人是否懂得舞会礼仪还会关系到女人自身形象的问题，女人优美的舞姿要和优雅的举止、大方得体的语言、让人眼前一亮的着装等一起构成女人美好的舞者形象。具体说来，在舞会中，女人应该注意到的舞会礼仪有：

（1）注重外表和着装。无论参加什么舞会，女人必须要整洁干净、头发要梳理得整整齐齐，口腔、手等部位都应清洁，最好在参加舞会前刷牙、洗澡，舞会前不要吃蒜、韭菜等带刺激气味的食品，否则满口异味会使你的舞伴受不了，也是对对方不尊重的表现。服装上，女人必须穿戴整齐、美观、大方。参加舞会的服饰要尽可能和环境融为一体，过于灰暗的服饰，与舞会的气氛不大协调。宜穿裙摆较大、长及脚踝的裙子，使舞姿更飘逸动人。职业套装一般不适宜于舞会。不要忘记戴上华美的首饰，让它们在五彩斑斓的灯光下闪亮。舞会大都在晚上举办，所以要化晚妆，再抹上宜人的香水。正规的舞会上，头发最好盘起来，梳成发髻；参加一般的舞会，则发型随意，可以是直发，也可以将长波浪吹得蓬松。穿上高跟鞋，可以使女人的步态、舞姿更动人，还可以避免穿长裙显得拖沓。

（2）女人如果没有特殊的原因，最好不要拒绝男士的邀请，这样会让男士感觉到不被尊重。女人应当落落大方，应表现出良好的思想修养和高雅的文化素质。在拒绝别人的邀请时，女人要注意礼貌待人。最佳的拒绝方法是“对不起，我想暂时休息一下”，或者“真对不起，这首舞曲我不大会跳”，以便给邀请者一个台阶下。另外，女人不要和自己的男性舞伴过于亲昵，应保持一定的距离。对刚相识的异性不要过多与对方讲心里话或过多了解对方详情。

（3）在舞姿上，舞姿要端正、大方和活泼。整个身体应始终保持平、正、直、稳，保持好重心，身体不要摇晃。跳舞时，应面带微笑，说话要和气，声音要轻细，不要旁若无人地谈笑。舞姿应当文明优美，双方身体应保持一定的距离。

女人只有准确地掌握舞会的各种礼仪，才能在众人聚集的舞池中尽情地发挥着自己的舞蹈天赋，才能让跳舞成为自己身心放松的方式。

## 不要因为亲近就失去礼貌

家庭的和睦是生活幸福的关键因素，一句简单的问候、一句发自内心的“谢谢”“对不起”会给你们的生活带来甜蜜和浪漫。

《左传》中记载了一个相敬如宾的故事：据说，春秋时一个叫邓缺的人在田里除草，他的妻子把午饭送到田头，恭恭敬敬地双手把饭捧给丈夫，丈夫庄重地接过来，毕恭毕敬地感谢以后再用饭。妻子在丈夫用饭时，恭敬地侍立在一旁等着他吃完，收拾餐具辞别丈夫而去。现实生活中，由于相处时间长了，像邓缺夫妻一样相敬如宾可能不是很多，但是也不要因为亲近而失去了礼貌。

在恋爱的时候，男人都会表现得很绅士，对女人忍让有加，女人也表现得可爱而淑女，对男人宽容有度。走进婚姻的殿堂后，彼此更加熟悉对方，双方的关系也由从前的羞涩变成了习惯性的亲近。有些女人认为结婚后大家就成了一家人，彼此也很熟悉对方，在家里就可以随意随性，对自己的男人也是颐指气使，可能你是无心的，或者你认为你们是因为亲密才这样，其实夫妻间的礼貌是维护夫妻感情的良方，就算再怎么亲近也不要丢掉礼貌。

小张是家里的独生子，从小被父母宠着什么事情都不会做，在和小李认识后很快就结了婚。小李比较能干，洗衣做饭都很在行，并且对于做家务也自得其乐。每次只要一有时间，小李就会做一桌子好吃的菜，并且还开玩笑地对老公说：“我要把你的胃抓得紧紧的！”小张虽然不会做菜，但是每次小李做饭时他都会在旁边做一些力所能及的事情，等着一桌子菜做好时，小张都会拥抱着小李说声：“亲爱的，谢谢你！”

在大多数的情况下，对于做家务和做饭女人会比较在行，很多男人甚至把女人在家洗衣做饭当成是理所当然的事情。其实不管对方是不是会做饭，当他（她）在厨房忙碌，当他（她）为你做好可口的饭菜的时候，一句感恩的“谢谢你”会减轻对方很多的劳累感。就像上面例子中小张拥抱着小李说声：“亲爱的，谢谢你！”

可能在气氛比较和谐的时候，说声“谢谢”会比较容易，只要你心里意识到了，一般能很容易说出口，而要对对方说“对不起”就要困难一些，尤其是在闹矛盾而双方都觉得自己有理的情况下。但是越是气氛紧张，“对不起”所能起的效用就会越大。

记得很久前看过一个故事：男人深夜归来，女人心绪不佳。

男人：给我做一碗蛋炒饭。

女人：什么蛋炒饭，是饭炒蛋，你说是饭多还是蛋多?

男人：管他蛋多还是饭多呢，半夜三更的，别吵了！

女人：什么半夜三更，是三更半夜！

……

男人：你这是怎么了，成心和我过不去，收拾你的东西回娘家去吧！

女人：回就回！

女人转身进了卧室，好半天不出来，男人过去看，女人在床上摊开了一个大包袱。看见男人进来，流着泪说："请你躺在包袱里吧，我要带走我的东西……"

男人当场就愣住了，惭愧地对妻子说："老婆，对不起……"

一句"收拾你的东西回娘家去吧！"和"回就回！"让夫妻双方都站在情感的悬崖边上，但是老婆一句幽默的"请你躺在包袱里吧，我要带走我的东西"和丈夫的那句诚心的"老婆，对不起"又把双方的感情从悬崖边上拉了回来。

一位婚姻专家曾说过这样一句耐人寻味的话："不讲理是吞噬爱情的癌细胞。"我们对待陌生人经常会彬彬有礼，但是对待自己的伴侣却可能会毫无顾忌。因为是自己家里的人，因为是自己的丈夫，我们随意翻看他手机里的短信，因为知道邮箱密码，好奇地去看对方的邮箱，心情不好或者意见不同时，对对方大声呵斥……前面这些做法我们不会对陌生人去做，因为会意识到不礼貌，但是对待自己的伴侣却往往放松警惕。正如一位心理学家所说："非常令人惊奇，但确实是千真万确，唯一对我们说难听的、侮辱的、伤害感情的话的人，就是我们自己家里的人。"

有这么一家人，边吃饭边聊天，丈夫突然对兴致很高的妻子说："你怎么没有记性，青菜里的盐又放多了！"

"你也太挑剔了，不就是多放了点盐吗?"妻子把筷子一放，冷冷地说，"下次的饭你做好了！"

"说你一句就不高兴，你尝尝，饭也被你烧煳了，真没有用！蠢货。"丈夫全然不顾妻子的感受，继续口吐恶言。

"你这个没有出息的家伙，有本事自己挣大钱，天天上餐馆吃去呀！"妻子也不示弱。

一场家庭战争就这样爆发了。他们越吵越激烈，甚至把前三年、后五年的事情都抖搂出来。越骂越感到不解恨，甚至大打出手，闹得老婆哭，孩子叫……

幸福的家庭成员之间总是和睦相处的，家庭成员的心境也是愉快的，而对对方吹毛求疵则是家庭不幸的一个原因。上面的例子，如果夫妻双方都能对对方宽容些，说话时有礼貌一些，这样的家庭闹剧就不会上演了。

家庭的和睦是生活幸福的关键因素，一句简单的问候，一句发自内心的“谢谢”“对不起”会给你们的生活带来甜蜜和浪漫。不要因为是一家人、自己人，就忘记了礼貌，夫妻之间朝夕相处，对对方多点关心，尊重对方其实就是关心自己、尊重自己，不要因为亲近就失去礼貌。

# 参考文献


[1] 郁海彤.哈佛女人气质修炼课[M].北京：中国华侨出版社，2013.

[2] 佳薇.做一个心态好口才好气质好的女人[M].北京：中国纺织出版社，2009.